NEW WCDP

新文京開發出版股份有限公司

新世紀‧新視野‧新文京 — 精選教科書‧考試用書‧專業參考書

New Wun Ching Developmental Publishing Co., Ltd.
New Age · New Choice · The Best Selected Educational Publications—NEW WCDP

內附各單元
PSIM模擬檔案

電動機
控制與模擬
Motor Control and Simulation

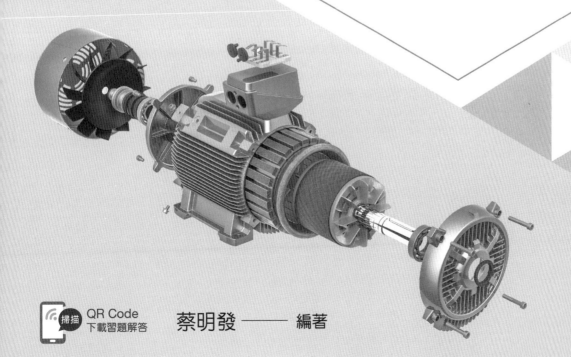

掃描 QR Code
下載習題解答

蔡明發 —— 編著

馬達又稱為電動機，其應用非常廣泛，包括日常生活家庭電器產品如洗衣機、電冰箱、冷氣空調機、吸塵器、掃地機、電梯，還有工業應用產品如 CNC 工具機、工業用變頻器、工廠自動化生產設備、機器人、天吊車、起重機、動力計、鑽油井機器等均要使用馬達來驅動。此外，需藉由馬達來驅動的電動車輛也將成為交通工具的主流。

　　基於環保需求，行政院於 2017 年 12 月提出「空氣汙染防制行動方案」，提出數項與電動車相關的具體政策，包含在 2018 年起，將現行 1 萬輛公車全面更換為電動車、2030 年新購公車、公務車全面電動化、2035 年新售機車全面電動化、2040 年新售汽車全面電動化。全球對空氣汙染的厭惡及減碳承諾已成為電動車成長的最大動力，於是電動車將變得跟智慧手機一樣潮！讓一切發生的背後，臺灣很關鍵。因為臺廠已占特斯拉(Tesla)電動車供應鏈的 75%，除了關鍵零組件的供應如減速齒輪箱、電池管理線束、電池銅箔、傳動軸、車載鏡頭、觸控面板、LED 車燈、車端 DC/DC 轉換器、充電槍等以外，也正是實現自有品牌、本土自製車夢的機會。欲讓此美夢成真，馬達與其驅動控制是至為關鍵核心的技術，如何提高馬達驅動效率以達節能效果是重要的研究課題。

　　學習馬達的工作原理與驅動技術對電機與相關科系的大專學生是相當重要的，電動機控制領域以基本物理運動力學與工程數學為基礎，概括電路學、電機機械、自動控制與電力電子學等科目的應用，是一個整合性的課程。本書是作者二十餘年來在明新科技大學電機工程系任教電動機控制與實務課程，將教材與講義整理編撰而成。內容分為六個單元，包括第一單元「直流馬達」、第二單元「步進馬達」、第三單元「無刷直流馬達」、第四單元「永磁同步交流馬達」、第五單元「交流感應馬達」、第六單元「空間向量波寬調變」，還有附錄 A「工程數學基礎」與附錄 B「控制系統基本概念」以及附錄 C「光碟片各單元 PSIM 模擬檔案」，以作為控制器設計的輔助說明。內容解說由淺入深，讓讀者易懂，前面五個單元介紹各種馬達的旋轉原理、數學模型及其轉移函數方塊圖，並利用 PSIM 模擬軟體工具建構各種馬達的相變數模型，以仿真一個實際的

馬達連接至變頻器功率電晶體電路，以便於利用該模擬軟體進行馬達特性的模擬分析，各單元之 PSIM 模擬檔案說明如附錄 C。

　　本書並在第四及第五單元分別說明交流永磁同步馬達及感應馬達的 d-q 模型暨其向量控制技術，使得其受控模型如同一個分激式的直流馬達，便於控制器設計。可藉由 d-q 模型設計電流控制器、轉速控制器與位置控制器，並以 PSIM 模擬軟體對馬達電流、轉速與位置響應的模擬分析與驗證。

　　本書可作為大專院校電機、電子、機械暨其相關科系所教授電動機控制的教材，可安排在大三下學期、大四或研究所選修，讓學生在電動機控制領域有整合性的了解，以融會貫通所學；亦可作為工程師與研究人員研發參考之用。筆者才疏學淺，於編撰本書若有疏漏及錯誤之處，尚祈見諒，並望各方前輩不吝指正。

蔡明發 謹識

明新科技大學　電機工程系

Email: mftsai@must.edu.tw

目錄

Chapter 4 永磁同步交流馬達 129

Chapter 5 交流感應馬達 191

Chapter **6** 空間向量波寬調變　253

Chapter 1

直流馬達

1.1 前言

　　雖然目前直流馬達已逐漸被交流馬達取代，但是因為其控制架構較交流馬達為簡單，是理解交流馬達控制的基礎。因此，本書首先介紹直流馬達，分別說明其工作原理、數學模型、模擬模型的建構、PWM 控制以及閉迴路回授控制器的設計。控制器的設計包括電流控制器、轉速控制器以及位置控制器設計，其中將分別從系統時間響應與頻寬(bandwidth)的觀點訂出控制器設計的規格，並利用 PSIM 模擬軟體來模擬分析，以驗證所建構的直流馬達模型以及控制器設計的正確性。

1.2 直流馬達工作原理與數學模型

　　直流馬達(DC Motor, DCM)又稱為直流有刷馬達(DC brush motor)，其架構分為定子與轉子兩部分，其中定子由場磁鐵構成，場磁鐵的激磁方式大致可分為串激式、並激式、他（分）激式和永磁式四種，以此構成不同直流馬達的分類。其中串激式直流馬達的激磁繞組與電樞串聯，該激磁繞組的導線較粗、匝數少，故電阻小。並激式直流馬達的激磁繞組兩端電樞兩端並聯，導線較細、匝數多，故電阻較大，激磁電流也較小。他激式直流馬達的激磁電流由另外直流電源供應，與馬達電樞電壓無關。永磁式直流馬達的場磁鐵是在定子安裝一組或多組 N-S 極對(pole pair)的永久磁鐵(permanent magnet)。以下以永磁式直流馬達說明直流馬達工作原理與數學模型。

　　直流馬達轉子是線圈，又稱電樞(armature)，有通電使之舞動之義。又因為是電樞在轉動所以稱為轉樞。一個永磁式直流馬達等效電路如圖 1.1 所示，包括電刷與換向片（整流子），圖中 v_a 為電樞輸入電壓，i_a 為電樞電流，R_a 為電樞電阻，L_a 為電樞電感，e_a 稱為反電動勢(back emf)，是轉子轉動時切割定子磁極的磁力線所產生的電壓。電刷為固定的導電介質，電樞導線經由電刷與換向片接觸，換向片又稱為整流子，是兩片半圓形的集電環，跟隨著轉子線圈旋轉，每轉動半圈（180 度），線圈上電流方向就改變一次，使得電樞電流在轉子旋轉時藉由整流子換向以維持直流。

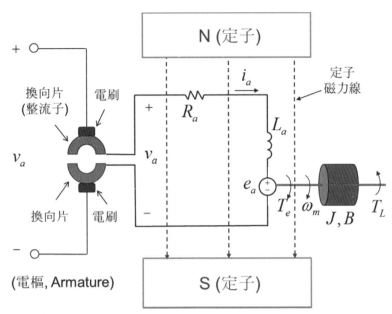

圖 1.1　永磁式直流馬達(DCM)轉子等效電路示意圖

　　直流馬達工作原理可由以下四個方程式來描述，第一個方程式是由電路學的柯西荷夫電壓定律(KVL)，由圖 1.1 得出轉子電樞電壓方程式如下[7]：

$$v_a(t) = R_a i_a(t) + L_a \frac{di_a}{dt} + e_a(t) \tag{1-1}$$

上式中等號第二項是電樞電感 L_a 的電壓降。

　　第二個方程式是電樞電流 i_a 與馬達轉矩（扭力）T_e 的關係，由基本電學的安培定律(Ampere's law)，電樞電流 i_a 產生的磁場，此磁場與定子場磁鐵（S-N磁極）產生的磁場兩者相互作用，產生馬達轉矩如下：

$$T_e(t) = K_T i_a(t) \tag{1-2}$$

其中 K_T 稱為轉矩常數(torque constant)，其值和場磁鐵磁場的大小以及線圈長度成比例關係。

　　第三個方程式是反電動勢 e_a 與馬達轉速 ω_m 的關係如下：

$$e_a(t) = K_E \omega_m(t) \tag{1-3}$$

其中 K_E 稱為反電動勢常數(back-emf constant)，其值亦與場磁鐵磁場的大小有關。由基本電學的冷次定律(Lenz's law)，「反」字是指轉子線圈將產生一個相反磁通以抵抗電樞電流因轉子旋轉所產生磁通的變化。如同負回授的作用，當轉速增加，此反電動勢也就愈大，使得電樞電流變小，轉矩也變小，最後的淨轉矩為零，故此反電動勢將使馬達轉速到達一個平衡穩定狀態。

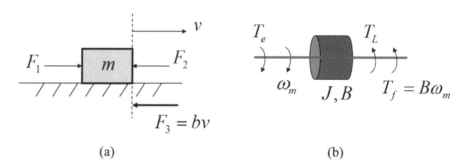

(a)   (b)

圖 1.2　牛頓第二運動定律示意圖：(a)直線運動、(b)轉動運動

第四個方程式是牛頓第二運動定律推導得出如下：

$$T_e(t) - T_L(t) = J\frac{d\omega_m}{dt} + B\omega_m(t) \tag{1-4}$$

其中 T_L 為負載轉矩(load torque)，J 為馬達的轉動慣量(moment inertia)，B 為馬達轉子與轉軸間的黏性摩擦係數。(1-4)式的推導可先由在直線運動的運動定律來說明，由基本物理學得知，牛頓第二運動定律在直線運動的方程式是

$$F = ma \tag{1-5}$$

其中 F 是施在一個物體質量為 m 的淨力，a 為加速度，可由圖 1.2 說明。令圖 1.2(a)中 F_1 為向右施於物體質量 m 的力，F_2 為反方向（向左）施於該物體的力，F_3 為該物體以速度 v 移動時與地面的摩擦力。因該摩擦力與速度 v 成比例關係，比例常數為該物體與地面的摩擦係數 b，即

$$F_3 = bv \tag{1-6}$$

由圖 1.2(a)，可得直線運動方程式為

$$F = F_1 - F_2 - F_3 = F_1 - F_2 - bv \tag{1-7}$$

將(1-7)代回(1-5)式得該物體直線運動的動態方程式如下：

$$F_1 - F_2 = ma + bv = m\frac{dv}{dt} + bv \tag{1-8}$$

同理，牛頓第二運動定律在轉動運動的方程式是

$$T = J\alpha = J\frac{d\omega_m}{dt} \tag{1-9}$$

其中 T 是施在一個轉動慣量為 J 的淨轉矩，將產生 α 的角加速度。在圖 1.2(b) 中，T_f 是馬達轉子與轉軸間的黏性摩擦轉矩，其與轉速 ω_m 成比例關係，比例常數為馬達轉子與轉軸間的黏性摩擦係數 B，即

$$T_f = B\omega_m \tag{1-10}$$

可得馬達轉動的淨轉矩為

$$T = T_e - T_L - T_f = T_e - T_L - B\omega_m \tag{1-11}$$

將(1-11)代回(1-9)式可得(1-4)式之馬達轉動的動態方程式。

直流馬達的整體特性可由轉移函數方塊圖來表示，為此可分別將(1-1)~(1-4)式取拉普拉斯（以下簡稱拉氏）轉換(Laplace transformation)。令電樞電流起始值為零($i_a(0) = 0$)，(1-1)式的拉氏轉換為

$$V_a(s) = R_a I_a(s) + L_a s I_a(s) + E_a(s) = (R_a + L_a s)I_a(s) + E_a(s) \tag{1-12}$$

可得

$$\frac{V_a(s) - E_a(s)}{L_a s + R_a} = I_a(s) \tag{1-13}$$

其轉移函數方塊圖如圖 1.3 所示。

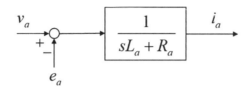

📖 1.3　DCM 馬達電樞電壓至電樞電流轉移函數方塊圖

(1-2)式為線性方程式，其拉氏轉換為

$$T_e(s) = K_T I_a(s) \tag{1-14}$$

(1-3)式亦為線性方程式，其拉氏轉換為

$$E_a(s) = K_E \Omega_m(s) \tag{1-15}$$

其中 $\Omega_m(s)$ 為 $\omega_m(t)$ 的拉氏轉換。令馬達轉速起始值為零($\omega_m(0) = 0$)，(1-4)式的拉氏轉換為

$$T_e(s) - T_L(s) = (Js + B)\Omega_m(s) \tag{1-16}$$

可得

$$\frac{T_e(s) - T_L(s)}{Js + B} = \Omega_m(s) \tag{1-17}$$

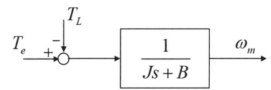

📖 1.4　馬達轉矩至轉速轉移函數方塊圖

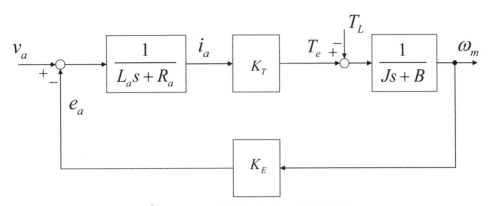

圖 1.5　**直流馬達轉移函數方塊圖**

其轉移函數方塊圖如圖 1.4 示。結合(1-13)、(1-14)、(1-15)與(1-17)，可得直流馬達的轉移函數方塊圖如圖 1.5 所示，可看出電樞電壓 v_a 與負載轉矩 T_L 將影響馬達的轉速 ω_m，增加電樞電壓可使轉速增加；而增加負載轉矩使轉速減少。而其動態響應為何？參考附錄(B-6)式，由自動控制學的觀念，可得轉速 ω_m 的拉氏轉換方程式為：

$$\Omega_m(s) = V_a(s)G_1(s) + T_L(s)G_2(s) \tag{1-18}$$

其中利用附錄 B 之閉迴路轉移函數公式(B-5)式，可得

$$G_1(s) = \left.\frac{\Omega_m(s)}{V_a(s)}\right|_{T_L=0} = \frac{\dfrac{K_T}{L_a s + R_a}\dfrac{1}{Js + B}}{1 + \dfrac{K_T}{L_a s + R_a}\dfrac{K_E}{Js + B}} = \frac{K_T}{L_a Js^2 + (L_a B + R_a J)s + R_a B + K_T K_E} \tag{1-19}$$

$$G_2(s) = \left.\frac{\Omega_m(s)}{T_L(s)}\right|_{v_a=0} = \frac{-\dfrac{1}{Js + B}}{1 + \dfrac{1}{L_a s + R_a}\dfrac{K_T K_E}{Js + B}} = \frac{-(L_a s + R_a)}{L_a Js^2 + (L_a B + R_a J)s + R_a B + K_T K_E} \tag{1-20}$$

由(1-18)~(1-20)式，可分析出該直流馬達的動態響應。在下一節將以 PSIM 模擬軟體建立模型與分析。

另，轉矩常數 K_T 與反電動勢常數 K_E 的關係可由功率守恆原理推導出如下：

直流馬達由電能轉成機械能的電功率 P_e 為

$$P_e = e_a i_a \tag{1-21}$$

機械功率 P_m 為

$$P_m = T_e \omega_m \tag{1-22}$$

若轉換過程無損失，以上兩者相等，得

$$e_a i_a = T_e \omega_m \tag{1-23}$$

將(1-2)與(1-3)式代入(1-23)式，可得

$$\begin{aligned} K_E \omega_m i_a &= K_T i_a \omega_m \\ \Rightarrow K_T &= K_E \end{aligned} \tag{1-24}$$

即表示此兩個常數相等。

1.3 直流馬達建模與模擬分析

前一節所推導得出之的直流馬達轉移函數方塊圖（圖 1.5），實際上即代表該直流馬達的模型。為了分析該直流馬達的動態響應，可輸入一電樞電壓，得出該直流馬達的電流、轉矩與轉速等響應。但為了能與 DC-DC 轉換器連接做整體的模擬與分析，本節利用 PSIM 模擬軟體[8]來建構該直流馬達的模型如圖 1.6，該直流馬達的參數如表 1.1 所示。從此圖中可看出此模型除了電樞電壓輸入端以外，還有負載轉矩輸入端 T_L，並拉出兩個輸出端 ω_m 與 i_a，其輸出電流 i_a 是經由一個電流感測器感測出來的數值。

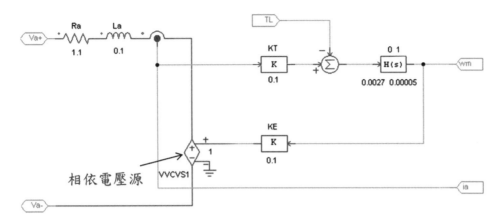

圖 1.6　以 PSIM 建構直流馬達之模型(DCM.psimsch)

表 1.1　直流馬達的參數

R_a	$1.1\,\Omega$
L_a	0.1H
J	$0.0027\,\mathrm{kg \cdot m^2}$
B	0.00005 Nm/rad/s
K_T	$0.1\,\mathrm{Nm/A}$
K_E	0.1 V/rad/s

　　利用該 PSIM 模擬軟體可將圖 1.6 的模型建構成一個子電路(subcircuit)模型方塊，可將此子電路模型方塊視為一個實際的馬達來做模擬分析。如圖 1.7 所示，給予 10V 的電樞電壓，並在時間 t=2sec.時加入負載轉矩 $T_L = 0.2\,\mathrm{Nm}$，轉速與電流響應波形如圖 1.7(b)所示。可利用(1-19)、(1-20)式與附錄 B.3 節的終值定理(final value theorem)來驗證該轉速響應的穩態值。

　　利用終值定理[1]，在加入負載轉矩之前轉速的穩態值如下式：

$$\lim_{t\to\infty}\omega_m(t) = \lim_{s\to0} s\cdot\Omega_m(s) = \lim_{s\to0} sG_1(s)V_a(s) = \lim_{s\to0} sG_1(s)\frac{10}{s} = \lim_{s\to0} 10G_1(s)$$
$$= \lim_{s\to0} \frac{10K_T}{L_aJs^2 + (L_aB + R_aJ)s + R_aB + K_TK_E} = \frac{10K_T}{R_aB + K_TK_E} \tag{1-25}$$

將表 1.1 中的馬達參數代入上式計算，可得在加入負載轉矩之前轉速的穩態值約為 100 rad/s。加入負載轉矩之後，轉速變化的穩態值可代入(1-26)式計算如下：

$$\lim_{t \to \infty} \omega_m(t) = \lim_{s=0} s \cdot \Omega_m(s) = \lim_{s=0} s G_2(s) T_L(s) = \lim_{s=0} s G_2(s) \frac{0.2}{s} = \lim_{s=0} (0.2) G_2(s)$$

$$= \lim_{s=0} \frac{-(0.2)(L_a s + R_a)}{L_a J s^2 + (L_a B + R_a J) s + R_a B + K_T K_E} = \frac{-0.2 \times R_a}{R_a B + K_T K_E}$$

$$(1\text{-}26)$$

將表 1.1 馬達的參數代入(1-26)式計算，可得在加入負載轉矩之後轉速的穩態值的變化約減少 22 rad/s。因此，加入負載轉矩之後轉速的穩態值約為 78 rad/s。故從圖 1.7 中，可看出轉速在加入負載轉矩之前(100 rad/s)與加入負載轉矩之後(78 rad/s)其穩態值是正確的。此外，從電樞電流響應波形可看出在無載時($T_L = 0$)轉速瞬間上升時，需要足夠的起動電流（約 6.5 A），待轉速穩定時（等速運動），電流響應會掉下來趨近零，也就是馬達轉矩 T_e 亦趨近於零，滿足牛頓第一運動定律所述物體在無外力（矩）作用時，靜者恆靜，動者恆做等速（轉動）運動。當瞬間加入 $T_L = 0.2$ Nm 負載轉矩之後，電樞電流亦瞬間從零上升到一穩態值，當轉速到達穩態值做等轉速運動時，此電樞電流的大小即是用來克服 0.2 Nm 的負載轉矩，此時若忽略摩擦轉矩，其值甚小，因參數 $K_T = 0.1$，故電樞電流的大小約為 2 A，如該圖所示，表示其正確性。

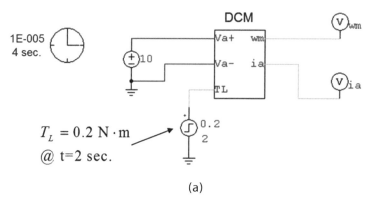

(a)

◆ 圖 1.7　直流馬達模型測試：(a)模擬模型(DCM_tst.psimsch)、(b)轉速與電流波形

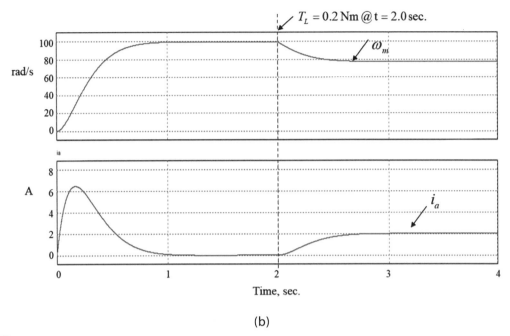

(b)

⬤ 圖 1.7 直流馬達模型測試：(a)模擬模型(DCM_tst.psimsch)、(b)轉速與電流波形（續）

1.4 直流馬達 PWM 控制

由前一節之模擬分析得知可在馬達輸入端給予一電樞電壓 v_a，來控制直流馬達的轉速。不同的電樞電壓 v_a 可得不同的轉速，當 v_a 為正時轉速為正（ $\omega_m > 0$ ），v_a 為負時轉速為負（ $\omega_m < 0$ ），故可利用電阻分壓法以可變電阻 R_2 來調控電樞電壓以控制轉速，如圖 1.8 所示。但這樣的方式會造成在 R_1 與 R_2 電阻上的功率損失 $P_d = V_{dc}^2 / (R_1 + R_2)$，很沒有效率，尤其在高功率的馬達需要高的直流電壓時，功率損失更大。改善的方式，可利用電壓斷續的脈衝寬度調變(pulse width modulation, PWM)控制，也就是給予斷斷續續的 PWM 電壓如圖 1.9，以它的平均電壓值來控制馬達的正向轉速。

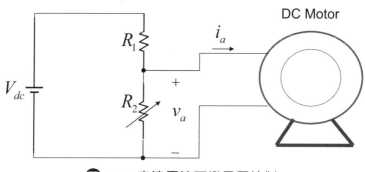

圖 1.8　直流馬達可變電壓控制

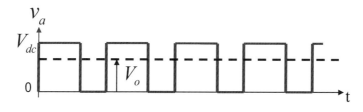

圖 1.9　直流馬達 PWM 電樞電壓波形

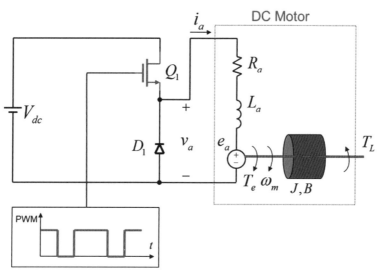

圖 1.10　直流馬達第一象限 PWM 控制

1.4.1　第一象限 PWM 控制

　　PWM 控制實現的方式可利用功率電晶體開關來作切換，得到此斷斷續續的方波電壓波形，可得較高的效率，如圖 1.10 所示。其中是以 PWM 波形來控制功率電晶體開關 Q_1，當 PWM 波形為高電位時，Q_1導通(on)，此時 $v_a = V_{dc}$，i_a電流從 V_{dc} 流經 Q_1 到馬達，再流回 V_{dc} 電源的地端。當 PWM 波形為零或低電位時，Q_1截止(off)，此時 $v_a = 0$，i_a 電流從馬達流經 D_1 再流回馬達。D_1 稱為飛輪二極體(Flywheel diode)，可避免因電晶體開關截止而突然電流中斷，而燒掉該電晶體開關。因 $v_a \geq 0$、$i_a \geq 0$，此 PWM 控制是在 $i_a - v_a$ 平面的第一象限工作。

　　控制電晶體開關的 PWM 信號可由一控制信號 v_{ctrl} 與一個三角鋸齒波信號比較的方式來獲得，如圖 1.11 所示。該鋸齒波信號的頻率即是電晶體開關的切換頻率，一般設定該頻率需大於聲音頻率(20 Hz~2 kHz)，以避免電晶體開關切換時行形成噪音。圖 1.12 是以 PSIM 建構的模擬圖與模擬結果，切換頻率設定為 10 kHz，$V_{dc} = 100$V，當給予控制信號 $v_{ctrl} = 1.5$V，且鋸齒波高度為 15V，可得電樞電壓平均值為 10V，圖 1.12(b)的模擬結果與圖 1.7 所示者相同。在實際電路實作時，PWM 控制信號需經過一個光耦合器來隔離，以避免電晶體開關 Q_1 的源極端(Source)接地，會燒掉該電晶體開關。

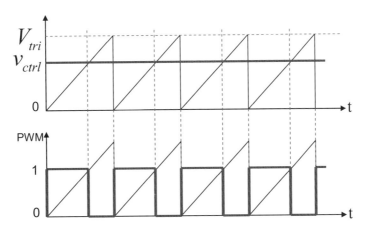

圖 1.11　直流馬達第一象限 PWM 控制信號產生方法

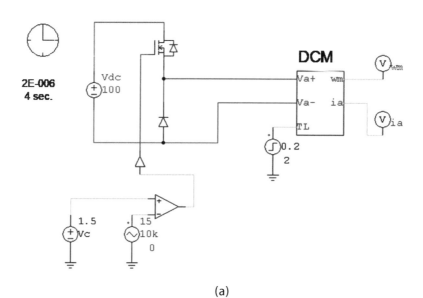

(a)

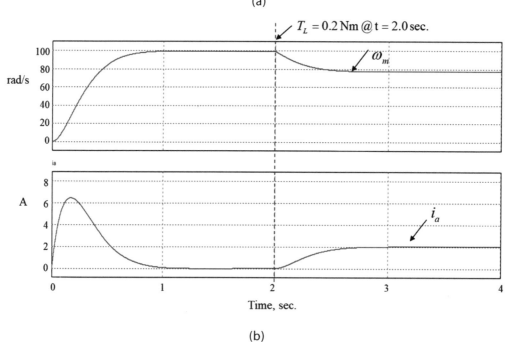

(b)

● 圖 1.12　DCM 第一象限 PWM 控制模擬：

(a)模擬模型(DCM_PWM_Q1_ctrl.psimsch)、(b)模擬結果

1.4.2 四象限 PWM 控制

上一節的 PWM 控制電路只能用在第一象限操作，即 $v_a \geq 0$ 與 $i_a \geq 0$，在某些馬達的應用，如電動車的上、下坡、電梯的上上下下等，需在四個象限操作。改善的方式乃是利用全橋式直流－直流轉換器(DC-DC converter)的方式[5]，給予一個固定的直流電壓源 V_{dc}，以脈寬調變(PWM)的方法來改變該轉換器的輸出電壓以控制馬達。

四象限驅動電路示意圖如圖 1.13 所示，其中 PWM 控制信號乃是以四個光耦合器(opti-coupler, TLP250)來與直流－直流轉換器之四個 MOSFET（或 IGBT）功率晶體開關做隔離，免於該轉換器的輸出端 A (Gnd1)、B (Gnd2)及其共地端(Gnd3)會與 PWM 控制信號的地線(Gnd0)短路相接。然而，四個光耦合器需要 15V 的電源供應(Pin-8)，但因直流－直流轉換器的下臂兩個功率晶體開關（Q_2 與 Q_4）是共地(Gnd3)，因此只需要三組 15V 的隔離電源，如圖 1.14 所示。學生在專題製作時，可用市面上可買到的±15V 隔離電源(A6-11151515B)，將交流電源轉成三組隔離的直流電源，來提供四個光耦合器所需的 15V 的隔離電源。

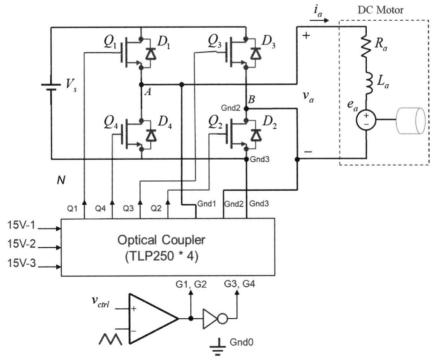

圖 1.13 DCM 馬達四象限 PWM 控制驅動電路方塊示意圖

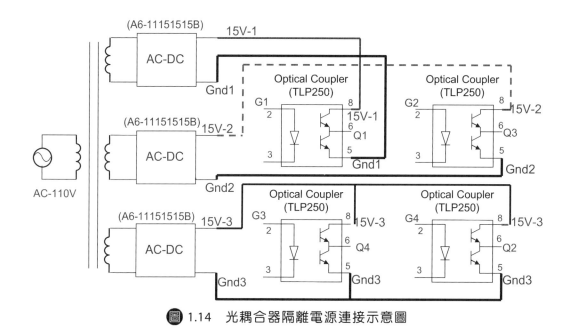

圖 1.14　光耦合器隔離電源連接示意圖

　　PWM 控制的方法有兩種，分別是雙極性脈寬調變(bilopor PWM)與單極性脈寬調變(unipolar PWM)，以下分此二方法來說明。

1.4.3 雙極性 PWM 控制

　　如前述圖 1.13，直流馬達雙極性脈寬調變方法是以一個控制信號 v_{ctrl} 來與一個交流對稱三角波相比較[5]，產生的波形如圖 1.15 所示。分析控制信號 v_{ctrl} 與直流－直流轉換器輸出波形的關係，可得出該雙極性脈寬調變的增益，推導如下：

　　當控制信號 v_{ctrl} 大於等於三角波時，PWM 信號 G1 與 G2 為 1（高電位），可控制功率晶體開關 Q_1 與 Q_2 導通，Q_3 與 Q_4 截止，否則 G1 與 G2 為 0（低電位）。因 PWM 信號 G3 與 G4 是 G1 與 G2 的反相，此時 G3 與 G4 為 1（高電位），可控制功率晶體開關 Q_3 與 Q_4 導通，Q_1 與 Q_2 截止，如此可得轉換器輸出電壓 v_o 為一脈寬調變方波，輸出電壓 v_o 為 $+V_{dc}$ 或 $-V_{dc}$ 兩個極性，故稱為雙極性 PWM，並可看出電流 i_o 的波形如圖 1.15。當 PWM 信號 G1 與 G2 為 1 時，若電流 $i_o \geq 0$ 則電流流經 Q_1 與 Q_2。反之，電流 $i_o < 0$ 則電流流經 D_1 與 D_2。當 PWM 信號 G3 與 G4 為 1 時，若電流 $i_o \geq 0$ 則電流流經 D_3 與 D_4。反之，電流 $i_o < 0$ 則電流流經 Q_3 與 Q_4。

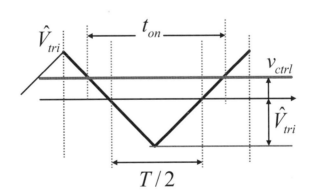

圖 1.15 雙極性 PWM 示意圖

圖 1.16 三角形相似定理推導雙極性 PWM 增益

定義功率晶體開關的切換週期(switching period)為 $T = t_{on} + t_{off}$，也就是該對稱三角波的週期，脈寬調變波的責任週期(duty cycle)為 $D = t_{on}/T$，則可得轉換器輸出電壓 v_o 的平均值 V_o 如下：

$$V_o = \frac{V_{dc}t_{on} - V_{dc}t_{off}}{T} = V_{dc}[D - (1-D)] = V_{dc}(2D-1) \tag{1-27}$$

由圖 1.16，利用三角形相似定理，可得

$$2D = \frac{t_{on}}{T/2} = \frac{\hat{V}_{tri} + v_{ctrl}}{\hat{V}_{tri}} \tag{1-28}$$

將(1-28)式代回(1-27)式，得

$$V_o = V_{dc}(2D-1) = V_{dc}\frac{v_{ctrl}}{\hat{V}_{tri}} \tag{1-29}$$

定義脈寬調變增益(PWM Gain)為轉換器輸出電壓平均值 V_o 對控制信號 v_{ctrl} 的比值，由(1-29)式可得脈寬調變增益 K_{PWM} 為

$$K_{PWM} = \frac{V_o}{v_{ctrl}} = \frac{V_{dc}}{\hat{V}_{tri}} \tag{1-30}$$

也就是轉換器之輸入直流電壓對三角波振幅的比值。如圖 1.17(a)，當直流電壓源 $V_{dc} = 100\text{V}$，交流對稱三角波振幅為 15V、頻率 10 kHz，當給予控制信號 $v_{ctrl} = 1.5\text{V}$，此時，轉換器輸出電壓平均值為

$$V_o = K_{PWM} \cdot v_{ctrl} = \frac{100}{15} \times 1.5 = 10 \quad (\text{V}) \tag{1-31}$$

此值與前一節所給的電樞電壓 $v_a = 10\text{V}$ 相同，因此可得與前面圖 1.7 相同的轉速與電流響應。如圖 1.17(b)所示，在無載時轉速達 100 rad/s，啟動電流約達 6.5 A，加載之後轉速掉到 78 rad/s，電樞電流亦約從零升到約 2 A，和圖 1.7 的結果相同。

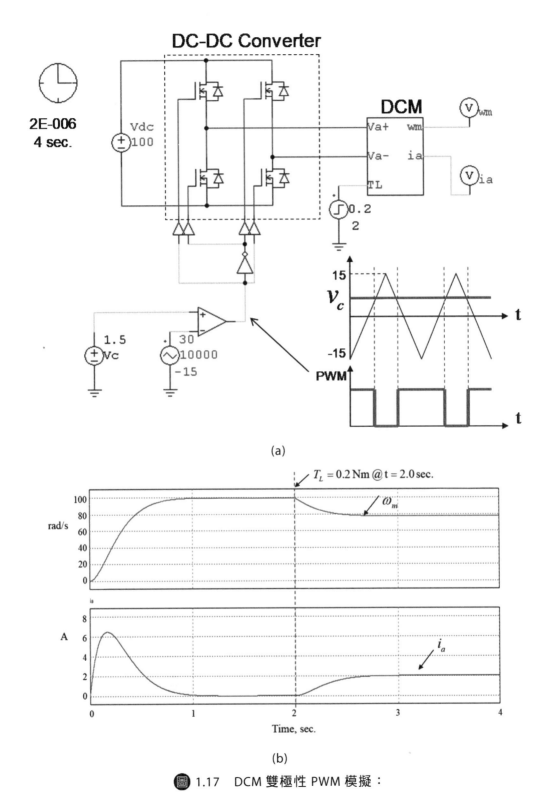

(a)

(b)

圖 1.17 DCM 雙極性 PWM 模擬：

(a)模擬模型(DCM_PWM_bipolar.psimsch)、(b)轉速與電流波形

1.4.4 單極性 PWM 控制

　　單極性 PWM 的優點是比雙極性 PWM 有較小的輸出電流漣波，它的方法是以兩個控制信號 v_{ctrl} 和 $-v_{ctrl}$ 來與一個交流對稱三角波相比較[5]，如圖 1.18 所示。分析控制信號 v_{ctrl} 與直流－直流轉換器輸出波形的關係，可得出該單極性脈寬調變的增益，推導如下：

　　當控制信號 v_{ctrl} 大於等於三角波時，PWM 信號 G1 為 1（高電位），可控制功率晶體開關 Q_1 導通，否則 PWM 信號 G4 為 1，可控制功率晶體開關 Q_4 導通。當控制信號 $-v_{ctrl}$ 大於等於三角波時，PWM 信號 G3 為 1，可控制功率晶體開關 Q_3 導通，否則 PWM 信號 G2 為 1，可控制功率晶體開關 Q_2 導通。如此可得轉換器輸出電壓 v_o 為一脈寬調變方波輸出電壓 v_o 為 0 或 $+V_{dc}$（或 $-V_{dc}$ 當 $v_{ctr} < 0$），故稱為單極性 PWM，並可看出電流波形，如圖 1.19 所示，與圖 1.15 的雙極性 PWM 電流波形相比較，可看出單極性 PWM 其電流漣波也較小。

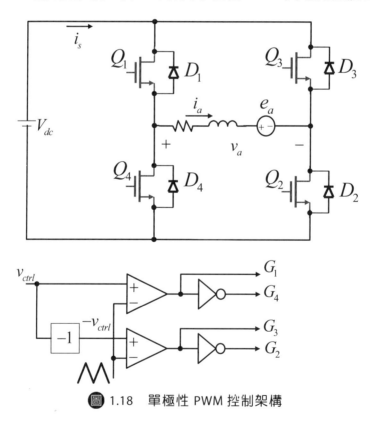

圖 1.18　單極性 PWM 控制架構

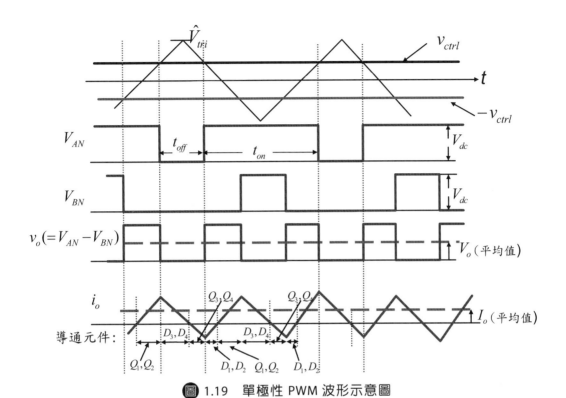

🔵 圖 1.19 單極性 PWM 波形示意圖

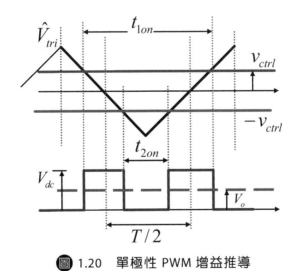

🔵 圖 1.20 單極性 PWM 增益推導

如圖 1.20，可得直流－直流轉換器輸出電壓 v_o 其平均值 V_o 如下：

$$V_o = \frac{V_{dc}(t_{1on} - t_{2on})/2}{T/2} = V_{dc}(D_1 - D_2) = V_{dc}[D_1 - (1 - D_1)] = V_{dc}(2D_1 - 1) \quad (1\text{-}32)$$

利用三角形相似定理，可得

$$2D_1 = \frac{\hat{V}_{tri} + v_{ctrl}}{\hat{V}_{tri}} \quad (1\text{-}33)$$

將(1-33)式代回(1-32)式，得出 V_o 與 V_{dc} 的關係如下：

$$V_o = V_{dc}(2D_1 - 1) = \frac{v_{ctrl}}{\hat{V}_{tri}} V_{dc} \quad (1\text{-}34)$$

並可得單極性脈寬調增益如(1-35)式，這與雙極性脈寬調增益(1-30)式相同。

$$K_{PWM} = \frac{V_o}{v_{ctrl}} = \frac{V_{dc}}{\hat{V}_{tri}} \quad (1\text{-}35)$$

圖 1.21 為給予控制信號 $v_{ctrl} = 1.5\text{V}$ 的模擬與其轉速與電流波形，可看出響應幾乎和雙極性 PWM 模擬的結果圖 1.17 相同，但單極性 PWM 有較小的輸出電流漣波，兩者的比較如圖 1.22。

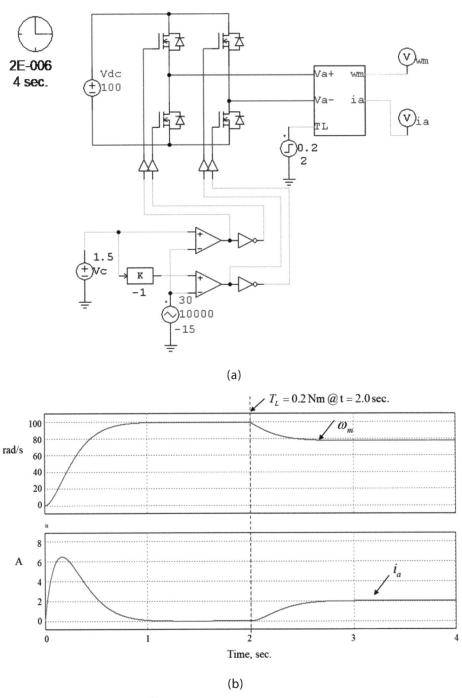

(a)

(b)

圖 1.21　DCM 單極性 PWM：

(a)模擬模型(DCM_PWM_unipolar.psimsch)、(b)轉速與電流波形

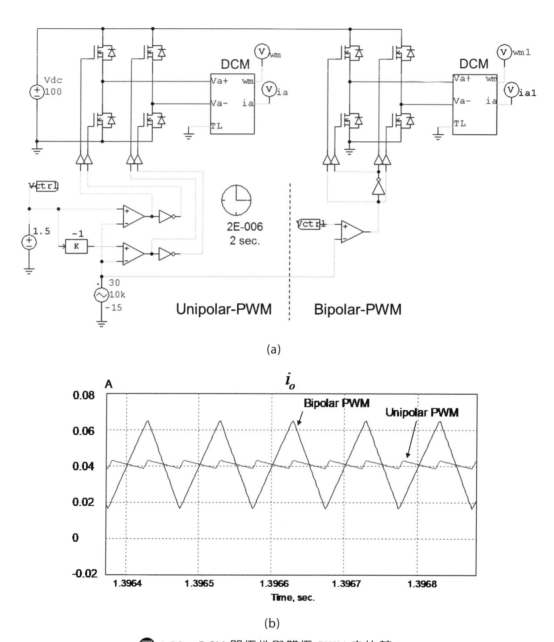

(a)

(b)

圖 1.22 DCM 單極性與雙極 PWM 之比較：

(a)模擬模型(DCM_PWM_uni_bipolar_cmp.psimsch)、(b)電流漣波

1.5 直流馬達閉迴路回授控制

前一節所述之 PWM 控制為開迴路轉速控制，由圖 1.17(Bipolar PWM)及圖 1.21(Uni-Polar PWM)之模擬結果可知，給予一 PWM 電樞電壓，馬達轉速將達一個穩態轉速，此時當瞬間加入負載時，將使馬達的轉速由原來的穩態值逐漸掉下來至另一個穩態值。但在某些應用的場合，希望能不受負載變化的影響而維持平穩轉速。為此，必須使用轉速閉迴路控制機制。

方法為給予一個設定的轉速參考命令，利用負回授與控制器自動調節控制器的輸出訊號大小，以產生所需要的 PWM 控制訊號的責任週期(duty cycle)，來控制轉換器的功率電晶體開關導通與截止時間，使得即使在負載變化之下，馬達的轉速能自動地追隨所設定的轉速參考命令，並以所要的暫態時間到達一個穩定的轉速。

因為轉速的變化，即加速或減速，是受轉矩的影響，而馬達的電樞電流與電磁轉矩是以轉矩常數為比例的關係；此外，位置（角度）的變化，是受轉速的影響，故馬達的伺服回授控制系統是一個多重迴路的控制系統，包括內層的電流控制迴路、中層的轉速控制迴路以及外層的位置控制迴路所構成，如圖 1.23 所示。使用者可藉由模式的切換，選擇所要的控制機制，如表 1.2 所示，有兩個模式選擇開關 S_2 與 S_1。

當 S_1 設定在‘1’的位置；S_2 設定在‘1’或‘0’的位置時，為電流控制模式，當電動車需要足夠大的轉矩以爬坡，或起重機需要足夠大的轉矩以搬起重物，需選擇此電流控制模式。當 S_2 設定在‘1’的位置；S_1 設定在‘0’的位置時，則為轉速控制模式。當電動車維持等速度行進時需設定此模式，由轉速控制器產生所要的電流命令，使馬達加速或減速以追隨所設定的轉速參考命令。當 S_2 與 S_1 均設定在‘0’的位置時，則為位置控制模式。如機械人手臂拿東西定位時需設定此模式。給予某一位置參考命令，由位置控制器產生所要的轉速命令，使得馬達追隨此轉速命令到達所設定的位置。

以下分三個小節分別敘述此三個閉迴路控制器的設計與模擬驗證。

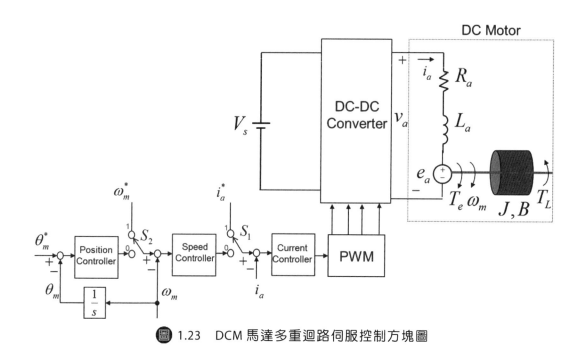

圖 1.23 DCM 馬達多重迴路伺服控制方塊圖

表 1.2 伺服控制模式設定

S_2	S_1	伺服控制模式
0	0	位置控制
1	0	轉速控制
X	1	電流控制

1.5.1 直流馬達電流閉迴路控制

一個基本的自動回授控制系統方塊圖如圖 1.24 所示,其中 $y^*(t)$ 是參考命令信號, $y(t)$ 為輸出信號, $e(t)$ 是誤差信號, $G_c(s)$ 是控制器轉移函數方塊, $G_p(s)$ 是受控體(plant)轉移函數方塊, $H(s)$ 是回授輸出信號之感測器或濾波器之轉移函數方塊。因此,一個直流馬達的電流閉迴路控制器的設計是必須找到其受控體轉移函數 $G_p(s)$,藉此設計其控制器 $G_c(s)$。

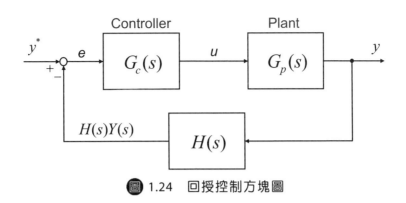

圖 1.24　回授控制方塊圖

　　一個直流馬達的電流閉迴路控制的方塊圖如圖 1.25 所示，其中令直流－直流轉換器 (DC-DC converter) 輸出電壓 v_a 的平均值為 V_o，PWM 增益為 $K_{PWM} = V_{dc}/V_{tri}$，其中 V_{dc} 是直流－直流轉換器的電源電壓，V_{tri} 為三角波的振幅。為了方便電流控制器的設計，可以先不考慮此 K_{PWM} 增益，則該直流馬達電流閉迴路控制的受控體轉移函數方塊如圖 1.26 所示。當電流控制器為一個 PI 控制器及反電動勢順向補償器，該電流閉迴路控制之轉移函數方塊圖如圖 1.27，其中反電動勢順向補償器的目的為抵消反電動勢對電流響應的影響。如此，圖 1.27 可簡化為圖 1.28，由此設計該 PI 控制器。待控制器設計完成，再將此 K_{PWM} 增益的倒數放在控制器之後，PWM 產生器之前。

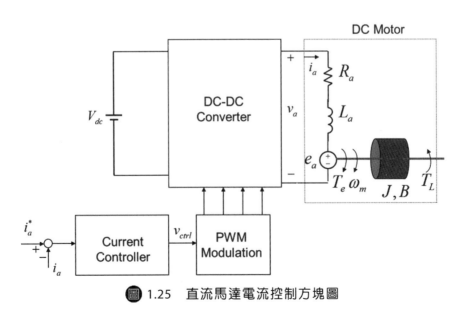

圖 1.25　直流馬達電流控制方塊圖

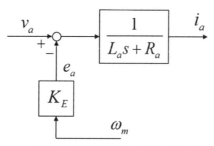

圖 1.26　DCM 馬達電流控制之受控體轉移函數方塊圖

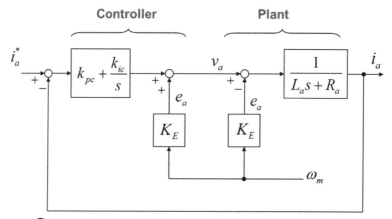

圖 1.27　DCM 馬達電流閉迴路控制之轉移函數方塊圖

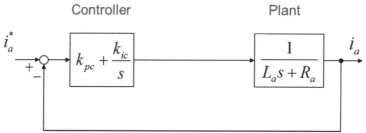

圖 1.28　DCM 馬達簡化電流閉迴路控制之轉移函數方塊圖

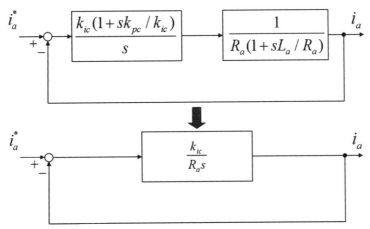

🔲 1.29　利用極點與零點消除法之 DCM 馬達電流閉迴路控制之轉移函數方塊圖

　　本節利用極點與零點消除法來設計 PI 控制器。為此，分別將圖 1.28 的受控體轉移函數以及 PI 控制器的轉移函數經整理如圖 1.29 之上半部所示。並在 (1-36)式的條件下，將 PI 控制器轉移函數的零點(zero)與受控體轉移函數的極點(pole)約除，則可得該直流馬達電流閉迴路控制之轉移函數方塊圖如圖 1.29 之下半部所示。

$$\frac{k_{pc}}{k_{ic}} = \frac{L_a}{R_a} \tag{1-36}$$

可得該閉迴路控制的迴路增益(Loop Gain)為

$$G_{ol} = \frac{K}{s} \tag{1-37}$$

其中

$$K = \frac{k_{ic}}{R_a} \tag{1-38}$$

而閉迴路轉移函數為

$$G_{cl} = \frac{\dfrac{K}{s}}{1 + \dfrac{K}{s}} = \frac{K}{s + K} \tag{1-39}$$

此 K 亦稱為該電流閉迴路控制系統的頻寬(Bandwidth)。可訂定此頻寬為 300 Hz，則由(1-38)式可得

$$k_{ic} = KR_a = 300 \times 2\pi \times 1.1 = 660\pi = 2072.4 \tag{1-40}$$

由表 1-1，L_a 及 R_a 參數為已知，將(1-40)式代入(1-36)式，得

$$k_{pc} = \frac{L_a}{R_a} k_{ic} = \frac{0.1}{1.1} \times 660\pi = 188.4 \tag{1-41}$$

由(1-39)式可得該直流馬達電流閉迴路控制的單一步階響應(unit-step response)，亦即給予 1A 之步階電流參考命令，可得出馬達電流的步階響應如下：

$$I_a(s) = \frac{1}{s} \frac{K}{s+K} = \frac{k_1}{s} + \frac{k_2}{s+K} = \frac{(k_1+k_2)s + k_1 K}{s(s+K)} \tag{1-42}$$

利用比較係數法，可得 $k_1 = 1$、$k_2 = -1$。將(1-42)是取反拉式轉換得

$$i_a(t) = 1 - e^{-Kt} \tag{1-43}$$

由(1-43)式可知，該直流馬達電流閉迴路控制的單一步階響應為由零出發以時間常數 $1/K$ 爬升到 1A 的穩態值，故該頻寬 K 值愈大，則其步階響應爬升愈快。

以 PSIM 模擬軟體建構之直流馬達電流閉迴路控制模擬圖與電流響應波形如圖 1.30 所示，其中直流－直流轉換器的電源電壓為 $V_{dc} = 100V$，三角波振幅為 $V_{tri} = 15V$，故 $K_{PWM} = 100/15$。由此圖可看出在 PWM 產生器之前放了一個 K_{PWM} 增益的倒數(15/100)，給予 ±1A 之方波電流參考命令，可看出電流 i_a 之暫態響應，其穩態值亦為 ±1A。

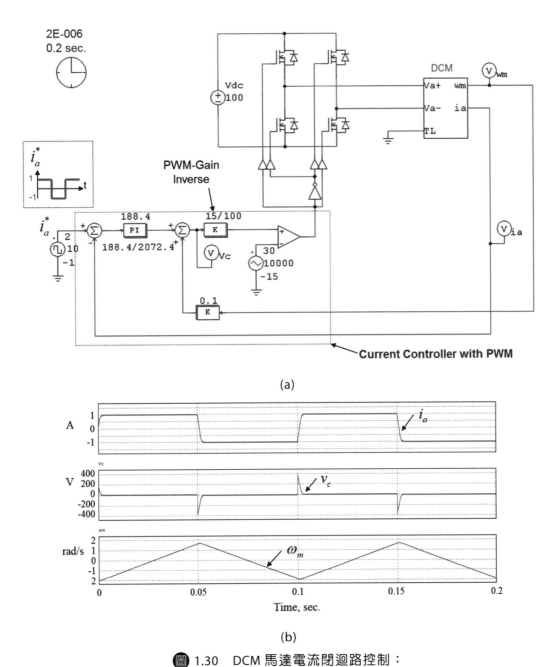

(a)

(b)

📖 1.30　DCM 馬達電流閉迴路控制：
(a)模擬模型(DCM_curr_ctrl.psimsch)、(b)電流響應波形

　　該直流馬達電流閉迴路控制的步階響應可與一個頻寬為 300 Hz 的一階系統之步階響應相比較，若兩者相一致，可表示所設計的電流 PI 控制器其功能是正確的。以 PSIM 模擬及兩者之步階電流響應波形如圖 1.31，可看出馬達電流的

波形線條較一階系統之響應為粗,這是因馬達的電流是由 PWM 切換控制,所以其電流步階響應波形較粗,但兩者波形一致,驗證了所設計電流 PI 控制器的正確性。

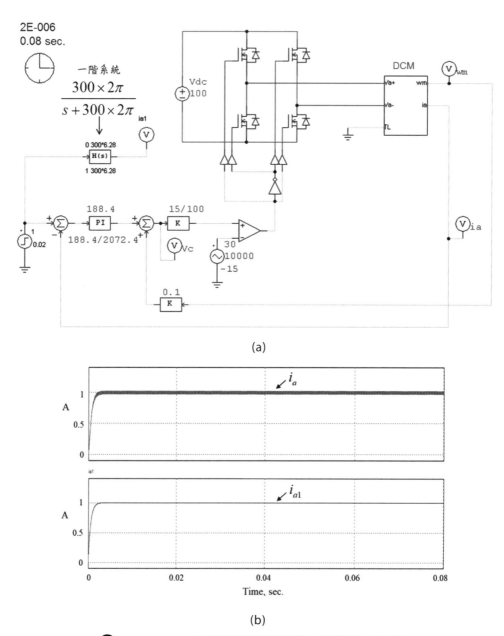

(a)

(b)

圖 1.31　DCM 電流閉迴路控制與一階系統之比較:

(a)模擬模型(DCM_curr_ctrl_cmp.psimsch)、(b)電流響應波形比較

1.5.2 直流馬達轉速迴路控制

　　如同電流控制迴路，直流馬達的轉速控制器設計也必須先找出其受控體模型 $G_p(s)$，依此設計轉速控制器 $G_c(s)$。以內層電流控制迴路為基礎，直流馬達轉速控制的受控體轉移函數方塊圖如圖 1.32 所示，其中以一個一階系統(first-order system)表示前一小節所設計內層的電流閉迴路控制系統轉移函數，K 是該電流閉迴路控制一階系統的頻寬，前面設定該頻寬為 300 Hz。一般轉速閉迴路控制二階系統的頻寬遠小於該電流閉迴路控制頻寬，故在轉速閉迴路控制的頻寬內可將內層的電流閉迴路控制增益視為 0dB，如圖 1.33 所示，亦即該電流閉迴路控制的轉移函數增益在轉速控制閉迴路的頻寬內(15 Hz)可視為一個 1 的常數。

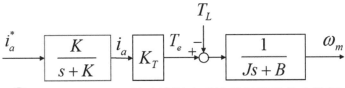

圖 1.32　DCM 馬達轉速控制之受控體轉移函數方塊圖

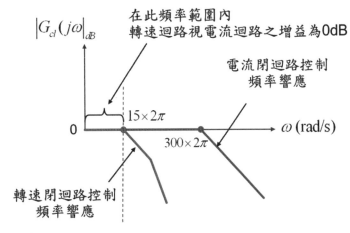

圖 1.33　DCM 馬達轉速控制與電流控制頻率響應圖

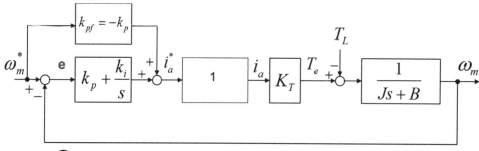

圖 1.34　DCM 簡化之 2-DOF 轉速控制閉迴路轉移函數方塊圖

直流馬達轉速控制閉迴路轉移函數方塊圖如圖 1.34 所示，控制器除了使用 PI 控制以外，還加了一個順向補償器 k_{pf}，合稱為二自由度(two-degree-of-freedom, 2-DOF)控制器[2]，可得其閉迴路轉移函數可化為一個標準的二階系統如下：

$$G_{cl}(s) = \frac{\Omega_m(s)}{\Omega_m^*(s)}\bigg|_{T_L=0} = \frac{\dfrac{k_p s + k_i}{s}\dfrac{K_T}{Js+B} + k_{pf}\dfrac{K_T}{Js+B}}{1 + \dfrac{k_p s + k_i}{s}\dfrac{K_T}{Js+B}} = \frac{K_T(k_p + k_{pf})s + k_i K_T}{Js^2 + (k_p K_T + B)s + k_i K_T}$$

(1-44)

在上式中，令 $k_{pf} = -k_p$，則上式可化簡為

$$G_{cl}(s) = \frac{k_i K_T}{Js^2 + (k_p K_T + B)s + k_i K_T} = \frac{\dfrac{k_i K_T}{J}}{s^2 + \dfrac{k_p K_T + B}{J}s + \dfrac{k_i K_T}{J}} = \frac{\omega_n^2}{s^2 + 2\zeta\omega_n s + \omega_n^2}$$

(1-45)

其中 ζ 稱為阻尼比(damping ratio)；ω_n 稱為無阻尼自然頻率(undamped natural frequency)[1]。訂定 $\zeta = 0.85$、$\omega_n = 118\,\text{rad/s}$，參考附錄(B-46)式，其頻寬為[1]

$$\omega_B = \omega_n\sqrt{1 - 2\zeta^2 + \sqrt{4\zeta^4 - 4\zeta^2 + 2}} = 95.13 \quad \text{rad/s.}$$

(1-46)

約 15 Hz。將 $\zeta = 0.85$ 與 $\omega_n = 118$ 代入(1-45)式，並比較係數得

$$k_i = \frac{J\omega_n^2}{K_T} = \frac{0.0027 \times 118^2}{0.1} = 376 \tag{1-47}$$

$$k_p = \frac{2\zeta\omega_n J - B}{K_T} = \frac{2 \times 0.85 \times 118 \times 0.0027 - 0.00005}{0.1} = 5.4 \tag{1-48}$$

由(1-45)式可得該直流馬達轉速閉迴路控制的單一步階響應(unit-step response)，亦即給予 1 rad/s 之步階轉速參考命令，可得出馬達轉速的步階響應如下：

$$\Omega_m(s) = \frac{1}{s}\frac{\omega_n^2}{s^2 + 2\zeta\omega_n s + \omega_n^2} = \frac{k_1}{s} + \frac{k_2 s + k_3}{s^2 + 2\zeta\omega_n s + \omega_n^2} = \frac{(k_1 + k_2)s^2 + (2\zeta\omega_n k_1 + k_3)s + k_1\omega_n^2}{s(s^2 + 2\zeta\omega_n s + \omega_n^2)}$$

$$\tag{1-49}$$

利用比較係數法，可得 $k_1 = 1$、$k_2 = -1$、$k_3 = -2\zeta\omega_n$。參考附錄(B-19)式，將(1-49)式取反拉氏轉換得

$$i_a(t) = 1 - \frac{e^{-\alpha t}}{\sqrt{1-\zeta^2}}(\sqrt{1-\zeta^2}\cos\omega t + \zeta\sin\omega t) \tag{1-50}$$

其中 $\alpha = \zeta\omega_n$ 稱為阻尼因素(damping factor)，振盪頻率 $\omega = \omega_n\sqrt{1-\zeta^2}$。由(1-50)式可知，該直流馬達轉速閉迴路控制的單一步階響應為由零出發以時間常數 $1/\alpha$ 及振盪頻率 ω 爬升至 1 rad/s.的穩態值，故該阻尼因素 α 值愈大，則其步階響應爬升愈快。

給予 6 rad/s 的轉速參考命令、Vdc=100 V，並在 t=0.1 秒時瞬間加載 $T_L = 0.5$ Nm，轉速閉迴路控制 PSIM 模擬與轉速及電流響應波形如圖 1.35 所示，可看出轉速 ω_m 之穩態值為 6 rad/s。在瞬間加載後，馬達轉速受干擾下降一些，但很快地拉回至原來的轉速值。為了抵抗此負載轉矩的加入，馬達的電磁轉矩 T_e 的穩態值亦瞬間提升至 0.5 Nm，因 $K_T = 0.1$，可看出馬達電流瞬間提升至 5A，使得馬達轉速追隨轉速命令，維持等速轉動，不受加載的影響，驗證了所設計轉速控制器的正確性。

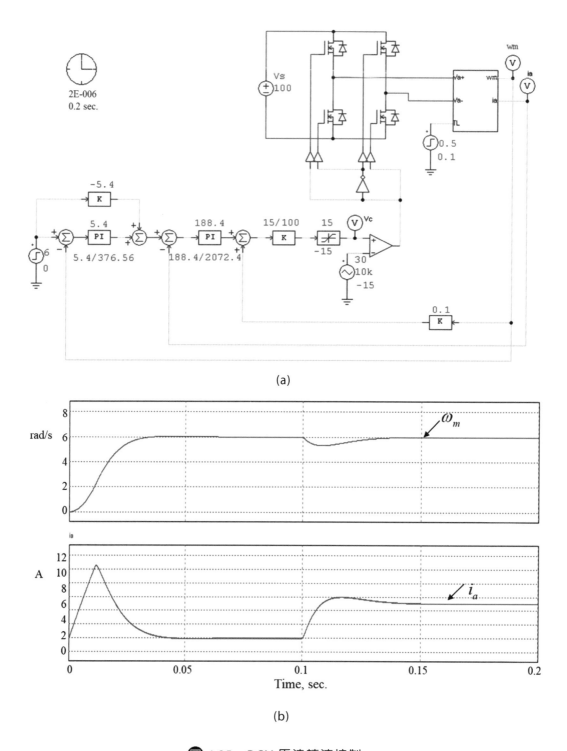

(a)

(b)

圖 1.35　DCM 馬達轉速控制：
(a)模擬模型(DCM_spd_ctrl.psimsch)、(b)轉速及電流響應波形

　　若欲增加轉速，給予 20 rad/s 的轉速參考命令，欲達到穩態轉速可提高直流電源電壓為 400 V，並在 t=0.1 秒時瞬間加載 $T_L = 1$Nm，轉速閉迴路控制 PSIM 模擬與轉速及電流響應波形如圖 1.36 所示，可看出轉速 ω_m 之穩態值為 20 rad/s。在瞬間加載後，馬達轉速受干擾下降一些，但很快地拉回至原來的轉速值。為了抵抗此負載轉矩的加入，馬達的電磁轉矩 T_e 的穩態值亦瞬間提升至 1 Nm，因 $K_T = 0.1$，可看出馬達電流瞬間提升至 10A，使得馬達轉速追隨轉速命令，維持等速轉動，不受加載的影響，驗證了所設計轉速控制器的正確性。

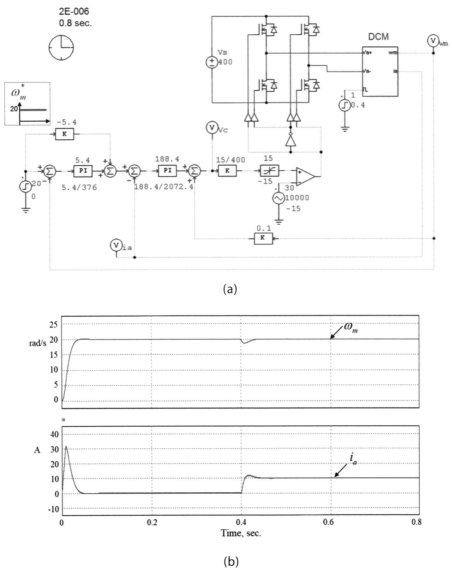

(a)

(b)

圖 1.36　DCM 馬達轉速控制：

(a)模擬模型(DCM_spd_ctrl_Vdc400V.psimsch)、(b)轉速及電流響應波形

　　該直流馬達轉速閉迴路控制的步階響應可與一個頻寬為 15Hz 的二階系統之步階響應相比較，若兩者相一致，可表示所設計的 2-DOF 轉速控制器其功能是正確的。以 PSIM 模擬之轉速閉迴路控制與相同頻寬之二階系統之比較的轉速響應波形如圖 1.37，可看出馬達轉速的波形幾近一致，驗證了所設計 2-DOF 轉速控制器的正確性。

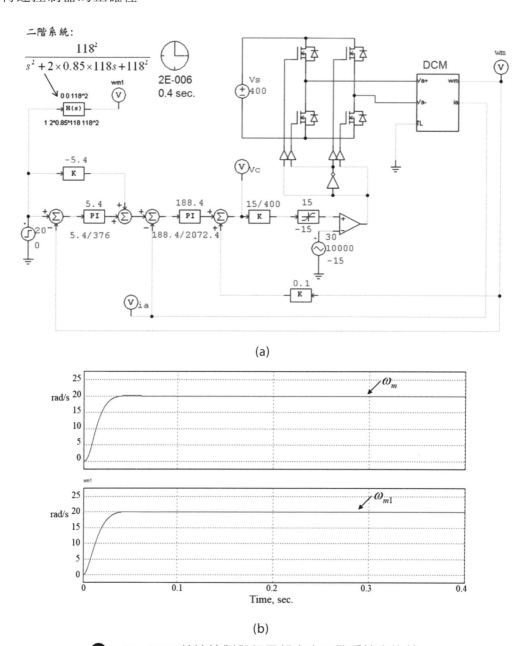

(a)

(b)

📖 圖 1.37　DCM 轉速控制與相同頻寬之二階系統之比較：

(a)模擬模型(DCM_spd_ctrl_cmp.psimsch)、(b)轉速響應波形比較

1.5.3 直流馬達位置閉迴路控制

如同轉速控制迴路，直流馬達的位置控制器設計也必須先找出其受控體模型 $G_p(s)$，依此設計位置控制器 $G_c(s)$。以中層轉速控制迴路為基礎，直流馬達位置控制的受控體轉移函數方塊圖如圖 1.38 所示，其中以一個二階系統 (second-order system)表示前一小節所設計的轉速閉迴路控制系統轉移函數，頻寬設定為 15 Hz。在圖 1.38 中，馬達的轉速經積分可得馬達的角度。

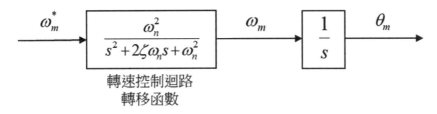

圖 1.38　DCM 位置控制之受控體轉移函數方塊圖

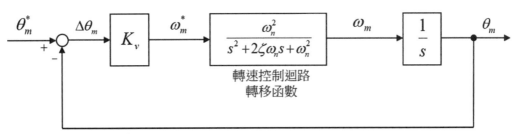

圖 1.39　DCM 位置閉迴路控制轉移函數方塊圖

位置閉迴路控制轉移函數方塊圖如圖 1.39，是屬於 Type-1 的系統[1]，對於一個斜坡輸入(ramp function input)的 Type-1 系統，令該斜坡輸入函數為

$$\theta_m^* = Rt \tag{1-51}$$

其中 R 為斜坡的斜率，則由圖 1.39 可得位置誤差的拉氏轉換式為

$$\Delta\Theta_m(s) = \frac{R}{s^2}\frac{1}{1+\dfrac{K_v\omega_n^2}{s(s^2+2\zeta\omega_n s+\omega_n^2)}} = \frac{R(s^2+2\zeta\omega_n s+\omega_n^2)}{s(s^3+2\zeta\omega_n s^2+\omega_n^2 s+K_v\omega_n^2)} \tag{1-52}$$

由終值定理（附錄 B-29 式），可得穩態誤差為

$$e_{ss} = s\Delta\Theta_m(s)\big|_{s=0} = \frac{R}{K_v} \tag{1-53}$$

設定該位置控制器的設計規格為在定速每分鐘 6 公尺的速度 v_s^* 之下，有 2.5 mm 的追隨誤差 e_{ss}，則該位置控制參考命令斜坡輸入之斜率為

$$R = \frac{6}{60} = 0.1\ \text{m/s} \tag{1-54}$$

穩態誤差為

$$e_{ss} = 0.0025\ \text{m} \tag{1-55}$$

將(1-54)及(1-55)式代回(1-53)式得

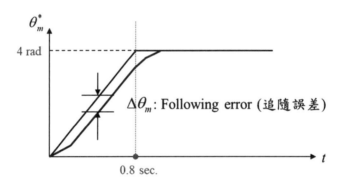

圖 1.40　DCM 位置控制參考命令與追隨誤差

$$K_v = \frac{R}{e_{ss}} = \frac{0.1}{0.0025} = 40 \tag{1-56}$$

亦或由圖 1.39 可得該位置控制器常數

$$K_v = \frac{\omega_m^*}{\Delta\theta_m} = \frac{r\omega_m^*}{r\Delta\theta_m} = \frac{v_s^*}{\Delta x} = \frac{0.1}{0.0025} = 40 \tag{1-57}$$

其中 r 為該直流馬達的半徑,得出兩者的計算方法結果一樣。由(1-57)式,追隨誤差與轉速命令的關係為

$$\Delta \theta_m = \frac{\omega_m^*}{K_v} = \frac{R}{K_v} \tag{1-58}$$

其中轉速命令 ω_m^* 為位置命令的斜率 R,因此當 $K_v = 40$,當位置命令的斜率 R 增加時,追隨誤差亦等比例增加。

給予位置閉迴路控制命令的格式如圖 1.40,斜率 $R = 4/0.8 = 5 \, \text{rad/s}$,故代入(1.58)式,可得追隨誤差為 $\Delta \theta_m = 5/40 = 0.125 \, \text{rad}$。位置閉迴路控制 PSIM 模擬與位置響應波形如圖 1.41,可看出 θ_m 之輸出響應波形穩態值為 4 rad 以及追隨誤差為 0.125 rad,驗證所設計位置控制器的正確性。

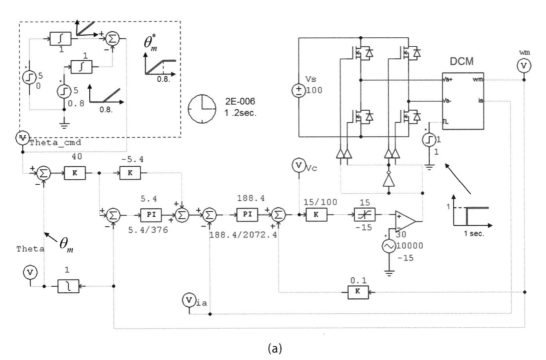

(a)

圖 1.41　DCM 位置控制模擬:

(a)模擬模型(DCM_posi_ctrl.psimsch)、(b)位置響應波形

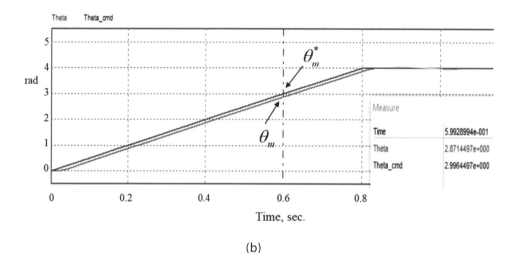

(b)

圖 1.41　DCM 位置控制模擬：

(a)模擬模型(DCM_posi_ctrl.psimsch)、(b)位置響應波形（續）

　　位置閉迴路控制與三階系統之比較其 PSIM 模擬與響應波形如圖 1.42，可看出二者之位置響應相同。當加載時，如圖 1.43，在 t = 1.0 sec.，此時馬達已轉到所要角度靜止不動，瞬間加載 $T_L = 1$ Nm，ω_m 響應穩態值為零，i_a 響應穩態值為 10 A。

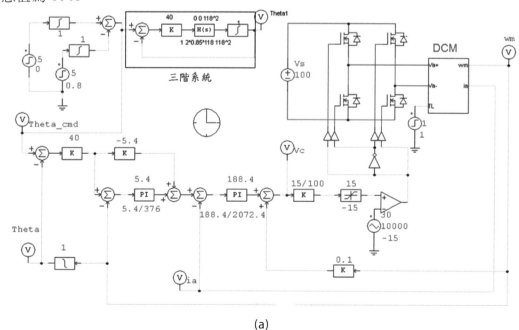

(a)

圖 1.42　DCM 位置控制與三階系統之比較：

(a)模擬模型(DCM_posi_ctrl_cmp.psimsch)、(b)響應波形

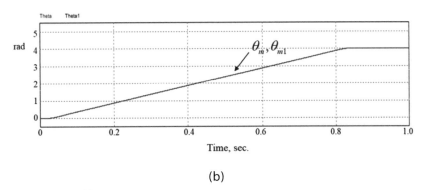

(b)

📖 1.42 DCM 位置控制與三階系統之比較：
(a)模擬模型(DCM_posi_ctrl_cmp.psimsch)、(b)響應波形（續）

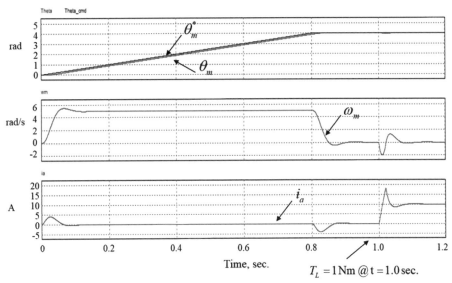

📖 1.43 DCM 位置控制在 t = 1.0 秒瞬間加載 $T_L = 1$ Nm 之角度、
轉速與電流響應波形

1. 馬達轉速 ω_m 的單位可用 rpm (revolution per minute)或 rad/s，其中 rpm 的定義為何？英文全名為何？1 rpm =? rad/s

2. 一個直流馬達之參數如表 1.3，中 R_a 為電樞電阻，L_a 為電樞電感，J 為馬達轉動慣量，B 為馬達黏性摩擦係數。令馬達產生的轉矩為 T_e，轉矩常數為 K_T，反電動勢常數為 K_E，負載轉矩為 T_L，電樞電壓為 v_a，電樞電流為 i_a，轉速為 ω_m，反電動勢為 e_a，請回答下列各題：

○ 表 1.3　直流馬達參數

R_a	2.0 Ω	B	0.0001 Nm/rad/s
L_a	0.2 H	K_T	0.2 Nm/A
J	0.002 Nm/rad/s^2	K_E	0.2 V/rad/s

(1) 請寫出該直流馬達之四個方程式（含 KVL、安培定律、冷次定律、牛頓運動定律）。

(2) 請依此四個方程式畫出馬達轉移函數模型方塊圖，包含 v_a 及 T_L 兩個輸入端。

(3) 請寫出轉移函數 $G_1(s) = \left.\dfrac{\Omega_m(s)}{V_a(s)}\right|_{T_L=0}$ 為何？與 $G_2(s) = \left.\dfrac{\Omega_m(s)}{T_L(s)}\right|_{v_a=0}$ 分別為何？

(4) 當輸入電樞電壓 $v_a = 100\text{V}$、負載轉矩 $T_L = 0\ \text{Nm}$，請求出馬達轉速 ω_m 與電樞電流 i_a 之穩態值分別為何？當負載轉矩 $T_L = 5\ \text{Nm}$，請求出馬達轉速 ω_m 與電樞電流 i_a 之穩態值分別為何？（註：可忽略黏性摩擦係數的計算）

(5) 請證明利用功率守恆原理證明 $K_T = K_E$。

3. 有關一階系統與二階系統的單一步階響應(unit-step response)與頻寬(bandwidth)，請回答下列問題：

(1) 一個 階系統的轉移函數如圖 1.44(a)，其輸入訊號 $r(t)$ 為單一步階函數訊號(unit-step function)，則其單一步階響應與頻寬分別為何？

(2) 一個二階系統的轉移函數如圖 1.44(b)，若和一個二階標準系統如下式相比較，

$$T(s) = \frac{\omega_n^2}{s^2 + 2\zeta\omega_n s + \omega_n^2}$$

則其阻尼比(damping ratio) ζ、無阻尼自然頻率(natural undamped frequency) ω_n、單一步階響應(unit-step response)與頻寬(bandwidth)分別為何？

(3) 一個二階系統的轉移函數如圖 1.44(c)，則其單一步階響應為何？

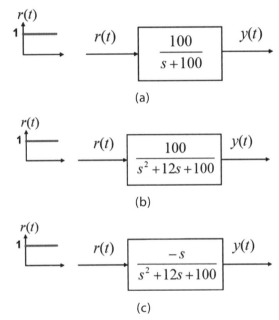

(a)

(b)

(c)

圖 1.44　系統轉移函數：(a)一階系統、(b)標準二階系統、(c)二階系統

請掃描 QR Code 下載習題解答

Chapter

2

步進馬達

2.1 前言

　　步進馬達也是屬於直流馬達，步進馬達是在其定子線圈以電子換相來驅動馬達轉子旋轉。步進馬達依其轉子磁性可分為永磁步進馬達(Permanent Magnetism Stepper Motor)、可變磁阻步進馬達(Variable Reluctance Stepper Motor)與混合步進馬達(Hybrid Stepper Motor)三大類。其中永磁步進馬達的轉子含有磁性，是以激磁轉矩使得馬達轉動。可變磁阻步進馬達的轉子沒有磁性但含有齒狀，使得其定子線圈激磁時，其磁通的磁路經過轉子時以最小的磁阻的磁路所形成磁阻轉矩使轉子轉動。混合步進馬達具備以上兩者的特性，轉子為齒狀並含有磁性。本單元以永磁步進馬達說明其工作原理、建模與模擬分析。

2.2 步進馬達驅動原理

　　步進馬達的定子線圈可為兩相、三相、四相、五相激磁線圈等，轉子極數(pole number)可為二極(P=2)、四極(P=4)、六極(P=6)、八極(P=8)等偶數極數。

　　為方便起見，本單元以兩相二極(P=2)永磁步進馬達說明其工作原理，其示意圖如圖 2.1 所示，其中定子由 A、B 兩相線圈繞成，轉子是極數二極的永久磁鐵。當定子某一線圈通電激磁時，將在該線圈產生一磁偶極(magnetic dipole)，例如 B 相線圈(Phase-B)通電激磁，將在線圈-2 (winding 2)對轉子產生一南磁極(electrical south pole)，而線圈-4 (winding 4)對轉子產生一北磁極(electrical north pole)，如此轉子磁極的 N 極(N-pole)將被吸引帶至 90 度位置（朝北）如圖 2.2 所示。此時若切換至由 A 相線圈(Phase-A)的線圈 3 (winding 3)通電激磁，將在線圈-3 對轉子產生一南磁極，而線圈-1 (winding 1)對轉子產生一北磁極，如此，轉子磁極的 N 極(N-pole)將被吸引帶至 180 度位置（朝西），若持續切換至由 B 相線圈(Phase-B)的線圈 4 (winding 4)通電激磁，將在線圈-4 對轉子產生一南磁極，而線圈-2 (winding 2)對轉子產生一北磁極，如此，轉子磁極的 N 極(N-pole)將被吸引帶至 270 度位置（朝南），若切換至由 A 相線圈(Phase-A)的線圈 3 (winding 1)通電激磁，將在線圈-1 對轉子產生一南磁極，而線圈-3 (winding 3)對轉子產生一北磁極，如此，轉子磁極的 N 極(N-pole)將被吸引帶至 0 度位置（朝東）。

其中兩相步進馬達的轉子電氣角度每一步轉動的角度為 90 度，三相步進馬達的轉子電氣角度每一步轉動的角度為 60 度，四相步進馬達的轉子電氣角度每一步轉動的角度為 45 度，五相以及更多相的步進馬達的轉子電氣角度每一步轉動的角度可以此類推。而轉子的機械角度每一步轉動的角度則依馬達轉子的極數 P (pole number)而定如(2-1)式，例如當定子是兩相激磁的步進馬達時，$\theta_e = 90^o$，轉子極數為 P=100，代入(2-1)式，可得機械步進角度為 1.8 度。

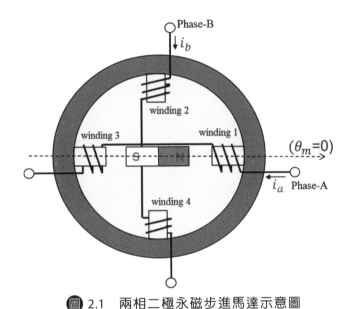

圖 2.1　兩相二極永磁步進馬達示意圖

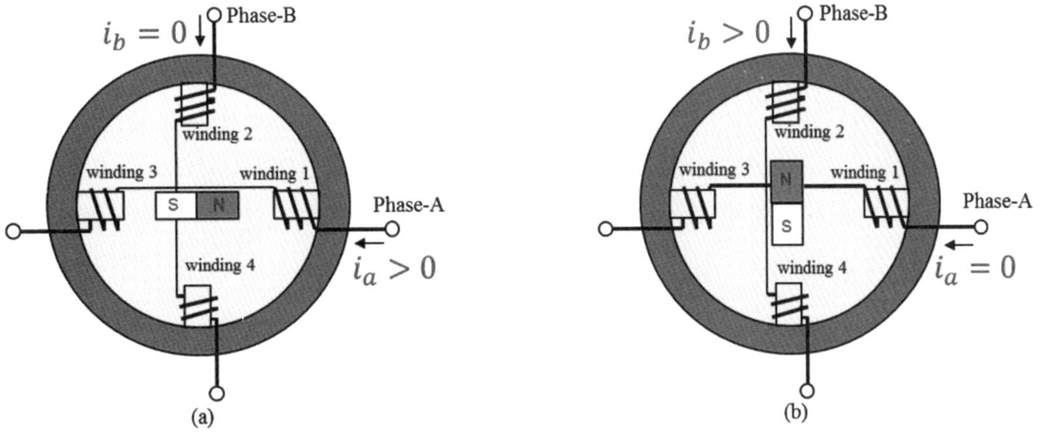

圖 2.2　兩相二極永磁步進馬達示意圖

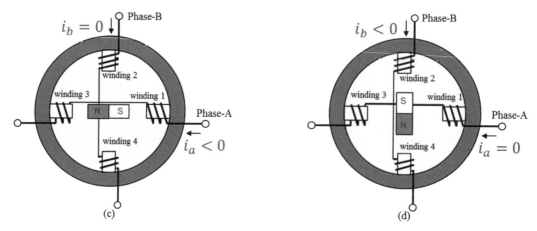

圖 2.2 兩相二極永磁步進馬達示意圖（續）

$$\theta_m = \frac{2}{P}\theta_e \tag{2-1}$$

2.3 步進馬達之數學模型

一個兩相激磁的步進馬達其在 ab 兩相之相電壓方程式、反電動勢、馬達產生的轉矩方程式與運動方程式分別如下：

$$\begin{bmatrix} v_a \\ v_b \end{bmatrix} = R_s \begin{bmatrix} i_a \\ i_b \end{bmatrix} + \begin{bmatrix} \dfrac{d\psi_a}{dt} \\ \dfrac{d\psi_b}{dt} \end{bmatrix} \tag{2-2}$$

其中 v_a、v_b 為 ab 兩相電壓，i_a、i_b 為 ab 兩相電流，R_s 為定子電阻，ψ_a、ψ_b 為 ab 兩相定子磁通表示如下：

$$\begin{bmatrix} \psi_a \\ \psi_b \end{bmatrix} = \begin{bmatrix} L_{aa} & L_{ab} \\ L_{ba} & L_{bb} \end{bmatrix} \begin{bmatrix} i_a \\ i_b \end{bmatrix} + \lambda_{af} \begin{bmatrix} \cos\theta_r \\ \cos(\theta_r - \dfrac{\pi}{2}) \end{bmatrix} \tag{2-3}$$

在(2-3)式中 λ_{af} 為轉子磁通,可視為一常數, θ_r 是轉子電氣角度,與電氣轉速 ω_r 的關係為

$$\theta_r = \int \omega_r dt + \theta_{r0} \qquad (2\text{-}4)$$

其中 θ_{r0} 是轉子電氣起始角度。且在(2-3)式中 i_a、 i_b 兩相電流相互換相,即 a 相有電流激磁時 b 相無電流; b 相有電流激磁時 a 相無電流,故兩相定子的互感為零

表示如下:

$$L_{ab} = L_{ba} = 0 \qquad (2\text{-}5)$$

$$L_{aa} = L_{bb} = L_s \qquad (2\text{-}6)$$

其中 L_s 為定子自感(self-inductance)。故將(2-3)~(2-6)式代入(2-2)式,可得

$$\begin{bmatrix} v_a \\ v_b \end{bmatrix} = R_s \begin{bmatrix} i_a \\ i_b \end{bmatrix} + L_s \begin{bmatrix} \dfrac{di_a}{dt} \\ \dfrac{di_b}{dt} \end{bmatrix} + \begin{bmatrix} e_a \\ e_b \end{bmatrix} \qquad (2\text{-}7)$$

上式等號右邊第三項為每相的反電動勢,表示如下:

$$\begin{bmatrix} e_a \\ e_b \end{bmatrix} = -\omega_r \lambda_{af} \begin{bmatrix} \sin\theta_r \\ \sin(\theta_r - \dfrac{\pi}{2}) \end{bmatrix} \qquad (2\text{-}8)$$

馬達產生的電磁轉矩 T_e 的方程式可藉由功率守恆原理如(2-9)式:

$$T_e = \frac{e_a i_a + e_b i_b}{\omega_m} \qquad (2\text{-}9)$$

其中 ω_m 是轉子機械轉速,將(2-8)式代入(2-9)式可得

$$T_e = -\frac{P}{2}\lambda_{af}\begin{bmatrix} i_a & i_b \end{bmatrix}\begin{bmatrix} \sin\theta_r \\ \sin(\theta_r - \frac{\pi}{2}) \end{bmatrix} \tag{2-10}$$

此外，如同直流馬達，依牛頓第二定律，馬達機械轉速方程式如下：

$$T_e - T_L = J\frac{d\omega_m}{dt} + B\omega_m \tag{2-11}$$

其中 T_L 為負載轉矩(load torque)，ω_m 為馬達的機械轉速，J 馬達與負載之總等效轉動慣量，B 為馬達與負載之總等效黏性摩擦係數。ω_m 與 ω_r 的關係如下：

$$\omega_r = \frac{P}{2}\omega_m \tag{2-12}$$

其中 P 為馬達極數(pole number)。由(2-11)式可得馬達轉速轉移函數方塊圖如圖 2.3 所示。

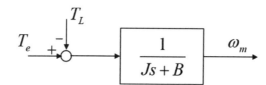

圖 2.3　步進馬達轉矩至轉速轉移函數方塊圖

　　步進馬達的定子激磁方式可分為單極性(unipolar)及雙極性(bipolar)兩種，其中單極性步進馬達的定子繞線包含有電源線及相激磁線，以兩相激磁而言，有所謂兩相六線或兩相五線式單極性步進馬達。而雙極性步進馬達的定子繞線只含相激磁線，不包含電源線，以兩相激磁而言，有所謂兩相四線式雙極性步進馬達。

2.4 步進馬達之模型建構與模擬驗證

本節分別敘述單極性與雙極性步進馬達之模型建構與模擬驗證。

2.4.1 單極性步進馬達之模型建構與模擬驗證

由(2-4)、(2-7)、(2-8)、(2-10)式、(2-11)式的拉氏轉換式以及(2-12)式，可得該兩相激磁單極性步進馬達以 PSIM 模擬軟體建構之子電路(subcircuit)模型方塊如圖 2.4 所示，其參數如表 2.1。其激磁電流是由電源經電源線流進線圈再經相激磁線流出來。給予激磁方波頻率為 4Hz 及直流電源電壓 12V 的單極性驅動控制模擬與波形如圖 2.5，其中需要四個驅動電晶體(Q1、Q2、Q3、Q4)及四個飛輪二極體(D1、D2、D3、D4)，正轉的激磁順序為 Q1、Q2、Q3、Q4，分別導通 90 度電氣角度。首先 Q1 導通讓 A 相線圈激磁，接著 Q2 導通讓 B 相激磁；Q1 截止，此時 A 相電流經飛輪二極體 D1 續流，但漸減至零。接著 Q3 導通讓 $\overline{A}$ 相激磁；Q2 截止，此時 B 相電流經飛輪二極體 D2 續流，但漸減至零。接著 Q4 導通讓 $\overline{B}$ 相激磁；Q3 截止，此時 $\overline{A}$ 相電流經飛輪二極體 D3 續流，但漸減至零，以此順序完成一電氣週期激磁。由圖 2.5(b)可看出轉速波形有漣波；A 相與 $\overline{A}$ 相電流波形為近似方波，激磁控制訊號波形如圖 2.5(c)。

✿ 表 2.1　單極性步進馬達參數

R_s	48 Ω	B	0.00002 Nm/rad/s
L_s	0.2 H	λ_{af}	0.1 Wb
J	0.0002 Nm/rad/s^2	P	8

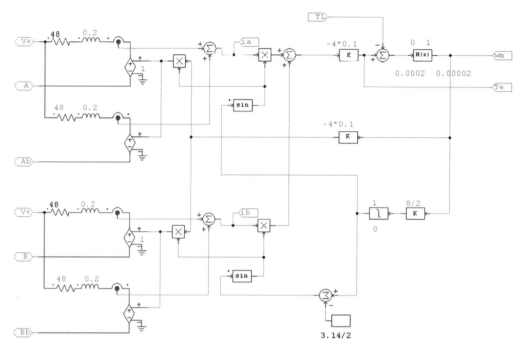

圖 2.4　單極性步進馬達子電路(stepM_2ph_6W_8P_unipolar.psimsch)

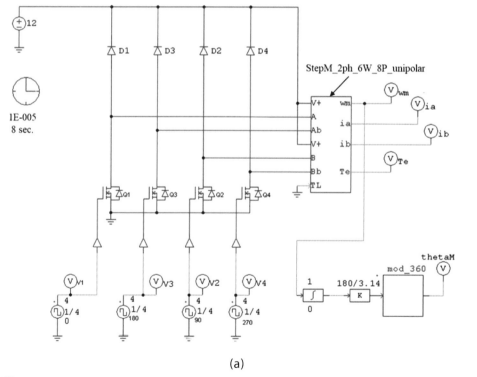

(a)

圖 2.5　單極性步進馬達驅動：(a)模擬模型(stepM_2ph_6W_8P_unipolar_tst)、
(b)轉速與電流及角度波形、(c)激磁控制訊號波形

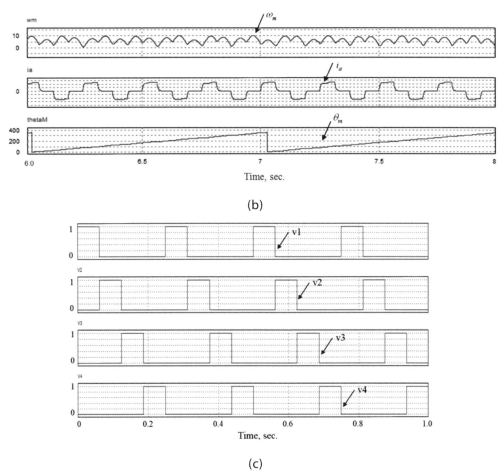

(b)

(c)

圖 2.5　單極性步進馬達驅動：(a)模擬模型(stepM_2ph_6W_8P_unipolar_tst)、
　　　　(b)轉速與電流及角度波形、(c)激磁控制訊號波形（續）

　　且因給予的激磁方波頻率為 4Hz，P=8，依(2-1)式，機械角度 θ_m 從 0 至 360 度為一秒。以 A 相為例，當電源電壓為 12 V，其相電壓大小依其激磁順序分別為 12V、0V、0V、0V，因僅含正電壓及零電壓，故稱單極性激磁步進馬達。兩相六線式其中兩條是電源線，也有將兩條電源線內接在一起，稱之為兩相五線式步進馬達。

　　一個單極性步進馬達當極數為 100 (P=100)之驅動模擬如圖 2.6(a)所示，給予方波頻率為 20 Hz 及直流電源電壓 50V，其子電路如圖 2.6(b)，其中馬達參數轉動慣量修改為 $J = 0.01\,\text{kg} \cdot \text{m}^2$，轉子磁通量修改為 $\lambda_{af} = 0.2\,\text{Wb}$，轉速與角度之模擬波形如圖 2.6(c)。

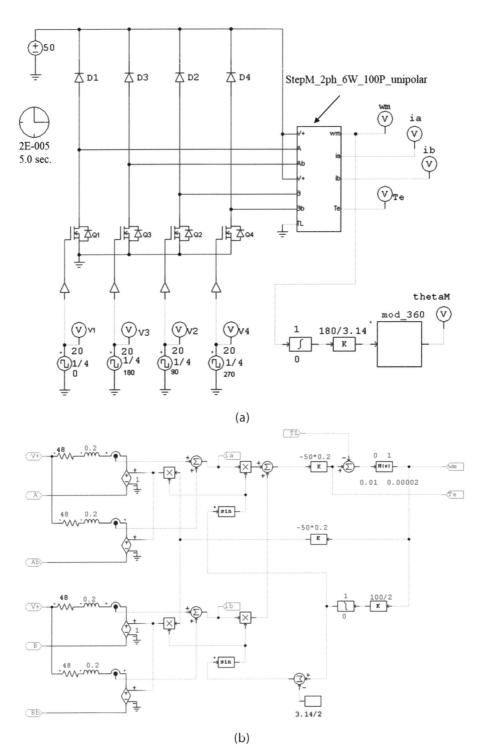

(a)

(b)

圖 2.6　單極性步進馬達(P=100)之驅動：

(a)模擬模型(stepM_2ph_6W_100P_unipolar_tst.psimsch)、

(b)子電路(stepM_2ph_6W_100P_unipolar.psimsch)、(c)轉速與角度波形

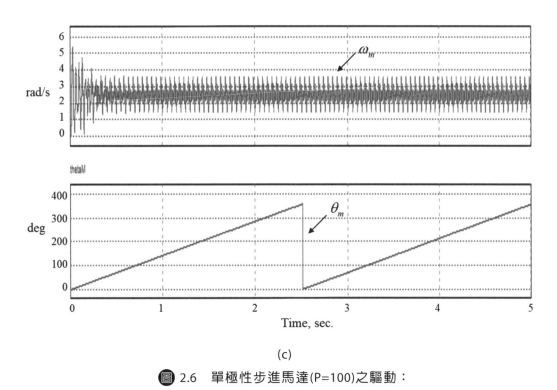

(c)

（圖）2.6　單極性步進馬達(P=100)之驅動：

(a)模擬模型(stepM_2ph_6W_100P_unipolar_tst.psimsch)、

(b)子電路(stepM_2ph_6W_100P_unipolar.psimsch)、(c)轉速與角度波形（續）

2.4.2　雙極性步進馬達之模型建構與模擬驗證

　　雙極性步進馬達的定子繞線只含相激磁線，不包含電源線。一個兩相激磁雙極性步進馬達其參數如表 2.2，以 PSIM 模擬軟體建構之子電路(subcircuit)模型方塊如圖 2.7 所示，給予方波頻率為 2 Hz 及直流電源電壓 30V 的控制模擬與波形如圖 2.8，其中需要兩組 DC-DC 全橋轉換器(Full-Bridge Converter)，每相一組，每組含四個驅動電晶體，共八個。其激磁順序為 Q1、Q2、Q5、Q6、Q3、Q4、Q7、Q8，每次導通兩個電晶體，分別導通 90 度電氣角度。以 A 相為例，為 Q1 及 Q2 同時導通，激磁電流是由電源正極端(30 V)經由電晶體開關 Q1 流進 A 相激磁線圈(va)，再由 $\overline{\text{A}}$ 相激磁線圈(vaa)流出經由 Q2 至接地端。接著是 B 相激磁，為 Q5 及 Q6 同時導通，激磁電流是由電源正極端(30V)經由電晶體開關 Q5 流進 B 相激磁線圈(vb)，再由 $\overline{\text{B}}$ 相激磁線圈(vbb)流出經由 Q6 流至接地端。接著為 Q3 及 Q4 同時導通，激磁電流是由電源正極端(30 V)經由電晶體開關 Q3 流進 $\overline{\text{A}}$ 相激磁線圈(vaa)，再由 A 相激磁線圈(va)流出經由 Q4 流至接

地端。接著為 Q7 及 Q8 同時導通，激磁電流是由電源正極端(30V)經由電晶體開關 Q7 流進 $\overline{B}$ 相激磁線圈(vbb)，再由 B 相激磁線圈(vb)流出經由 Q8 流至接地端。由模擬結果可看出轉速及轉矩波形皆有漣波；電流波形為近似方波。且因給予的激磁方波頻率為 2 Hz，P=8，依(2-1)式，機械角度 θ_{m} 從 0 至 360 度為 2 秒。以 A 相為例，當電源電壓為 30V，其相電壓大小依其激磁順序分別為 30V、0V、-30V、0V，因包含正電壓及負電壓，故稱雙極性激磁。激磁控制訊號波形如圖 2.8(c)。

⚙ 表 2.2　雙極性步進馬達馬達參數

R_s	100 Ω	B	0.00002 Nm/rad/s
L_s	0.5 H	λ_{af}	0.2 Wb
J	0.002 Nm/rad/s^2	P	8

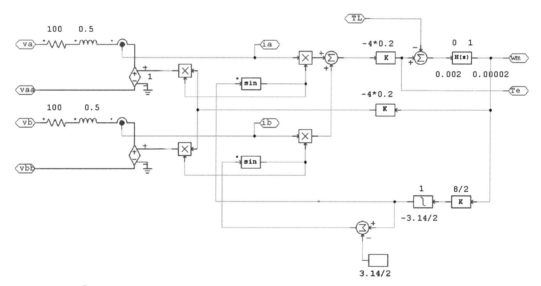

⚙ 圖 2.7　雙極性步進馬達子電路(stepM_2ph_8P_bipolar.psimsch)

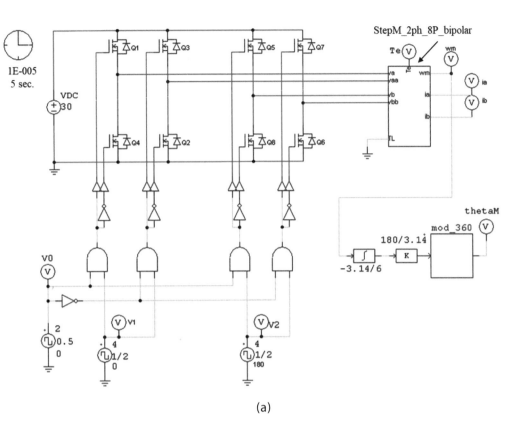

(a)

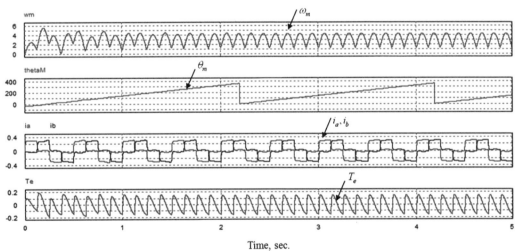

(b)

圖 2.8　雙極性步進馬達驅動：(a)模擬模型(stepM_2ph_8P_bipolar_tst.psimsch)、
(b)模擬結果波形、(c)激磁控制訊號波形

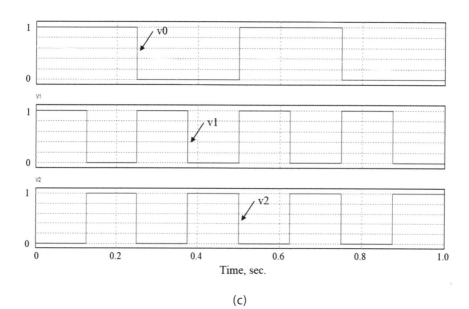

(c)

圖 2.8 雙極性步進馬達驅動：(a)模擬模型(stepM_2ph_8P_bipolar_tst.psimsch)、
(b)模擬結果波形、(c)激磁控制訊號波形（續）

　　一個雙極性步進馬達當極數為 100 (P=100)之驅動模擬如圖 2.9(a)所示，給
予方波頻率為 30 Hz 及直流電源電壓 50V，其子電路如圖 2.9(b)，其中馬達參數
轉動慣量修改為 $J = 0.01 \text{kg} \cdot \text{m}^2$，轉速與角度之模擬波形如圖 2.9(c)。

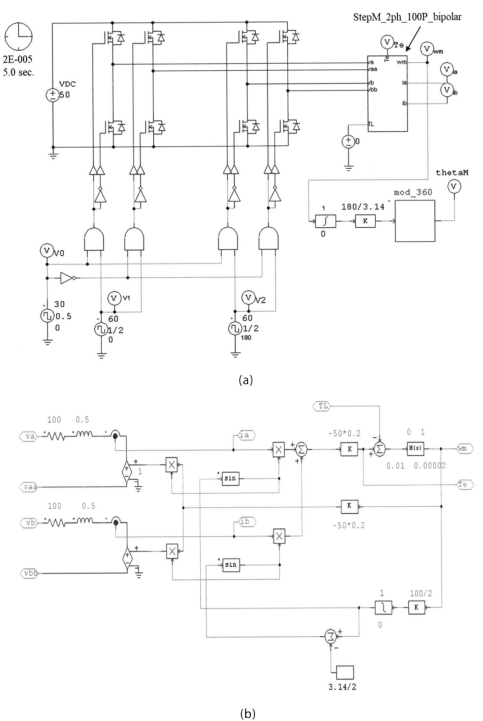

(a)

(b)

圖 2.9 雙極性步進馬達(*P*=100)之驅動：

(a)模擬模型(stepM_2ph_100P_bipolar_tst.psimsch)、

(b)子電路(stepM_2ph_100P_bipolar.psimsch)、(c)轉速與角度波形

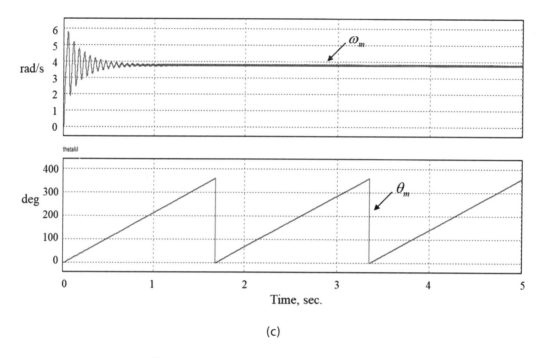

(c)

🔵 2.9　雙極性步進馬達(*P*=100)之驅動：

(a)模擬模型(stepM_2ph_100P_bipolar_tst.psimsch)、

(b)子電路(stepM_2ph_100P_bipolar.psimsch)、(c)轉速與角度波形（續）

1. 一個步進馬達經由兩相激磁，激磁順序為（$A - B - \overline{A} - \overline{B}$），轉子極數為 $P=100$，可得每激磁一次時轉子轉動的步進電氣角度 θ_e 及步進機械角度 θ_m 分別為幾度？

2. 一個兩相激磁的單極性步進馬達其定子的繞線為幾條線？一個兩相激磁的雙極性步進馬達其定子的繞線為幾條線？

3. 一個兩相激磁的單極性步進馬達其驅動電路為何？需要幾顆驅動的電晶體與飛輪二極體？如何產生驅動訊號？

4. 一個兩相激磁的雙極性步進馬達其驅動電路為何？需要幾顆驅動的電晶體？如何產生驅動訊號？

請掃描 QR Code 下載習題解答

3

Chapter

無刷直流馬達

3.1 前言

有別於直流馬達以電刷及換相片（整流子）來換向，無刷直流馬達 (brushless DC motor, BLDC)沒有安裝電刷與換相片，而是以三相反流器之六個功率電晶體開關以及換相邏輯電路做電子換相來轉動馬達。本單元介紹 BLDC 馬達之數學模型與其 120 度及 180 度驅動的換相工作原理，並以 PSIM 模擬軟體建構其之相變數(phase variable)模型，如此可仿如一個實際的 BLDC 馬達來操作，進行其特性以及控制器的設計與模擬分析。此相變數模型除了三相電壓輸入端以外，並含有以數學方程式建構的負載轉矩(load torque)輸入端，可以很方便直接地將此模型方塊連接到整體馬達驅動器的 PWM 變頻器(inverter)，做正反轉換相控制、PWM 控制、電流控制器設計以及轉速控制器設計，並進行負載轉矩變化之模擬，可得到抵抗負載轉矩瞬間變化的轉速響應。

3.2 無刷直流馬達之工作原理

一個 BLDC 馬達的架構基本上可分為無刷直流馬達本身、三相反流器與換相控制邏輯三部分，如圖 3.1 所示。無刷直流馬達本身的機構分為定子和轉子，定子有線圈繞組，通電流將產生定子磁場；轉子是由一組或多組 N-S 極的永久磁鐵貼在轉子表面所組成，若是一組 N-S 極，則極數為 2 ($P=2$)；若是兩組 N-S 極，則極數為 4 ($P=4$)，以此類推。BLDC 馬達的旋轉原理和永磁同步馬達(PMSM)不同，PMSM 馬達的旋轉原理比較簡單，是藉由定子線圈的正弦分布繞線以及給予三相平衡正弦波兩個條件，即可在定子與轉子的氣隙產生旋轉磁場帶動轉子同步轉動。反之，BLDC 馬達的定子線圈繞組較為簡單，是集中繞線，以致即使給予三相平衡正弦波輸入，雖仍可在其定子與轉子的氣隙產生旋轉磁場，但馬達轉動不平滑。BLDC 馬達平滑的驅動是藉由在定子上裝上三個霍爾感測元件(x, y, z)，來感測轉子磁極位置，以便得知馬達轉子的角度來進行三相反流器內六個功率電晶體的換相，使得定子電流產生的磁場與轉子磁極的磁場互相作用產生轉矩而使馬達平滑旋轉。因是轉子磁極轉動，故稱轉磁，此有別於直流馬達的轉梳（電樞轉動）。BLDC 馬達轉子旋轉時將因其磁極切割定子的磁力線而造成轉子磁通隨時間的變化，由冷次定理產生反電動勢，此反電動勢的波形是梯形波，而 PMSM 馬達的反電動勢波形是正弦波，這是 BLDC 馬達和 PMSM 馬達基本上不一樣的地方。

　　BLDC 馬達的換相驅動可分為 120 度驅動與 180 度驅動兩種，本節以 120 度驅動為例說明其換相驅動原理。如圖 3.1 所示，三相反流器（或稱逆變器，inverter）有三個上臂開關(Q_1、Q_3、Q_5)及三個下臂開關(Q_4、Q_6、Q_2)，這樣編號碼的方式是當馬達旋轉一周時，電晶體導通會依其編號 123456 輪流切換、循環反覆的順序。三相反電動勢的波形是梯形波，電氣角度是以 A 相反電動勢 e_a 由負到正的零交越點為零度。每個功率晶體隨著馬達轉子旋轉的角度做切換時，其導通的時間為占一個電氣旋轉週期（360 度）的 120 度。如圖 3.2 所示，可將一個電氣角度(θ_e)週期分為六段，每段 60 度，每 60 度即有一對電晶體開關導通，上臂開關一個；下臂開關一個，但不可同一個上、下臂的電晶體開關同時導通。上臂一個開關導通時，其對應的相電流方向為正，下臂一個開關導通時，其對應的相電流方向為負，不導通的相，其相電流為零。例如，在電氣角$30^o \sim 90^o$的 60 度內，是 Q_1 與 Q_6 導通，其他四個截止，電流為從電源正端流出，經過 Q_1 及 A 相流進馬達，再從馬達 B 相流出，經過 Q_6，再流回電源的負端，形成一個迴路。因此，i_a 電流為正，i_b 電流為負，i_c 電流為零。在下一段的電氣角$90^o \sim 150^o$的 60 度內，是 Q_1 與 Q_2 導通，i_a 電流為正，i_c 電流為負，i_b 電流為零。其他段的電流流向可依此類推。

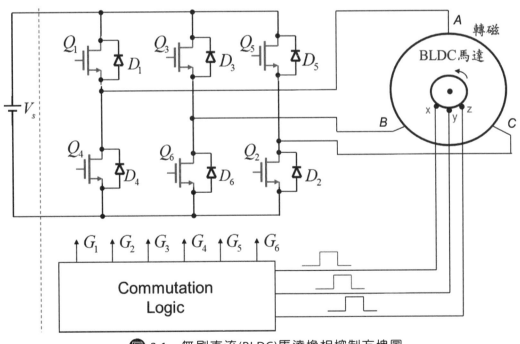

圖 3.1　無刷直流(BLDC)馬達換相控制方塊圖

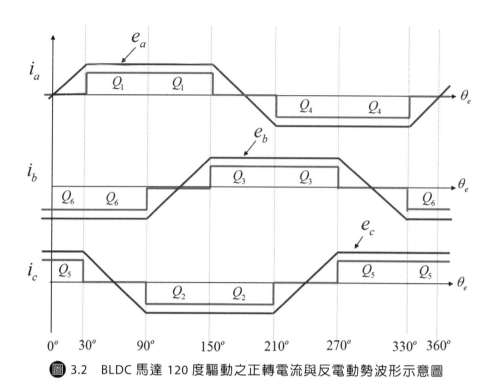

圖 3.2　BLDC 馬達 120 度驅動之正轉電流與反電動勢波形示意圖

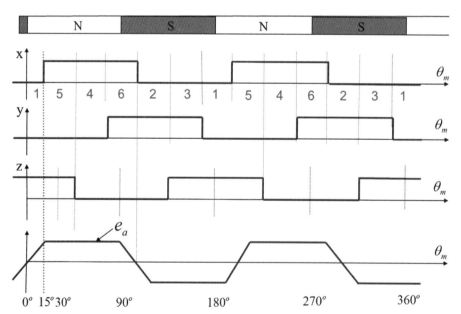

圖 3.3　120 度驅動轉子磁通分布與相對應霍爾感測器輸出信號示意圖

圖 3.3 所示為一個 BLDC 馬達其極數為 4 (P=4)、轉子磁極分布、霍爾感測器輸出信號(x, y, z)與 A 相反電動勢示意圖。可將每對轉子磁極在半個機械角度 (θ_m)週期（或一個電氣角度週期）的旋轉角度分為六個區間，每個區間的機械角度為 30 度，電氣角度為 60 度。當轉子磁通的 N 極轉到霍爾感測器的位置時，感測器輸出為'1'，當 S 極轉到霍爾感測器的位置時，感測器輸出為'0'。一般霍爾感測器的安裝是將 Hall-x 之上升邊緣與 A 相反電動勢 e_a 梯形波上升斜波與平頂的轉折點位置（即電氣角 30 度或機械角 15 度）重合，如此可使下一次的開關切換時，定子電流產生的磁場與轉子磁極方向維持 90 度，可得最大轉矩。此外，在一個電氣週期內可將霍爾感測元件以(xyz)三位元(3-bit)依序編碼為 "1-5-4-6-2-3-1"。例如：電氣角 $0^o \sim 30^o$，xyz=001，編碼為'1'；$30^o \sim 90^o$，xyz=101，編碼為'5'；$90^o \sim 150^o$，xyz=100，編碼為'4'，以此類推。因此，可由讀取霍爾感測元件的編碼來判別轉子的電氣角度位置，再藉由換相控制使得馬達旋轉。

3.3 無刷直流馬達之數學模型

一個 BLDC 馬達在 abc 三相靜止座標之相電壓方程式如下[4]：

$$\begin{bmatrix} v_a \\ v_b \\ v_c \end{bmatrix} = R_s \begin{bmatrix} i_a \\ i_b \\ i_c \end{bmatrix} + \begin{bmatrix} L & M & M \\ M & L & M \\ M & M & L \end{bmatrix} \begin{bmatrix} \dfrac{di_a}{dt} \\ \dfrac{di_b}{dt} \\ \dfrac{di_c}{dt} \end{bmatrix} + \begin{bmatrix} e_a \\ e_b \\ e_c \end{bmatrix} \tag{3-1}$$

其中 v_a、v_b、v_c 為三相電壓，i_a、i_b、i_c 為三相電流，R_s 為定子電阻，L 為定子自感，M 為三相定子互感，其值為負值，e_a、e_b、e_c 為反電動勢。由克西荷夫電流定律(KCL)，三相之相電流和為零，即

$$i_a + i_b + i_c = 0 \tag{3-2}$$

則(3-1)式可改寫成

$$
\begin{bmatrix} v_a \\ v_b \\ v_c \end{bmatrix} = R_s \begin{bmatrix} i_a \\ i_b \\ i_c \end{bmatrix} + L_s \begin{bmatrix} \dfrac{di_a}{dt} \\[2mm] \dfrac{di_b}{dt} \\[2mm] \dfrac{di_c}{dt} \end{bmatrix} + \begin{bmatrix} e_a \\ e_b \\ e_c \end{bmatrix} \tag{3-3}
$$

其中 L_s 為定子電感，表示為：

$$
L_s = L - M \tag{3-4}
$$

在(3-3)式中，三相反電動勢為梯形波，可表示如下：

$$
\begin{bmatrix} e_a \\ e_b \\ e_c \end{bmatrix} = K_E \omega_m \begin{bmatrix} f_a(\theta_e) \\ f_b(\theta_e) \\ f_c(\theta_e) \end{bmatrix} \tag{3-5}
$$

其中 K_E 為反電動勢常數，ω_m 為馬達機械轉速，f_a、f_b、f_c 分別為三相反電動勢 e_a、e_b、e_c 正規化的梯形波函數（大小為 ± 1），θ_e 為馬達電氣角度。此外，依功率守恆原理，三相電功率與機械功率相等，可得馬達產生的轉矩為

$$
T_e = \frac{e_a i_a + e_b i_b + e_c i_c}{\omega_m} = K_T [i_a f_a(\theta_e) + i_b f_b(\theta_e) + i_c f_c(\theta_e)] \tag{3-6}
$$

其中 T_e 為馬達產生的轉矩，K_T 為轉矩常數，且 $K_E = K_T$（如同直流馬達）。再由牛頓第二運動定律得知

$$
T_e - T_L = J \frac{d\omega_m}{dt} + B\omega_m \tag{3-7}
$$

其中 J 為馬達之轉動慣量，B 為馬達之黏性摩擦係數，T_L 為負載轉矩，ω_m 為馬達機械轉速。馬達機械轉速 ω_m 與電氣轉速 ω_e 的關係如(3-8)式，其中 P 為馬達

極數(pole number)。馬達電氣轉動角度 θ_e 與 ω_e 的關係如(3-9)式，其中 θ_{e0} 為該馬達電氣起始角度。

$$\omega_e = \frac{P}{2}\omega_m \tag{3-8}$$

$$\theta_e = \int \omega_e dt + \theta_{e0} \tag{3-9}$$

將(3-3)、(3-7)式及(3-9)式取拉氏轉換(Laplace Transformation)，以及(3-5)、(3-6)與(3-8)式，可得 BLDC 馬達轉移函數方塊圖如圖 3.4 所示，其中包含一個三相反電動勢正規化的梯形波函數及一個霍爾感測器輸出訊號依馬達電氣角度的查表方塊。

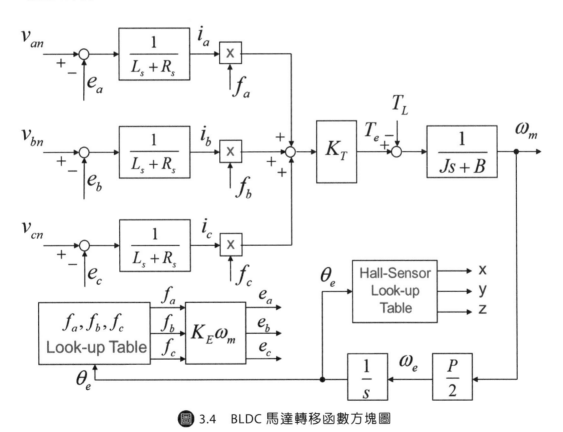

圖 3.4　BLDC 馬達轉移函數方塊圖

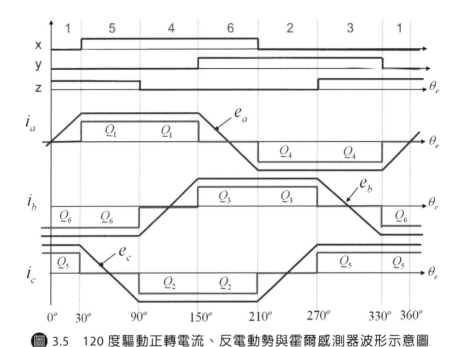

圖 3.5　120 度驅動正轉電流、反電動勢與霍爾感測器波形示意圖

3.4　無刷直流馬達 120 度驅動之模型建構與換相控制

本節說明以 PSIM 模擬軟體工具建構 BLDC 馬達之 120 度驅動模式三相相變數模型，可直接將該模型仿如一實際的馬達連接到三相反流器(inverter)做正、反轉換相控制；並說明馬達正轉與反轉之換相邏輯控制電路的設計與模擬驗證。

3.4.1　無刷直流馬達 120 度驅動模型建構

圖 3.5 為 BLDC 馬達在 120 度驅動模式的正轉電流、反電動勢波形與導通開關示意圖，其中電氣角度是以 A 相反電動勢 e_a 由負到正的零交越點為零度，且令霍爾感測元件 Hall-x 之上升邊緣與 A 相反電動勢 e_a 之梯形上升斜波與平頂的轉折點位置（即電氣角 30 度）重合，如此可使下一次的開關切換時，定子電流產生的磁場與轉子磁極方向維持 90 度，可得最大轉矩。由(3-3)~(3-9)式可以 PSIM 模擬軟體畫出該無刷直流馬達三相相變數模型之子電路(BLDC.psimsch)如圖 3.6 所示，馬達參數如表 3.1，是一個高轉速低轉矩的馬達。其中(3-3)式是以電路元件表示，(3-5)~(3-7) 式是以數學元件和轉移函數方塊表示，轉子起始

角度為零($\theta_{e0}=0$)，包含 v_a、v_b、v_c 與 T_L 四個輸入端，ω_m、i_a、i_b 與 i_c 四個輸出端及一個三相中性端點 N。在圖 3.6 左下之方塊為三相反電動勢函數查表方塊子電路，輸入訊號為轉速 ω_m 與電氣角 θ_e，三個查表 (BLDC_fa.tbl、BLDC_fb.tbl、BLDC_fc.tbl) 是使用記事本軟體工具建立的，如圖 3.7 所示。圖 3.6 中間下方之方塊為霍爾感測器查表方塊子電路，如圖 3.8(a)所示，輸入訊號為電氣角 θ_e，三個查表(Hx.tbl、Hy.tbl、Hz.tbl) 亦是使用記事本工具依三個霍爾感測器(x, y, z)隨著電氣角所對應之波形而建立，如圖 3.8(b)所示。

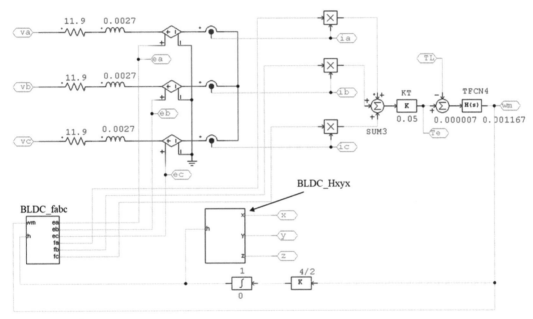

圖 3.6　120 度驅動之 BLDC 馬達三相相變數模型(BLDC.psimsch)

表 3.1　BLDC 馬達參數

R_s	11.9 Ω	B	0.001167 Nm/rad/s
L_s	0.0027 H	$K_T(=K_E)$	0.05
J	0.000007 Nm/rad/s^2	P	4

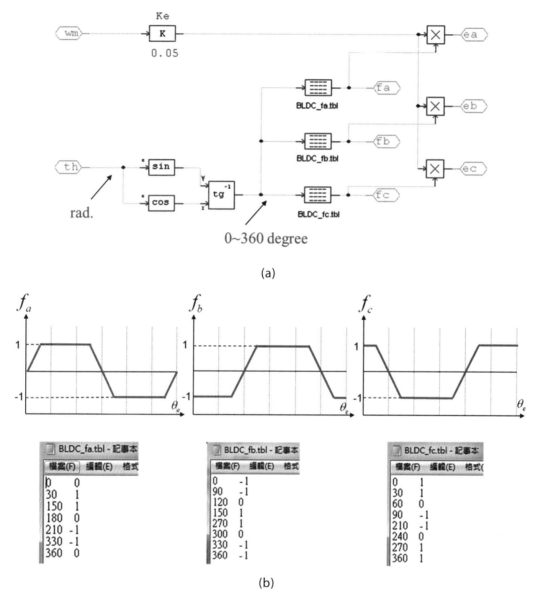

(a)

(b)

圖 3.7　120 度驅動之三相反電動勢函數：
(a)子電路(BLDC_fabc.psimsch)、(b)記事本建表

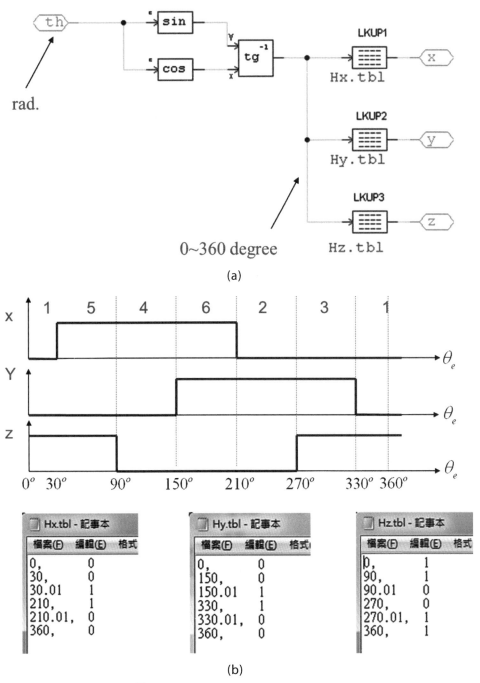

(a)

(b)

⊙ 3.8　120 度驅動霍爾感測器：

(a)子電路(Hall_sensor.psimsch)、(b)記事本建表

3.4.2 無刷直流馬達 120 度驅動正轉換相控制

　　本節敘述 BLDC 馬達 120 度驅動正轉換相邏輯控制電路的設計與模擬驗證。令該 BLDC 馬達正轉時其反流器電晶體導通、相對應之電流、反電動勢以及霍爾感測波形與編碼如前節之圖 3.5 所示，可得霍爾感測器輸出編碼與反流器六個電晶體開關導通對應關係如表 3.2 所示，依該表設計正轉的換相電路。以霍爾感測器的輸出訊號 x、y、z 為輸入，控制反流器六個電晶體開關 ($Q_1 \sim Q_6$)的閘極 $G_1 \sim G_6$ 訊號為輸出，可得出正轉換相邏輯電路六個開關命令的布林函數分別為：

$$G_1 = x\bar{y}z + x\bar{y}\bar{z} = x\bar{y}(z + \bar{z}) = x\bar{y} \tag{3-10}$$

$$G_2 = x\overline{yz} + xy\bar{z} = x\bar{z}(y + \bar{y}) = x\bar{z} \tag{3-11}$$

$$G_3 = xy\bar{z} + \bar{x}y\bar{z} = (x + \bar{x})y\bar{z} = y\bar{z} \tag{3-12}$$

$$G_4 = \bar{x}y\bar{z} + \bar{x}yz = \bar{x}y(z + \bar{z}) = \bar{x}y \tag{3-13}$$

$$G_5 = \bar{x}yz + \bar{x}\bar{y}z = \bar{x}z(y + \bar{y}) = \bar{x}z \tag{3-14}$$

$$G_6 = x\bar{y}z + \overline{xy}z = \bar{y}z(x + \bar{x}) = \bar{y}z \tag{3-15}$$

表 3.2　120 度正轉驅動霍爾感測輸出編碼與反流器電晶體開關導通對應關係

導通開關	x	y	z	霍爾感測器編碼狀態
Q_1, Q_6	1	0	1	5
Q_1, Q_2	1	0	0	4
Q_3, Q_2	1	1	0	6
Q_3, Q_4	0	1	0	2
Q_5, Q_4	0	1	1	3
Q_5, Q_6	0	0	1	1

　　由(3-10)~(3-15)式，可畫出正轉換相邏輯子電路如圖 3.9 所示。以 PSIM 模擬軟體畫出該無刷直流馬達正轉換相控制模擬圖如圖 3.10(a)，給予直流電源電壓 100V，模擬結果如圖 3.10(b)，可看出在換相時會產生頓轉矩漣波；電流波形為近似方波；轉速穩態值約為 256 rad/s。

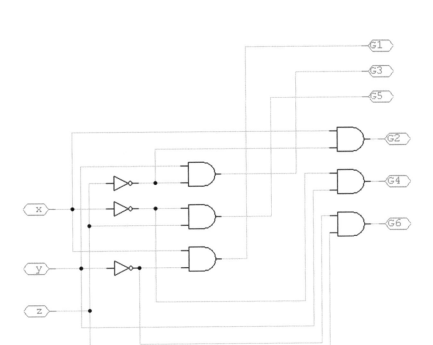

圖 3.9　120 度驅動正轉換相邏輯子電路(Comm_ckw.psimsch)

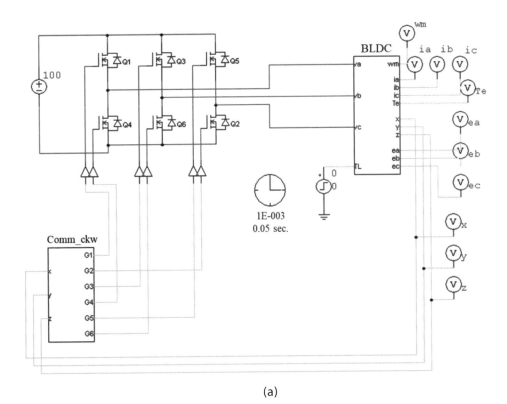

(a)

圖 3.10　120 度驅動正轉換相控制：(a)模擬模型(BLDC_ckw_tst.psimsch)、(b)模擬波形

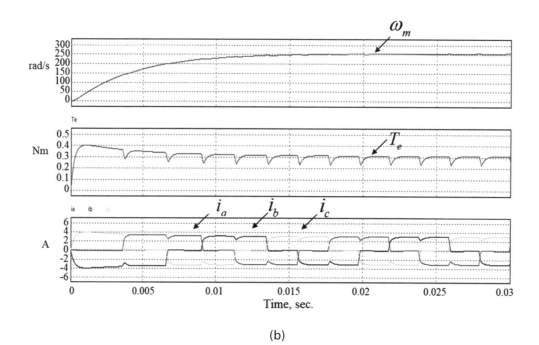

(b)

圖 3.10　120 度驅動正轉換相控制：
(a)模擬模型(BLDC_ckw_tst.psimsch)、(b)模擬波形（續）

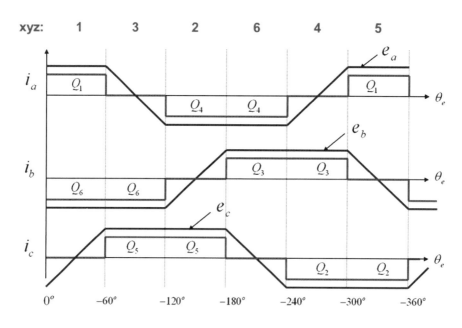

圖 3.11　BLDC 馬達 120 度驅動反轉換相反流器電晶體導通及電流與反電動勢波形

☼ 表 3.3　120 度反轉驅動霍爾感測輸出編碼與反流器電晶體開關導通對應關係

導通開關	x	y	z	霍爾感測器編碼狀態
Q_1, Q_2	1	0	1	5
Q_3, Q_2	1	0	0	4
Q_3, Q_4	1	1	0	6
Q_5, Q_4	0	1	0	2
Q_5, Q_6	0	1	1	3
Q_1, Q_6	0	0	1	1

3.4.3　無刷直流馬達 120 度驅動反轉換相控制

　　BLDC 馬達反轉時其反流器電晶體導通與相對應之電流與反電動勢波形如圖 3.11 所示，例如，在第一段的電氣角 60 度內，是 Q_1 與 Q_6 導通，其他四個截止，電流為從電源正端流出，經過 Q_1 及馬達的 A 相流進馬達，再從馬達 B 相流出，經過 Q_6，再流回電源的負端，形成一個迴路。因此，i_a 電流為正，i_b 電流為負，i_c 電流為零。

　　令該無刷直流馬達反轉一週其霍爾感測波型與反流器六個電晶體開關導通對應關係如表 3.3 所示，可依該表設計反轉的換相電路。以霍爾感測器的輸出訊號 x、y、z 為輸入，控制反流器六個電晶體開關($Q_1 \sim Q_6$)的閘極 $G_1 \sim G_6$ 訊號為輸出，可得出反轉換相邏輯電路六個開關命令的布林函數分別為：

$$G_1 = x\bar{y}z + \overline{xy}z = \bar{y}z(x+\bar{x}) = \bar{y}z \qquad (3\text{-}16)$$

$$G_2 = x\bar{y}z + x\overline{yz} = x\bar{y}(z+\bar{z}) = x\bar{y} \qquad (3\text{-}17)$$

$$G_3 = x\overline{yz} + xy\bar{z} = x\bar{z}(y+\bar{y}) = x\bar{z} \qquad (3\text{-}18)$$

$$G_4 = xy\bar{z} + \bar{x}y\bar{z} = (x+\bar{x})y\bar{z} = y\bar{z} \qquad (3\text{-}19)$$

$$G_5 = \bar{x}y\bar{z} + \bar{x}yz = \bar{x}y(z+\bar{z}) = \bar{x}y \qquad (3\text{-}20)$$

$$G_6 = \bar{x}yz + \overline{xy}z = \bar{x}z(y+\bar{y}) = \bar{x}z \qquad (3\text{-}21)$$

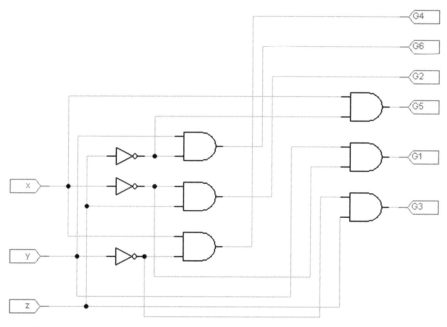

圖 3.12　120 度驅動反轉換相邏輯子電路(Comm_cckw.psimsch)

　　由(3-16)~(3-21)式，可畫出 120 度驅動反轉換相邏輯子電路如圖 3.12 所示。以 PSIM 模擬軟體畫出該無刷直流馬達正轉換相控制模擬圖如圖 3.13(a)，給予直流電源電壓 100V，模擬結果如圖 3.13(b)，可看出在反轉換相時亦會產生頓轉矩漣波；電流波形為近似方波；轉速穩態值約為-256 rad/s。

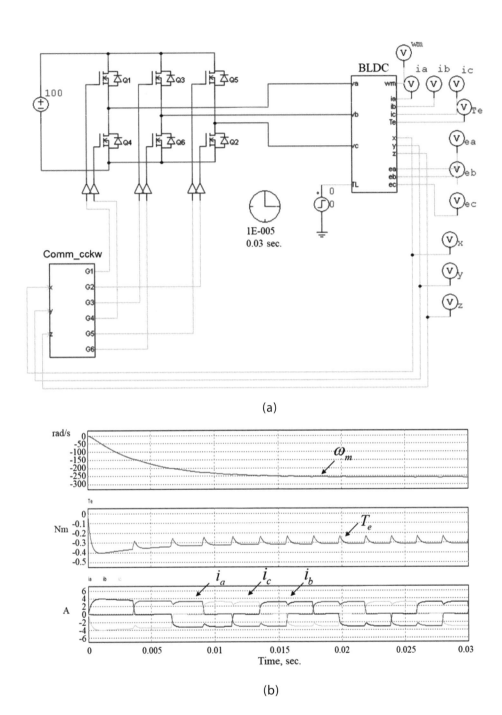

(a)

(b)

圖 3.13　120 度驅動反轉換相控制：
(a)模擬模型(BLDC_cckw_tst.psimsch)、(b)模擬波形

3.4.4 無刷直流馬達 120 度驅動換相控制建構與 PSIM 內建模型之比較

PSIM 模擬軟體也提供內建 BLDC 馬達模型[8]，由其內部參數表可設定馬達參數並可選擇驅動模式為 120 度驅動或 180 度驅動。一個由 PSIM 內建之 BLDC 馬達 120 度驅動正轉換相控制模擬圖及參數的設定如圖 3.14，其中的定子電阻、馬達極數、轉動慣量及機械時間常數(J/B)此四個參數值可由表 3.1 所表示的數值填入，表 3.1 的定子電感值 $L_s = 0.0027\,\text{H}$，依(3-4)式 $L_s = L - M$，分為定子自感 L 及互感 M 兩部分，其中 M 為負值，故設定參數值為 $L = 0.002\,\text{H}$、$M = -0.0007\,\text{H}$。120 度驅動模式之導通脈衝寬度(Conduction Pulse Width)設定為 120。

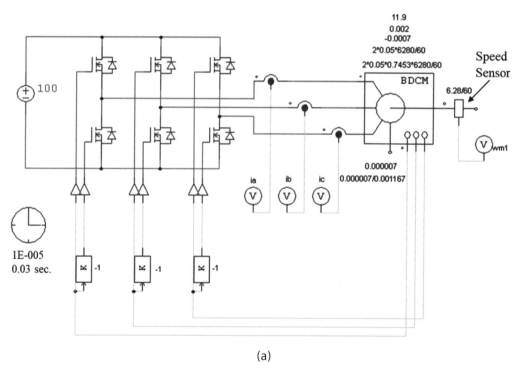

(a)

圖 3.14　PSIM 內建 BLDC 馬達之 120 度驅動正轉換相控制：
(a)模擬模型(BLDC_module_ckw_tst)、(b)參數設定

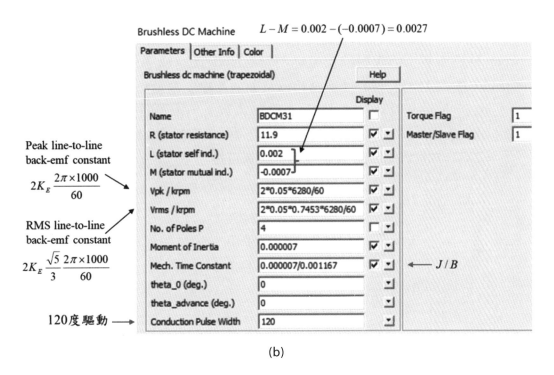

(b)

圖 3.14　PSIM 內建 BLDC 馬達之 120 度驅動正轉換相控制：
(a)模擬模型(BLDC_module_ckw_tst)、(b)參數設定（續）

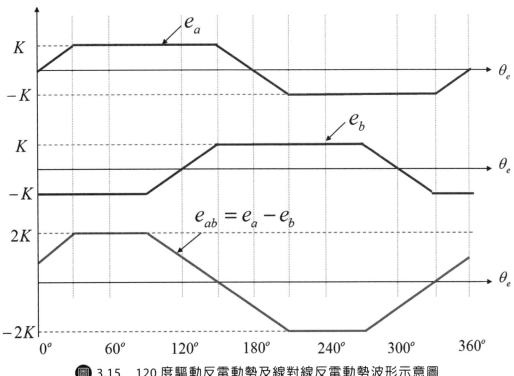

圖 3.15　120 度驅動反電動勢及線對線反電動勢波形示意圖

此外，尚有 Vpk/krpm 及 Vrms/kpwm 兩個填表項，其中 Vpk/krpm 是每一千 rpm 轉速所產生的線對線反電動勢常數的峰值(peak line-to-line back emf constant)，圖 3.15 為 120 度驅動相反電動勢及線反電動勢波形示意圖，其中 $K = K_E \omega_m$，$K_E = 0.05$ (V/rad/s)為反電動勢常數。由圖可看到線對線反電動勢 e_{ab} 的峰值為 $2K$，故定義線對線反電動勢峰值常數為 $K_{l-l,pk} = 2K_E = 0.1$(V/rad/s)，經轉換單位運算可得

$$
\begin{aligned}
K_{l-l,pk} = 2K_E &= 0.1 \quad (\text{V}/(\text{rad/s})) \\
&= 0.1 \times \frac{2\pi}{60} \quad (\text{V}/(2\pi \cdot \text{rad})/(60\text{s})) \\
&= 0.1 \times \frac{2\pi}{60} \quad (\text{V}/\text{rpm}) \\
&= 0.1 \times \frac{2\pi \times 1000}{60} \quad (\text{V}/\text{krpm})
\end{aligned}
\tag{3-22}
$$

由(3-22)式可得該參數設定表 Vpk/krpm 的填表項需填入 $0.1 \times 6280/60 \approx 10.47$。

另一個 Vrms/kpwm 的填表項為每一千 rpm 轉速所產生的線對線反電動勢常數的有效值(rms line-to-line back emf constant)，圖 3.16 為 120 度驅動線對線反電動勢及其平方波形示意圖，可由線對線反電動勢平方波形計算出該線對線反電動勢的有效值為

$$
\begin{aligned}
e_{ab,rms} &= \sqrt{\frac{1}{\pi}\int_0^{\pi} e_{ab}^2 d\theta_e} = \sqrt{\frac{1}{\pi}[2\int_0^{\pi/3}(\frac{2K}{\pi/3}\theta_e)^2 d\theta_e + 4K^2 \frac{\pi}{3}]} \\
&= 2K\frac{\sqrt{5}}{3} \\
&= \frac{2\sqrt{5}}{3}K_E \omega_m \quad (\text{V})
\end{aligned}
\tag{3-23}
$$

並定義線對線反電動勢有效值常數為 $K_{l-l,rms} = 2\sqrt{5}K_E/3 = 0.1 \times \sqrt{5}/3$ (V/rad/s)，經轉換單位運算，可得該線對線反電動勢有效值常數為：

$$K_{l-l,rms} = 0.1 \times \frac{\sqrt{5}}{3} \quad (\text{V}/(\text{rad/s}))$$

$$= 0.1 \times \frac{\sqrt{5}}{3} \times \frac{2\pi}{60} \quad (\text{V}/(2\pi \cdot \text{rad})/(60\text{s}))$$

$$= 0.1 \times \frac{\sqrt{5}}{3} \times \frac{2\pi}{60} \quad (\text{V}/\text{rpm}) \tag{3-24}$$

$$= 0.1 \times \frac{\sqrt{5}}{3} \times \frac{2\pi \times 1000}{60} \quad (\text{V}/\text{krpm})$$

$$= 0.1 \times 0.7453 \times \frac{2\pi \times 1000}{60} \quad (\text{V}/\text{krpm})$$

由 (3-24) 式 可 得 該 參 數 設 定 表 Vrms/krpm 的 填 表 項 需 填 入 $0.1 \times 0.7453 \times 6280/60 \approx 7.8$。正轉驅動換相控制 PSIM 內建與自建模型之比較之模擬圖與模擬波形如圖 3.17 所示，可看出兩者的轉速、馬達轉矩與三相電流波形是一樣的。

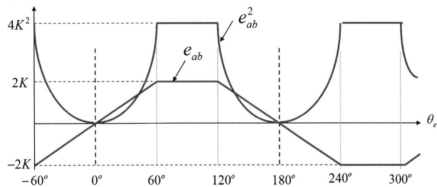

圖 3.16　120 度驅動線對線反電動勢及其平方波形示意圖

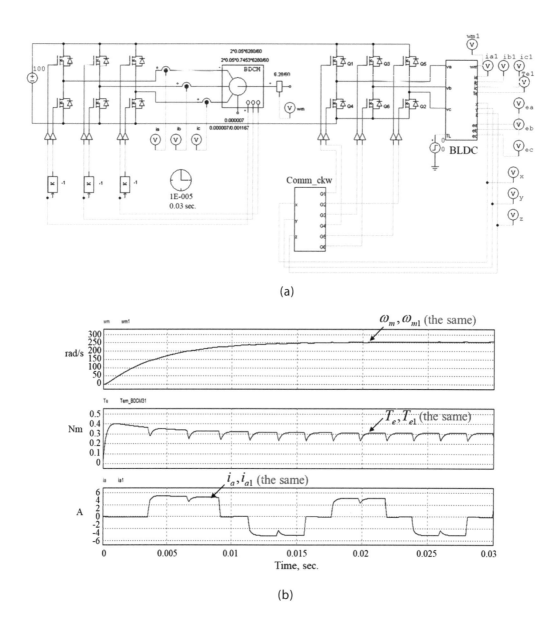

(a)

(b)

圖 3.17 120 度正轉驅動換相控制 PSIM 內建與自建模型之比較：
(a)模擬模型(BLDC_ckw_cmp_tst.psimsch)、(b)模擬波形

　　120 度驅動反轉換相控制 PSIM 內建與自建模型之比較之模擬圖與模擬波形如圖 3.18 所示，可看出兩者的轉速、馬達轉矩與三相電流波形也是一樣的。

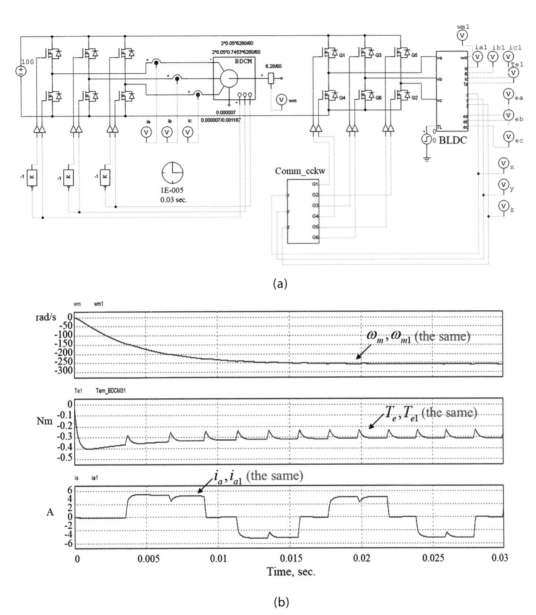

(a)

(b)

圖 3.18 120 度反轉驅動換相控制 PSIM 內建與自建模型之比較：
(a)模擬模型(BLDC_cckw_cmp_tst.psimsch)、(b)模擬波形

3.4.5 無刷直流馬達 120 度驅動正反轉換相控制選擇

此外，120 度驅動可選擇正反轉換相控制模擬圖如圖 3.19，其中左下角的方塊是一個可選擇正反轉的換相邏輯子電路如圖 3.20(a)所示，以二選一多工器 (mux2)作為選擇開關，當輸入選擇端 PN=1 時為正轉，當輸入選擇端 PN=0 時為反轉。

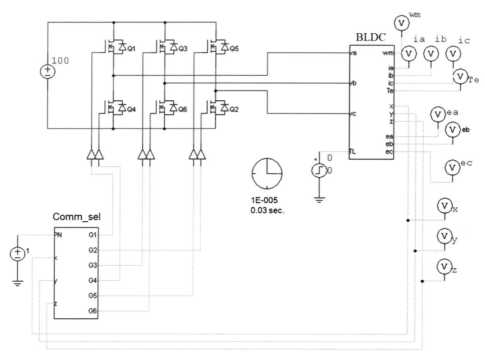

圖 3.19　120 度驅動可選擇正反轉換相控制模擬圖(BLDC_ckw_cckw_tst.psimsch)

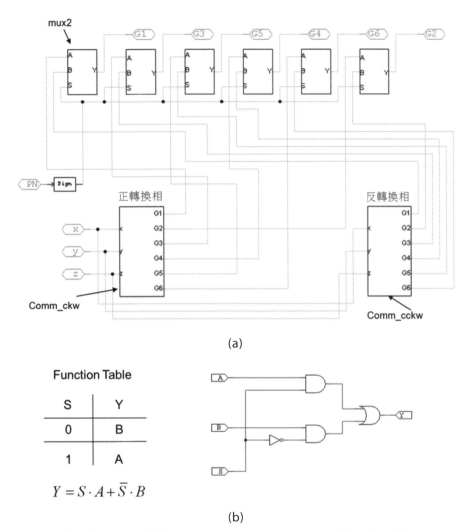

(a)

Function Table

S	Y
0	B
1	A

$$Y = S \cdot A + \overline{S} \cdot B$$

(b)

圖 3.20 正反轉選擇：(a)子電路(Comm_sel.psimsch)、(b)二選一多工器(mux2.psimsch)

3.5 無刷直流馬達 180 度驅動之模型建構與換相控制

3.5.1 無刷直流馬達 180 度驅動之模型建構

　　BLDC 馬達 180 度驅動類似以三相方波反流器(square inverter)產生六步波相電壓的方式來驅動，三相反流器的每個功率晶體開關隨著馬達轉子旋轉的角度做切換時，其導通的時間為占一個電氣旋轉週期（360 度）的 180 度。但必須藉由霍爾感測器感知轉子角度來換相[9]。

　　一個三相反流器如圖 3.21(a)所示，在 180 度驅動模式下，三相對地電壓與功率晶體開關導通情形如與圖 3.21(b)，可得三相對地電壓與三相對馬達中性點相電壓的關係如下：

$$\begin{bmatrix} v_{a0} \\ v_{b0} \\ v_{c0} \end{bmatrix} = \begin{bmatrix} v_{an} \\ v_{bn} \\ v_{cn} \end{bmatrix} + \begin{bmatrix} v_{n0} \\ v_{n0} \\ v_{n0} \end{bmatrix} \tag{3-25}$$

因

$$v_{an} + v_{bn} + v_{cn} = 0 \tag{3-26}$$

將(3-26)式代入(3-25)式得

$$v_{n0} = \frac{v_{an} + v_{bn} + v_{cn}}{3} \tag{3-27}$$

再將(3-27)式代回(3-25)式得

$$\begin{bmatrix} v_{an} \\ v_{bn} \\ v_{cn} \end{bmatrix} = \begin{bmatrix} \dfrac{2}{3} & \dfrac{-1}{3} & \dfrac{-1}{3} \\ \dfrac{-1}{3} & \dfrac{2}{3} & \dfrac{-1}{3} \\ \dfrac{-1}{3} & \dfrac{-1}{3} & \dfrac{2}{3} \end{bmatrix} \begin{bmatrix} v_{a0} \\ v_{b0} \\ v_{c0} \end{bmatrix} \tag{3-28}$$

由(3-28)式可得三相相電壓（對馬達中性點）為六步波，其中 A 相六步波相電壓如圖 3.21(b)之最下方波形所示。

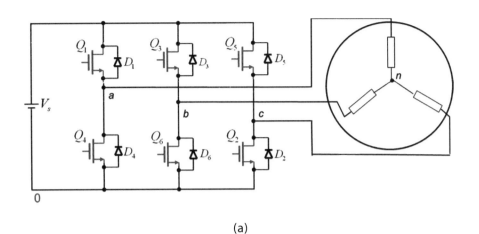

(a)

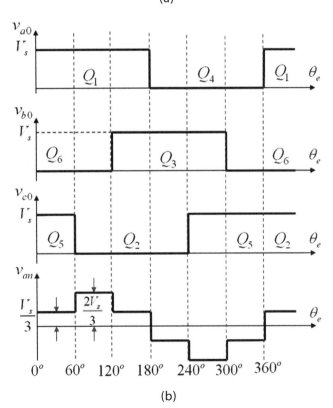

(b)

圖 3.21　180 度驅動之反流器：(a)功率開關導通、(b)電壓波形

　　由圖 3.21(b)可看出將一個電氣角度(θ_e)週期分為六段，每段 60 度，每 60 度即有三個電晶體開關導通，上臂開關兩個、下臂開關一個，或者是上臂開關一個、下臂開關兩個，但不可同一個上、下臂的電晶體開關同時導通。圖 3.22 是 180 度驅動之霍爾感測輸出編碼、正轉電流、反電動勢波形示意圖，如同 120 度驅動，180 度驅動的三相反電動勢的波形也是梯形波，電氣角度是以 A

相反電動勢 e_a 由負到正的零交越點為零度，此時霍爾感測器的安裝的位置是將 Hall-x 之上升邊緣與 A 相反電動勢 e_a 梯形波上升斜波與平頂的轉折點位置（即電氣角 60 度）重合。上臂開關導通時，其對應的相電流方向為正，下臂開關導通時，其對應的相電流方向為負，沒有不導通的相。例如：在電氣角 $0^o \sim 60^o$ 內，是 Q_1、Q_5 與 Q_6 導通，其他三個截止，電流為從電源正端流出，經過 Q_1、A 相以及 Q_5 及 C 相兩個路徑流進馬達，再從馬達 B 相流出，經過 Q_6，再流回電源的負端，形成迴路。因此，i_a 及 i_c 電流為正，i_b 電流為負。在下一段的電氣角 $60^o \sim 120^o$ 度內，是 Q_1、Q_6 與 Q_2 導通，其他三個截止，電流為從電源正端流出，經過 Q_1、A 相流進馬達，再從馬達 B 相及 C 相流出，分別經過 Q_6 及 Q_2，再流回電源的負端，形成迴路。因此，i_a 電流為正，i_b 及 i_c 電流為負。其他段的電流流向可依此類推。

如同 BLDC 馬達 120 度驅動模式其 PSIM 建構的模型，180 度驅動模式模型的建構如圖 3.23 所示。包含 v_a、v_b、v_c 與 T_L 四個輸入端，ω_m、i_a、i_b 與 i_c 四個輸出端及一個三相中性端點 N。該圖左下之方塊為三相反電動勢函數查表方塊子電路，輸入訊號為轉速 ω_m 與電氣角 θ_e，三個查表(BLDC_fa_180.tbl、BLDC_fb_180.tbl、BLDC_fc_180.tbl) 是使用記事本軟體工具建立的，如圖 3.24 所示。圖 3.23 中間下方之方塊為霍爾感測器查表方塊子電路，如圖 3.25(a)所示，輸入訊號為電氣角 θ_e，三個查表(BLDC_180_Hx.tbl、BLDC_180_Hy.tbl、BLDC_180_Hz.tbl) 亦是使用記事本依三個霍爾感測器(x, y, z)隨著電氣角所對應之波形而建立，如圖 3.25(b)所示。

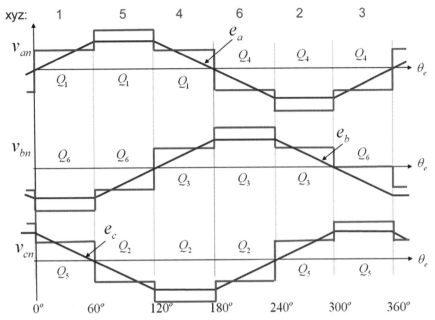

圖 3.22　180 度正轉驅動之霍爾感測輸出編碼、相電壓、反電動勢波形示意圖

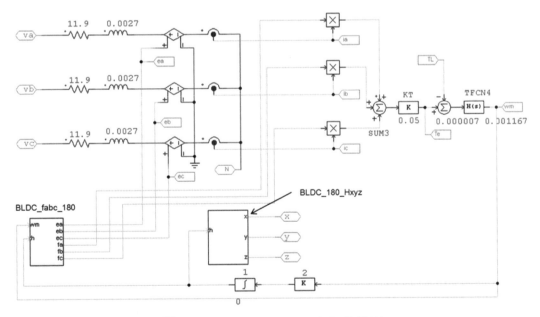

圖 3.23　BLDC 馬達 180 度驅動模型

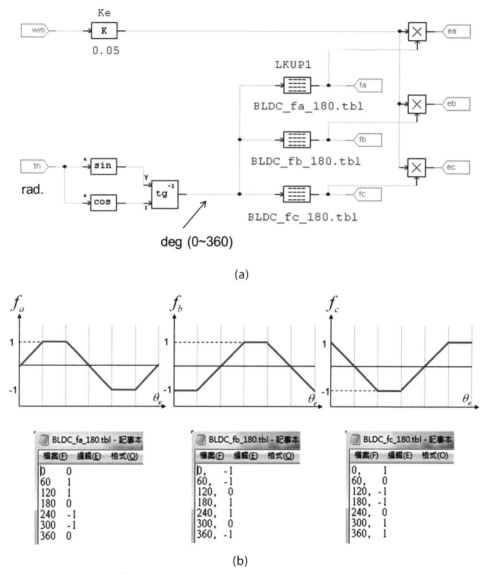

(a)

(b)

🔵 圖 3.24　180 度驅動三相反電動勢函數：

(a)子電路(BLDC_180_fabc.psimsch)、(b)記事本建表

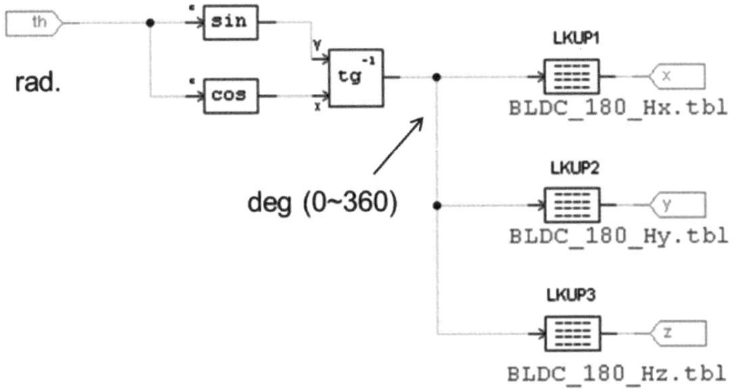

(a)

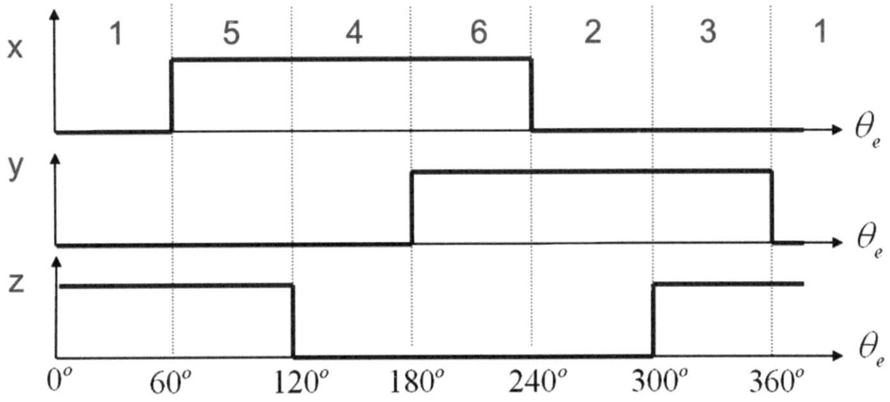

BLDC_180_Hx.tbl - 記事本

檔案(F) 編輯(E) 格式(O)

0	0
60	0
60.01	1
120	1
180	1
240	1
240.01	0
300	0
360	0

BLDC_180_Hy.tbl - 記事本

檔案(F) 編輯(E) 格式(O)

0	0
60	0
120	0
180	0
180.01	1
240	1
300	1
359.99	1
360	0

BLDC_180_Hz.tbl - 記事本

檔案(F) 編輯(E) 格式(O)

0	1
60	1
120	1
120.01	0
180	0
240	0
300	0
300.01	1
360	1

(b)

圖 3.25　180 度驅動霍爾感測波形：

(a)子電路(BLDC_180_Hxyz.psimsch)、(b)記事本建表

3.5.2 無刷直流馬達 180 度驅動正轉換相控制

　　180 度正轉驅動反流器電晶體導通、相對應之電流、反電動勢以及霍爾感測波形與編碼如前節之圖 3.22 所示，可得霍爾感測器輸出編碼與反流器六個電晶體開關導通對應關係如表 3.4 所示，依該表設計正轉的換相電路。以霍爾感測器的輸出訊號 x、y、z 為輸入，控制反流器六個電晶體開關($Q_1 \sim Q_6$)的閘極 $G_1 \sim G_6$ 訊號為輸出，並經過圖 3.26 卡諾圖的化簡可得出 180 度驅動的正轉換相邏輯電路六個開關命令的布林函數分別為：

◎ 表 3.4　180 度正轉驅動霍爾感測輸出編碼與反流器電晶體開關導通對應關係

導通開關	x	y	z	霍爾感測器編碼狀態
Q_1, Q_6, Q_2	1	0	1	5
Q_1, Q_3, Q_2	1	0	0	4
Q_3, Q_4, Q_2	1	1	0	6
Q_3, Q_4, Q_5	0	1	0	2
Q_5, Q_6, Q_4	0	1	1	3
Q_5, Q_6, Q_1	0	0	1	1

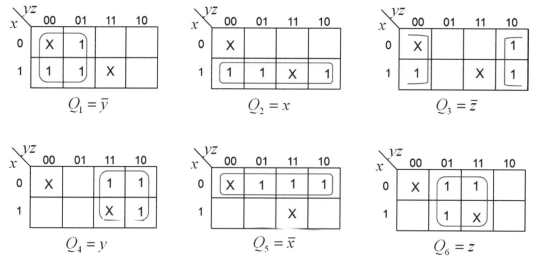

圖 3.26　180 度驅動正轉換相邏輯卡諾圖

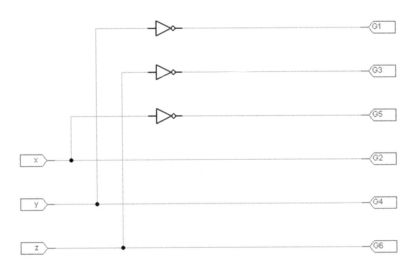

圖 3.27　180 度驅動正轉換相邏輯子電路(Comm_ckw_180.psimsch)

$$
\begin{aligned}
G_1 &= \overline{y}\\
G_2 &= x\\
G_3 &= \overline{z}\\
G_4 &= y\\
G_5 &= \overline{x}\\
G_6 &= z
\end{aligned}
\tag{3-29}
$$

　　由(3-29)式，可畫出 180 度正轉驅動換相邏輯子電路如圖 3.27 所示。以 PSIM 模擬軟體畫出該無刷直流馬達 180 度驅動之正轉換相控制模擬圖如圖 3.28(a)，給予直流電源電壓 100V，模擬結果如圖 3.28(b)，可看出在換相時會產生頓轉矩漣波；電流波形為近似六步波；轉速穩態值約 273 rad/s。

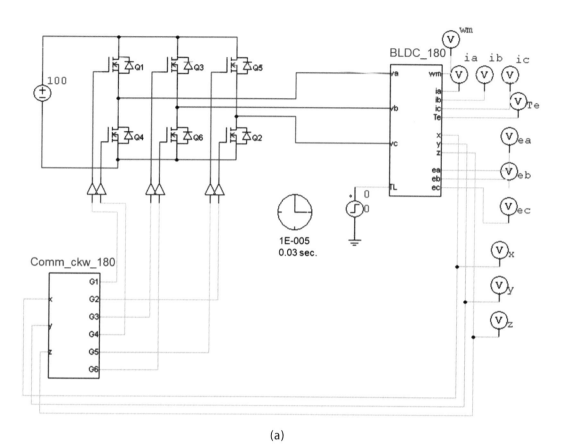

(a)

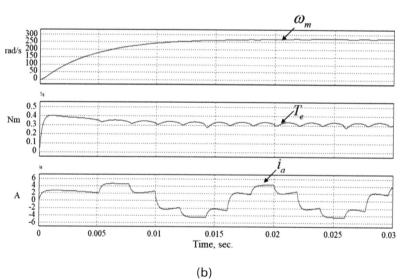

(b)

圖 3.28　180 度驅動正轉換相控制：

(a)模擬模型(BLDC_180_ckw_tst.psimsch)、(b)模擬波形

3.5.3 無刷直流馬達 180 度驅動反轉換相控制

BLDC 反轉一週其霍爾感測波型與反流器六個電晶體開關導通對應關係如表 3.5 所示，可依該表設計反轉的換相電路。以霍爾感測器的輸出訊號 x、y、z 為輸入，控制反流器六個電晶體開關($Q_1 \sim Q_6$)的閘極 $G_1 \sim G_6$ 訊號為輸出，並經過圖 3.29 卡諾圖的化簡可得出 180 度驅動的反轉換相邏輯電路六個開關命令的布林函數分別為：

⚙ 表 3.5　180 度反轉驅動霍爾感測輸出編碼與反流器電晶體開關導通對應關係

導通開關	x	y	z	霍爾感測器 編碼狀態
Q_3, Q_4, Q_5	1	0	1	5
Q_5, Q_6, Q_4	1	0	0	4
Q_5, Q_6, Q_1	1	1	0	6
Q_1, Q_6, Q_2	0	1	0	2
Q_1, Q_3, Q_2	0	1	1	3
Q_3, Q_4, Q_2	0	0	1	1

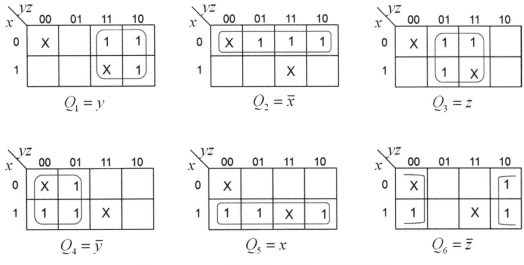

圖 3.29　180 度驅動反轉換相邏輯卡諾圖

$$G_1 = y$$
$$G_2 = \bar{x}$$
$$G_3 = z$$
$$G_4 = \bar{y}$$
$$G_5 = x$$
$$G_6 = \bar{z}$$

(3-30)

由(3-30)式，可畫出 180 度反轉驅動換相邏輯子電路如圖 3.30 所示。以 PSIM 模擬軟體畫出該無刷直流馬達正轉換相控制模擬圖如圖 3.31(a)，給予直流電源電壓 100V，模擬結果如圖 3.31(b)，可看出在換相時會產生頓轉矩漣波；電流波形為近似六步波；轉速穩態值約為-273 rad/s。

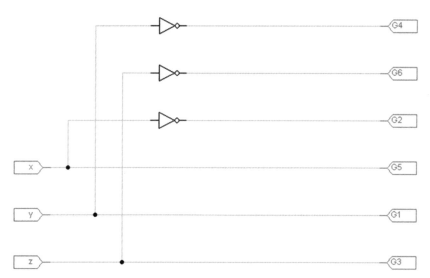

圖 3.30　180 度驅動反轉換相邏輯子電路(Comm_cckw_180.psimsch)

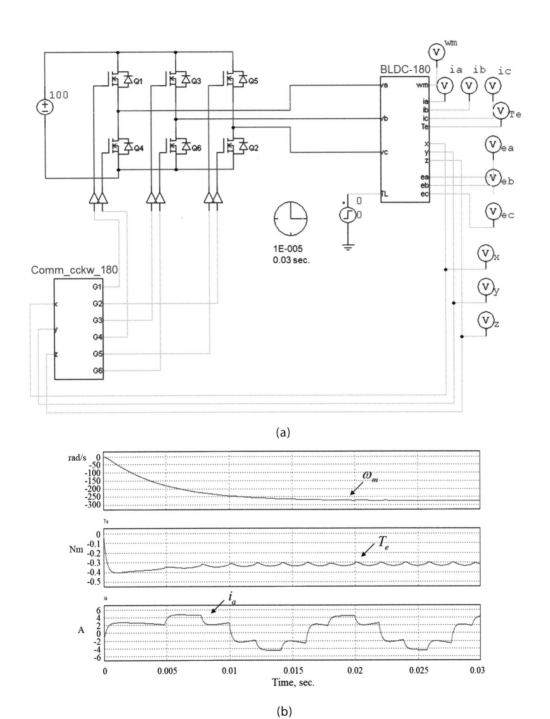

(a)

(b)

圖 3.31　180 度驅動反轉換相控制：(a)模擬模型、(b)模擬波形

3.5.4 無刷直流馬達 180 度驅動換相控制建構與 PSIM 內建模型之比較

一個由 PSIM 內建之 BLDC 馬達 180 度驅動正轉換相控制模擬圖及參數的設定如圖 3.32 [8]，其中的定子電阻、定子電感、馬達極數、轉動慣量、及機械時間常數(J/B)與前述 120 度驅動相同。180 度驅動模式之導通脈衝寬度(Conduction Pulse Width)設定為 180。

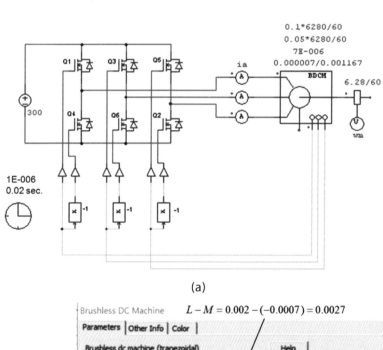

(a)

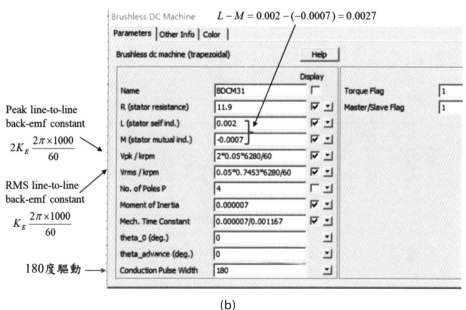

(b)

🖼 圖 3.32　180 度驅動反轉換相控制：(a)模擬圖、(b)參數設定

　　此外，尚有 Vpk/krpm 及 Vrms/kpwm 兩個填表項，其中 Vpk/krpm 是每一千 rpm 轉速所產生的線對線反電動勢常數的峰值(peak line-to-line back emf constant)，圖 3.33 為 180 度驅動相反電動勢及線對線反電動勢波形示意圖，其中 $K = K_E \omega_m$，$K_E = 0.05$ (V/rad/s)為反電動勢常數。由圖可看到線對線反電動勢 e_{ab} 的峰值為 $2K$，故線對線反電動勢峰值常數亦為 $K_{l-l,pk} = 2K_E = 0.1$ (V/rad/s)，經轉換單位運算可得 $K_{l-l,pk} = 0.1 \times 6280/60 \approx 10.47$，與前述 120 度驅動模式相同。

　　另一個 Vrms/kpwm 的填表項為每一千 rpm 轉速所產生的線對線反電動勢常數的有效值(rms line-to-line back emf constant)，圖 3.33 為 180 度驅動線對線反電動勢及其平方波形示意圖，可由線對線反電動勢平方波形計算出該線對線反電動勢的有效值，因呈對稱性可得

$$
\begin{aligned}
e_{ab,rms} &= \sqrt{\frac{1}{\pi/2}\int_0^{\pi/2} e_{ab}^2 d\theta_e} = \sqrt{\frac{1}{\pi/2}[\int_0^{\pi/6}(\frac{K}{\pi/6}\theta_e)^2 d\theta_e + \int_0^{\pi/3}(\frac{K}{\pi/3}\theta_e)^2 d\theta_e + \frac{\pi}{3}K^2]} \\
&= \sqrt{\frac{2}{\pi}[\frac{36K^2}{\pi^2}\frac{\theta_e^3}{3}\Big|_0^{\pi/6} + \frac{9K^2}{\pi^2}\frac{\theta_e^3}{3}\Big|_0^{\pi/3} + \int_0^{\pi/3}(\frac{K}{\pi/3}\theta_e)^2 d\theta_e + \frac{\pi}{3}K^2]} \\
&= \sqrt{\frac{2}{\pi}[\frac{12K^2}{\pi^2}\frac{\pi^3}{216} + \frac{3K^2}{\pi^2}\frac{\pi^3}{27} + \frac{\pi}{3}K^2]} \\
&= \sqrt{\frac{K^2}{9} + \frac{2K^2}{9} + \frac{2}{3}K^2} \\
&= K \\
&= K_E \omega_m \quad \text{(V)}
\end{aligned}
$$

(3-31)

並定義線對線反電動勢有效值常數為 $K_{l-l,rms} = K_E$ (V/rad/s)，經轉換單位運算，可得該線對線反電動勢有效值常數為：

$$
\begin{aligned}
K_{l-l,rms} &= 0.05 \quad \text{(V/(rad/s))} \\
&= 0.05 \times \frac{2\pi}{60} \quad (\text{V/(2}\pi \cdot \text{rad)/(60s))} \\
&= 0.05 \times \frac{2\pi}{60} \quad \text{(V/rpm)} \\
&= 0.05 \times \frac{2\pi \times 1000}{60} \quad \text{(V/krpm)}
\end{aligned}
$$

(3-32)

由 (3-32) 式 可 得 該 參 數 設 定 表 Vrms/krpm 的 填 表 項 需 填 入 $0.05 \times 6280/60 \approx 5.23$。正轉驅動換相控制 PSIM 內建與自建模型之比較之模擬圖與模擬波形如圖 3.34 所示,可看出兩者的轉速、馬達轉矩與三相電流波形幾乎重疊是一樣的。

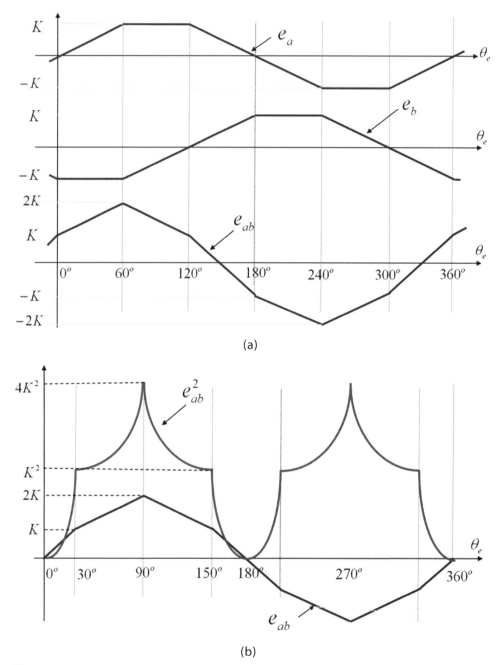

(a)

(b)

圖 3.33 180 度驅動反電動勢波形:(a)線對線反電動勢、(b)其平方波形示意圖

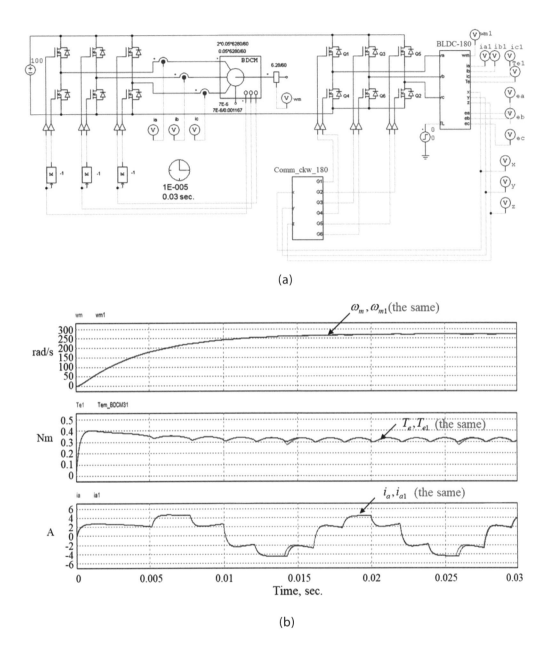

(a)

(b)

圖 3.34　180 度正轉驅動換相控制 PSIM 內建與自建模型之比較：
(a)模擬模型(BLDC_180_ckw_cmp_tst.psimsch)、(b)模擬波形

　　180 度驅動反轉換相控制 PSIM 內建與自建模型之比較之模擬圖與模擬波形
如圖 3.35 所示，可看出兩者的轉速、馬達轉矩與三相電流波形也是幾乎重疊一
樣的。

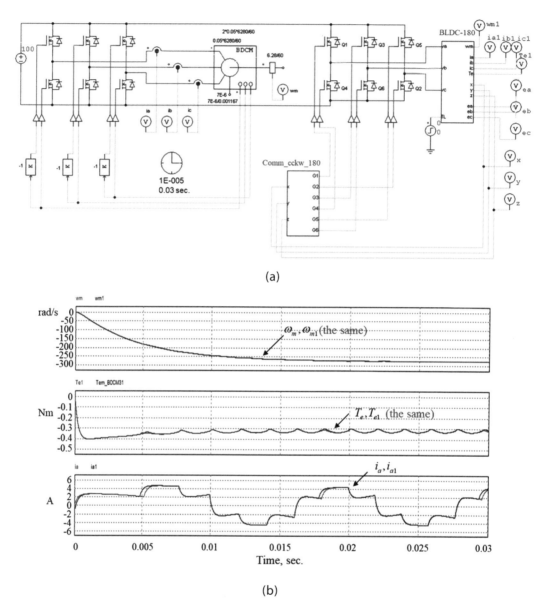

(a)

(b)

圖 3.35　180 度反轉驅動換相控制 PSIM 內建與自建模型之比較：
(a)模擬模型(BLDC_180_cckw_cmp_tst.psimsch)、(b)模擬波形

3.6 無刷直流馬達 PWM 控制

如同直流馬達 PWM 控制，BLDC 馬達也可以藉由 PWM 控制來控制轉速，利用一個控制訊號與一個高頻的三角波比較，產生 PWM 訊號，再同時經過三個及閘 (AND gate)邏輯電路，分別觸發反流器的三個上臂功率電晶體開關或三個下臂功率電晶體開關做換相驅動。圖 3.36 是 120 度驅動以三個下臂功率電晶體開關作 PWM 切換的模擬圖。圖中以一個 10V 的直流電壓控制訊號與一個大小為 15V、10 kHz 的三角波比較，產生 PWM 訊號的責任週期為 2/3。當設定 PN=1，可看出正轉的穩態轉速 170.6 rad/s，約為沒有使用 PWM 控制轉速(256 rad/s)的 2/3。亦可看出轉矩與三相電流波形除了每隔 60 度電氣角度換相造成的凹槽頓轉矩諧波外，也有因 10-kHz PWM 切換所形成的轉矩與電流諧波，但不影響轉速的動態與穩態響應波形。

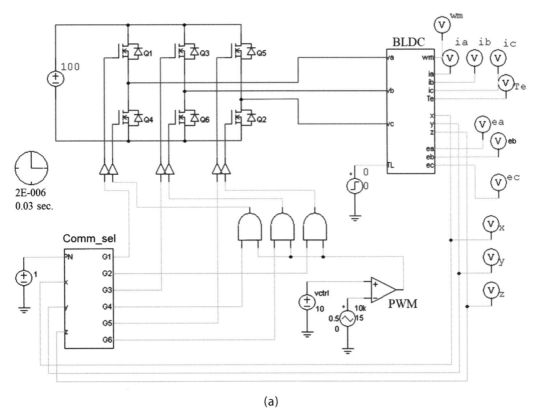

(a)

圖 3.36　BLDC 馬達正轉 120 度驅動 PWM 控制：

(a)模擬模型(BLDC_ckw_cckw_pwm.psimsch)、(b)模擬波形

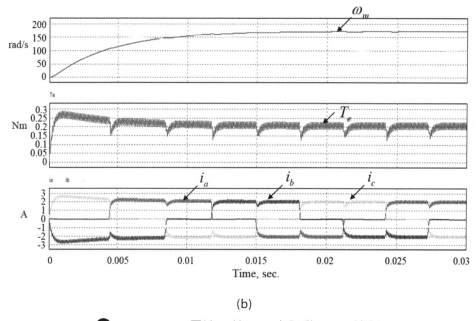

(b)

🖼 3.36　BLDC 馬達正轉 120 度驅動 PWM 控制：

(a)模擬模型(BLDC_ckw_cckw_pwm.psimsch)、(b)模擬波形（續）

　　當設定 PN=0，則反轉的穩態轉速為-170.6 rad/s，約是原來不加 PWM 控制轉速(-256 rad/s)的 2/3，如圖 3.37 所示。同樣的 PWM 控制亦可應用在 180 度驅動，其正轉與反轉 PWM 控制模擬波形如圖 3.38 所示。

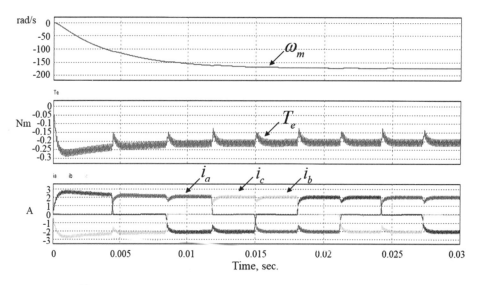

🖼 3.37　BLDC 馬達反轉 120 度驅動 PWM 控制模擬波形

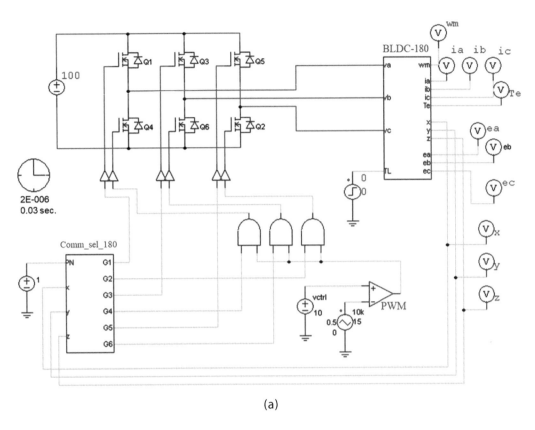

(a)

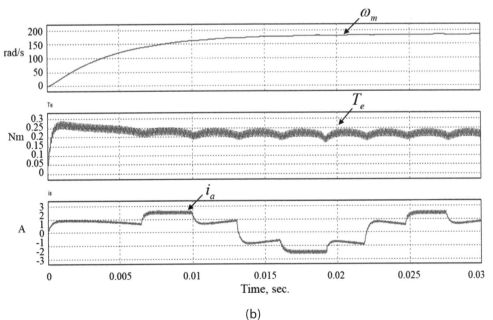

(b)

圖 3.38 180 度驅動 PWM 控制：(a)模擬模型(BLDC_180_ckw_cckw_pwm.psimsch)、
(b)正轉模擬波形(PN=1)、(c)反轉模擬波形(PN=0)

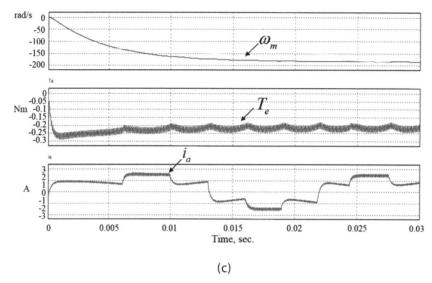

(c)

📘 3.38 180 度驅動 PWM 控制：(a)模擬模型(BLDC_180_ckw_cckw_pwm.psimsch)、
(b)正轉模擬波形(PN=1)、(c)反轉模擬波形(PN=0)（續）

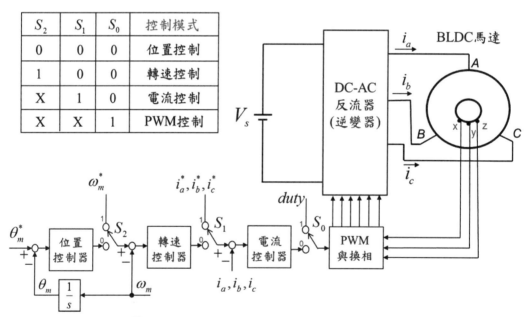

S_2	S_1	S_0	控制模式
0	0	0	位置控制
1	0	0	轉速控制
X	1	0	電流控制
X	X	1	PWM控制

📘 3.39 BLDC 馬達多重迴路伺服控制方塊圖

3.7 無刷直流馬達電流控制器設計

　　如同第一單元所述之直流馬達閉迴路回授控制方法，BLDC 直流馬達亦可進行其電流與轉速及位置的閉迴路回授控制。如圖 3.39 所示。使用者可藉由模式的切換，選擇所要的控制機制，有兩個模式選擇開關 S_2 與 S_1。當 S_1 設定在'1'的位置；S_2 設定在'1'或'0'的位置時，為電流控制模式。當 S_2 設定在'1'的位置；S_1 設定在'0'的位置時，則為轉速控制模式。當 S_2 與 S_1 均設定在'0'的位置時，則為位置控制模式，給予某一位置參考命令，由位置控制器產生所要的轉速命令，使得馬達追隨此轉速命令到達所設定的位置。以下分三個小節分別敘述電流與轉速及位置閉迴路控制器的設計與模擬驗證。其中位置控制器的設計則與第一單元所述直流馬達位置控制器的設計相同。

　　BLDC 馬達的電流控制可採用兩種控制方法：一是使用 PI 控制器結合 PWM 驅動控制的方法（如同第一單元直流馬達的電流控制器設計），另一個是採用磁滯比較(Hysteresis)的控制方法，以下分別說明這兩個方法。

3.7.1 無刷直流馬達 PI 電流控制器設計

　　BLDC 馬達 PI 電流控制器設計是以前節圖 3.4（3.3 節）之 BLDC 馬達轉移函數方塊為受控體，有三個相，每一相相差 120 度。每一相的設計可採用第一單元所述直流馬達電流控制器設計的方法，以 A 相為例，其電流 PI 控制之閉迴路控制之轉移函數方塊圖如圖 3.40，其中因為反電動的回授信號較不易取得，因此忽略了該反電動的補償以簡化設計，但並不會對電流響應造成影響。

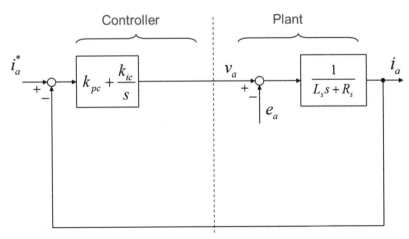

圖 3.40　BLDC 馬達 A 相電流閉迴路控制之轉移函數方塊圖

利用極點與零點消除法來設計 PI 控制器，將 PI 控制器轉移函數的零點(zero)與受控體轉移函數的極點(pole)約除，其條件為

$$\frac{k_{pc}}{k_{ic}} = \frac{L_s}{R_s} \tag{3-33}$$

可得該閉迴路控制的迴路增益(Loop Gain)為

$$G_{ol} = \frac{K}{s} \tag{3-34}$$

其中

$$K = \frac{k_{ic}}{R_s} \tag{3-35}$$

而閉迴路轉移函數為

$$G_{cl} = \frac{\dfrac{K}{s}}{1 + \dfrac{K}{s}} = \frac{K}{s + K} \tag{3-36}$$

此 K 亦稱為該電流閉迴路控制系統的頻寬(Bandwidth)。可訂定此頻寬為 300 Hz，則由(3-35)式可得

$$k_{ic} = KR_s = 300 \times 2\pi \times 11.9 = 22419.6 \tag{3-37}$$

由表 3.1，L_s 及 R_s 參數為已知，將(3-37)式代入(3-33)式，得

$$k_{pc} = \frac{L_s}{R_s} k_{ic} = \frac{0.0027}{11.9} = 5.09 \tag{3-38}$$

那麼如何產生該三相電流的參考命令訊號 i_a^*, i_b^*, i_c^* 呢？一個 BLDC 馬達正轉的電流控制三相電流的參考命令格式如表 3.6 所示，是基於該 BLDC 馬達正轉換相控制的方法，設定電流命令的大小為 I^*，可用查表法依不同輸入角度得出該三相電流的參考命令。利用記事本建立該三相電流的參考命令表

(BLDC_Ia_ref.tbl，BLDC_Ib_ref.tbl、BLDC_Ic_ref.tbl)如圖 3.41 所示，並以 PSIM 模擬軟體畫出該 BLDC 馬達電流控制三相電流的參考命令子電路如圖 3.42。一個 BLDC 馬達的電流 PI 控制模擬圖如圖 3.43(a)，給予電流命令大小為 2A，三相電流為方波波形如圖 3.43(b)，電流穩態值亦為 2A，與電流命令的大小(2A)一致，表示可追隨該電流命令。轉速與轉矩響應如圖 3.43(c)，可看出轉矩穩態值為 0.2 Nm。因給予的馬達參數 $K_T = 0.05$，如前述 3.2 節(3-6)式，轉矩數值表示如(3-39)式，計算與模擬波形是一致的。

$$T_e = \frac{P_m}{\omega_m} = \frac{i_a e_a + i_b e_b + i_c e_c}{\omega_m} = K_T(i_a f_a + i_b f_b + i_c f_{c)}) = 2K_T \times 2 = 0.2 \quad (3-39)$$

⚙ 表 3.6　BLDC 馬達正轉電流 PI 控制三相電流的參考命令格式

θ_e	x	y	z	state	switch on	i_a^*	i_b^*	i_c^*
30°~90°	1	0	1	5	Q_1, Q_6	I^*	$-I^*$	0
90°~150°	1	0	0	4	Q_1, Q_2	I^*	0	$-I^*$
150°~120°	1	1	0	6	Q_3, Q_2	0	I^*	$-I^*$
210°~270°	0	1	0	2	Q_3, Q_4	$-I^*$	I^*	0
270°~330°	0	1	1	3	Q_5, Q_4	$-I^*$	0	I^*
330°~30°	0	0	1	1	Q_5, Q_6	0	$-I^*$	I^*

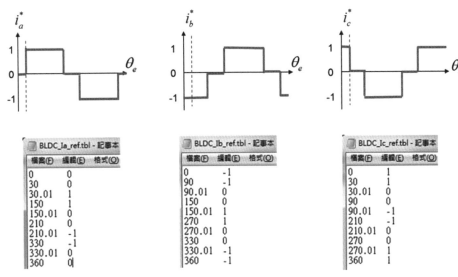

🖼 3.41　BLDC 馬達正轉電流 PI 控制三相電流的參考命令格式

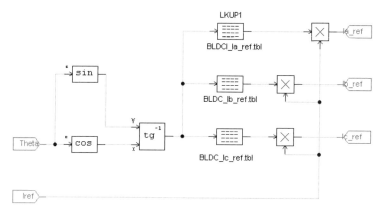

📕 3.42　BLDC 馬達正轉電流 PI 控制三相電流的參考命令子電路

(BLDC_Iabc_ref.psimsch)

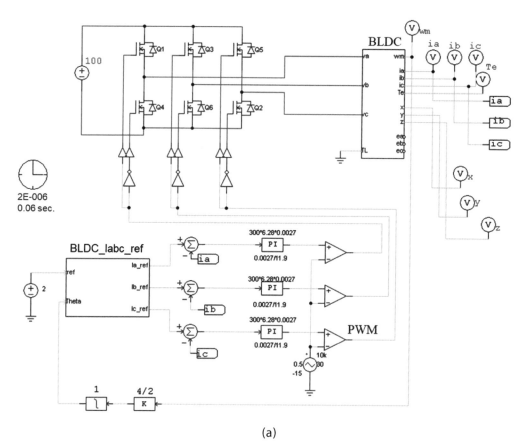

(a)

📕 3.43　BLDC 馬達正轉三相電流 PI 控制：

(a)模擬模型(BLDC_i_PI_ctrl.psimsch)、(b)電流波形、(c)轉速與轉矩波形

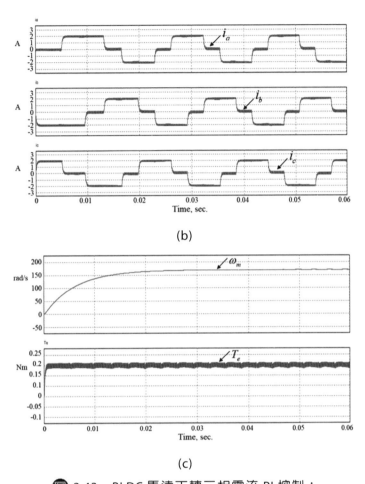

(b)

(c)

📖 3.43　BLDC 馬達正轉三相電流 PI 控制：

(a)模擬模型(BLDC_i_PI_ctrl.psimsch)、(b)電流波形、(c)轉速與轉矩波形（續）

3.7.2　無刷直流馬達磁滯比較電流控制器設計

　　一個 BLDC 馬達的磁滯比較電流控制機制，其中 A 相的控制方塊圖如圖 3.44(a)所示，電流參考命令訊號 i_a^* 與電流回授訊號 i_a 相減後，其誤差電流訊號 e_a 經過一個磁滯比較器，設定其磁滯帶寬度為 2δ。當 $-\delta < e_a < \delta$，則磁滯比較器的輸出 $\tau = 0$，上臂開關截止(off)，下臂開關導通(on)，此時 A 相電流經由下臂開關放電，電流漸減。當 A 相電流逐漸減少到使得誤差電流訊號 $e_a \geq \delta$ 時，則磁滯比較器的輸出 $\tau = 1$，此時上臂開關導通 (on)，下臂開關截止(off)。此時 A 相電流經由上臂開關充電，電流漸增。當 A 相電流逐漸增加到使得誤差電流訊號 $e_a \leq -\delta$ 時，則磁滯比較器的輸出由 1 降為零($\tau = 0$)，此時上臂開關又

截止(off)，下臂開關又導通(on)。如此周而復始，其 A 相電流波形示意圖如圖 3.44(b)，控制電流波形保持在電流參考命令訊號 i_a^* 上下 2δ 的磁滯帶內。B 相電流與 C 相電流控制方式亦同。

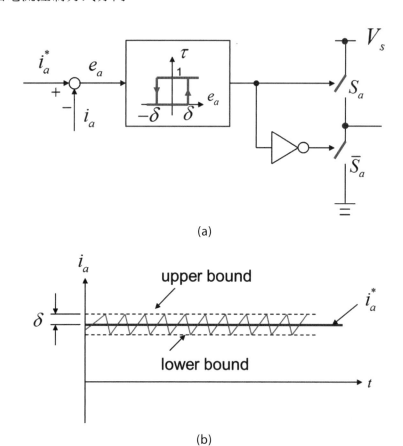

(a)

(b)

🔘 3.44　BLDC 馬達磁滯比較電流控制：(a)A 相控制方塊圖、(b)電流波形示意圖

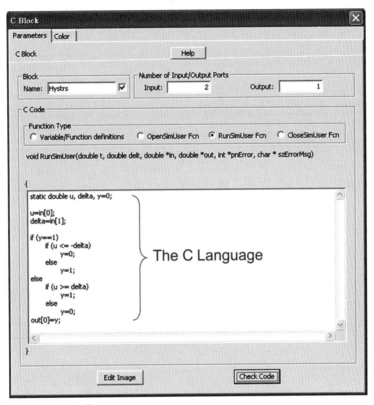

圖 3.45 磁滯比較電流控制 Cblock

以 PSIM 模擬軟體之 Cblock 函數方塊建構該 BLDC 馬達磁滯比較電流控制方塊如圖 3.45，給予 $\delta = 2$ 之模擬驗證及設定 V1 為 x-軸變數之磁滯曲線如圖 3.46 所示，並建構該無刷直流馬達三相磁滯比較電流控制器子電路如圖 3.47。

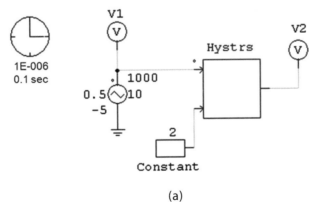

(a)

圖 3.46 以 Cblock 建構之磁滯比較器子電路(Hystrs.psimsch)

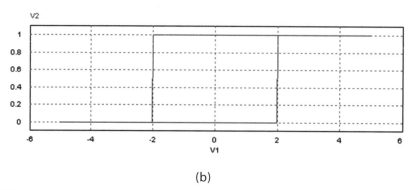

(b)

圖 3.46 以 Cblock 建構之磁滯比較器子電路(Hystrs.psimsch)（續）

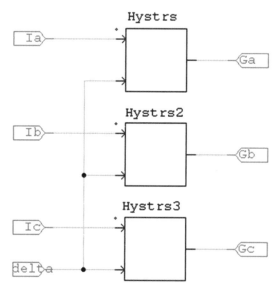

圖 3.47 BLDC 馬達三相磁滯比較流控制器子電路(Hystrs_3.psimsch)

　　一個 BLDC 馬達的磁滯比較電流控制模擬圖如圖 3.48(a)，給予電流命令大小為 5A，三相電流為方波波形如圖 3.48(b)，電流穩態值亦為 2A，與電流命令的大小(2A)一致，表示可追隨該電流命令。轉速與轉矩響應如圖 3.48(c)，可看出轉矩穩態值為 0.2 Nm。因給予的馬達參數 $K_T = 0.05$，轉矩數值表示如(3-39)式，計算與模擬波形是一致的。

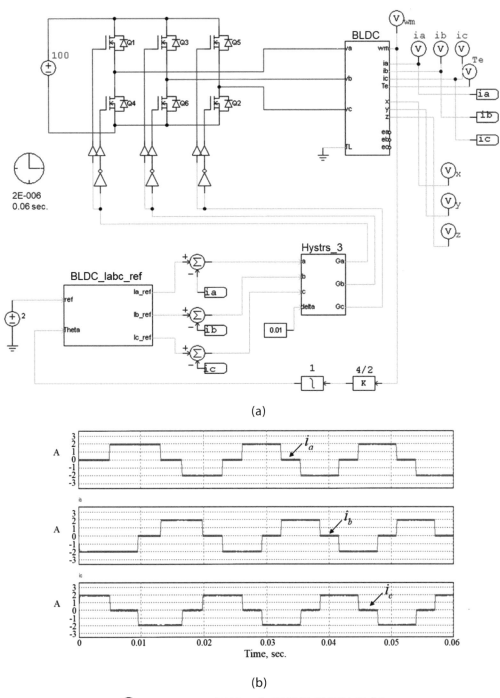

(a)

(b)

📖 3.48 BLDC 馬達三相磁滯比較電流控制：
(a)模擬模型(BLDC_i_hyster_ctrl.psimsch)、(b)電流波形、(c)轉速與轉矩波形

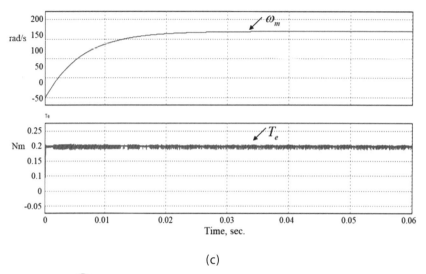

(c)

圖 3.48　BLDC 馬達三相磁滯比較電流控制：

(a)模擬模型(BLDC_i_hyster_ctrl.psimsch)、(b)電流波形、(c)轉速與轉矩波形（續）

3.8　無刷直流馬達轉速控制器設計

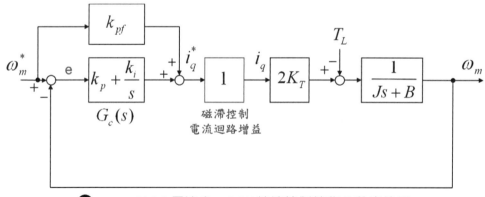

圖 3.49　BLDC 馬達之 2-DOF 轉速控制轉移函數方塊圖

　　一個無刷直流馬達之 2-DOF 轉速控制轉移函數方塊圖如圖 3.49 [2]，其中因電流控制系統的頻寬比轉速控制系統的頻寬大很多，故簡化電流閉控制一階系統轉移函數為一個為 1 的常數。該 2-DOF 控制器，除了 PI 控制器以外，還加入一個順向補償器 k_{pf}，可得其閉迴路轉移函數可化為一個標準的二階系統如下：

$$G_{cl}(s) = \frac{\Omega_m(s)}{\Omega_m^*(s)}\bigg|_{T_L=0} = \frac{\dfrac{k_p s + k_i}{s}\dfrac{2K_T}{Js+B} + k_{pf}\dfrac{2K_T}{Js+B}}{1 + \dfrac{k_p s + k_i}{s}\dfrac{2K_T}{Js+B}} = \frac{2K_T(k_p + k_{pf})s + 2k_i K_T}{Js^2 + (2k_p K_T + B)s + 2k_i K_T}$$

(3-40)

在上式中，令 $k_{pf} = -k_p$，則上式可化簡為

$$G_{cl}(s) = \frac{2k_i K_T}{Js^2 + (2k_p K_T + B)s + 2k_i K_T} = \frac{\dfrac{2k_i K_T}{J}}{s^2 + \dfrac{2k_p K_T s + B}{J}s + \dfrac{2k_i K_T}{J}} = \frac{\omega_n^2}{s^2 + 2\zeta\omega_n s + \omega_n^2}$$

(3-41)

其中 ζ 稱為阻尼比(damping ratio)；ω_n 稱為無阻尼自然頻率(undamped natural frequency) [1]。訂定 $\zeta = 0.85$、$\omega_n = 118\,\text{rad/s}$，參考附錄(B-46)式，其頻寬為[1]

$$\omega_B = \omega_n\sqrt{1 - 2\zeta^2 + \sqrt{4\zeta^4 - 4\zeta^2 + 2}} = 95.13 \quad \text{rad/s.}$$

(3-42)

約 15 Hz。將 $\zeta = 0.85$ 與 $\omega_n = 118$ 代入(3-41)式，並比較係數得

$$k_i = \frac{J\omega_n^2}{2K_T} = \frac{0.000007 \times 118^2}{0.1} = 0.97$$

(3-43)

$$k_p = \frac{2\zeta\omega_n J - B}{2K_T} = \frac{2 \times 0.85 \times 118 \times 0.000007 - 0.001167}{0.1} = 0.0023$$

(3-44)

由(3-41)式可得該 BLDC 馬達轉速閉迴路控制的單一步階響應(unit-step response)，亦即給予 1 rad/s 之步階轉速參考命令，可得出馬達轉速的步階響應如下：

$$\Omega_m(s) = \frac{1}{s}\frac{\omega_n^2}{s^2 + 2\zeta\omega_n s + \omega_n^2} = \frac{k_1}{s} + \frac{k_2 s + k_3}{s^2 + 2\zeta\omega_n s + \omega_n^2} = \frac{(k_1 + k_2)s^2 + (2\zeta\omega_n k_1 + k_3)s + k_1\omega_n^2}{s(s^2 + 2\zeta\omega_n s + \omega_n^2)}$$

(3-45)

利用比較係數法，可得 $k_1 = 1$、$k_2 = -1$、$k_3 = -2\zeta\omega_n$。參考附錄(B-19)式，將(3-45)式取反拉氏轉換得

$$i_a(t) = 1 - \frac{e^{-\alpha t}}{\sqrt{1-\zeta^2}}(\sqrt{1-\zeta^2}\cos\omega t + \zeta\sin\omega t) \tag{3-46}$$

其中 $\alpha = \zeta\omega_n$ 稱為阻尼因素(damping factor)，振盪頻率 $\omega = \omega_n\sqrt{1-\zeta^2}$。由(3-46) 式可知，該 BLDC 馬達轉速閉迴路控制的單一步階響應為由零出發以時間常數 $1/\alpha$ 及振盪頻率 ω 爬升至 1 rad/s 的穩態值，故該阻尼因素 α 值愈大，則其步階響應爬升愈快。

給予 30 rad/s 的轉速參考命令，並在 t=0.1 秒時瞬間加載 $T_L = 0.05\,\text{Nm}$，轉速閉迴路控制 PSIM 模擬與轉速及電流響應波形如圖 3.50 所示，可看出轉速 ω_m 之穩態值為 30 rad/s。馬達產生的轉矩則為維持在約 $T_e = 0.035\,\text{Nm}$，此值為克服馬達的摩擦轉矩($B\omega_m = 0.001167\times 30 = 0.035$)。瞬間加載 $T_L = 0.05\,\text{Nm}$ 後，馬達轉速受干擾下降一些，但很快地拉回至原來的轉速值。為了抵抗此負載轉矩的加入，馬達的電磁轉矩 T_e 的穩態值亦瞬間提升至約 0.085 Nm，驗證了所設計轉速控制器的正確性。

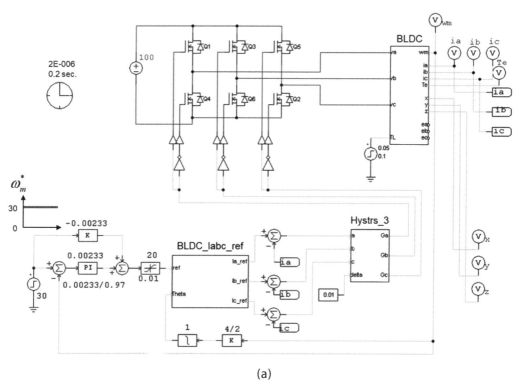

(a)

圖 3.50　BLDC 馬達轉速控制：

(a)模擬模型(BLDC_spd_ctrl.psimsch)、(b)轉速與轉矩響應

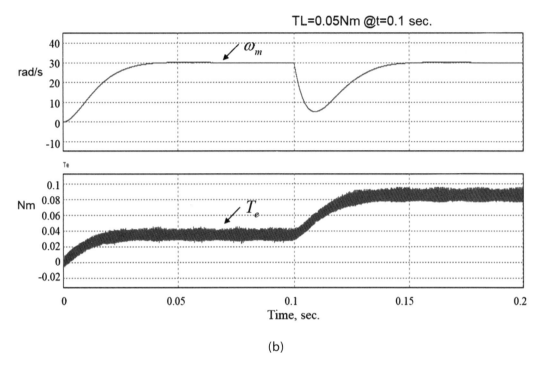

圖 3.50　BLDC 馬達轉速控制：

(a)模擬模型(BLDC_spd_ctrl.psimsch)、(b)轉速與轉矩響應（續）

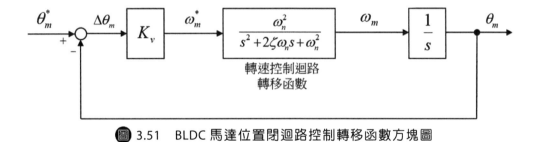

圖 3.51　BLDC 馬達位置閉迴路控制轉移函數方塊圖

3.9 無刷直流馬達位置控制器設計

如同直流馬達位置控制器的設計（第一單元 1.5.3 節），BLDC 馬達的位置控制器設計亦以中層轉速控制迴路為基礎，位置閉迴路控制轉移函數方塊圖如圖 3.51，是屬於 Type-1 的系統[1]，對於一個斜坡輸入(ramp function input)的 Type-1 系統，令該斜坡輸入函數為

$$\theta_m^* = Rt \tag{3-47}$$

其中 R 為斜坡的斜率，則由圖 3.51 可得位置誤差的拉氏轉換式為

$$\Delta\Theta_m(s) = \frac{R}{s^2} \frac{1}{1 + \dfrac{K_v\omega_n^2}{s(s^2 + 2\zeta\omega_n s + \omega_n^2)}} = \frac{R(s^2 + 2\zeta\omega_n s + \omega_n^2)}{s(s^3 + 2\zeta\omega_n s^2 + \omega_n^2 s + K_v\omega_n^2)} \tag{3-48}$$

由終值定理（附錄 B-29 式），可得穩態誤差為

$$e_{ss} = s\Delta\Theta_m(s)\big|_{s=0} = \frac{R}{K_v} \tag{3-49}$$

設定該位置控制器的設計規格為在定速每分鐘 6 公尺的速度 v_s^* 之下，有 2.5 mm 的追隨誤差 e_{ss}，則該位置控制參考命令斜坡輸入之斜率為

$$R = \frac{6}{60} = 0.1 \, \text{m/s} \tag{3-50}$$

穩態誤差為

$$e_{ss} = 0.0025 \, \text{m} \tag{3-51}$$

將(3-50)及(3-51)式代回(3-49)式得

$$K_v = \frac{R}{e_{ss}} = \frac{0.1}{0.0025} = 40 \tag{3-52}$$

亦或由圖 3.51 可得該位置控制器常數

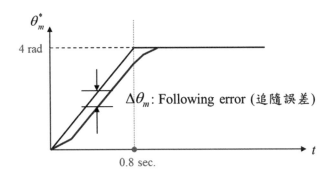

圖 3.52　BLDC 馬達位置控制參考命令與追隨誤差

$$K_v = \frac{\omega_m^*}{\Delta\theta_m} = \frac{r\omega_m^*}{r\Delta\theta_m} = \frac{v_s^*}{\Delta x} = \frac{0.1}{0.0025} = 40 \tag{3-53}$$

其中 r 為該 BLDC 馬達驅動轉軸的半徑，得出兩者的計算方法結果一樣。由(3-53)式，追隨誤差與轉速命令的關係為

$$\Delta\theta_m = \frac{\omega_m^*}{K_v} = \frac{R}{K_v} \tag{3-54}$$

其中轉速命令 ω_m^* 為位置命令的斜率 R，因此當 $K_v = 40$，當位置命令的斜率 R 增加時，追隨誤差亦等比例增加。

　　給予位置閉迴路控制命令的格式如圖 3.52，斜率 $R = 4/0.8 = 5\,\text{rad/s}$，故代入(3-54)式，可得追隨誤差為 $\Delta\theta_m = 5/40 = 0.125\,\text{rad}$。位置閉迴路控制 PSIM 模擬與位置響應波形如圖 3.53，可看出 θ_m 之輸出響應波形穩態值為 4 rad 以及追隨誤差為 0.125 rad，驗證所設計位置控制器的正確性。

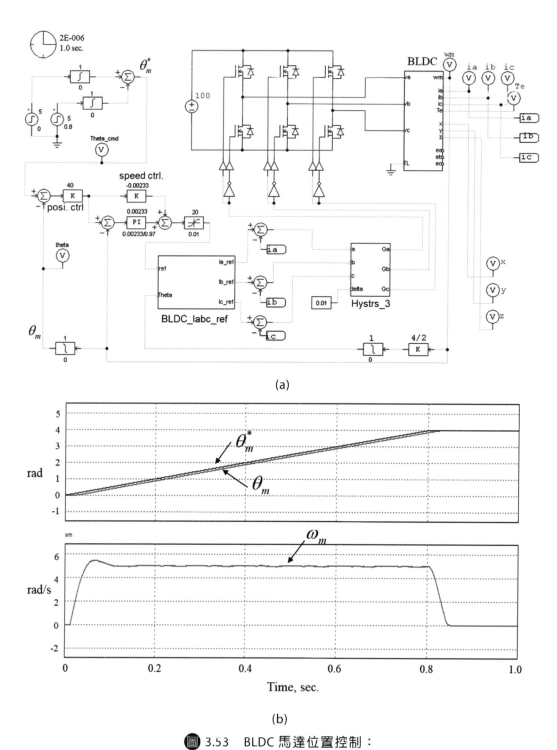

(a)

(b)

🖼 3.53　BLDC 馬達位置控制：

(a)模擬模型(BLDC_posi_ctrl.psimsch)、(b)位置與轉速波形

習題三

1. 如何讓一個 BLDC 馬達轉動？是藉由霍爾感測器及什麼元件來換相？稱為什麼換相？以有別於直流馬達利用什麼來換向？

2. 一個 BLDC 馬達其三個霍爾感測器(Hall-x、Hall-y、Hall-z)輸出訊號的波形為何？三相相位各相差多少度？

3. 一般霍爾感測器的安裝是將 Hall-x 之上升邊緣與 A 相反電動勢 e_a 梯形波上升斜波與平頂的轉折點位置（即電氣角 30 度）重合，以得最大轉矩。在一個電氣週期內可將霍爾感測元件以(xyz)三位元(3-bit)依序編碼，馬達正轉時，其十進位編碼順序為何？馬達反轉時，其十進位編碼順序為何？

4. 一個 BLDC 馬達 DC/AC 驅動電路的六個功率電晶體開關中，其在上臂的三個功率電晶體開關與下臂的三個功率電晶體開關的編號順序分別為何？如此編號的原因為何？

5. 一個 BLDC 馬達轉動時每隔多少電氣角度即換相一次？完成每一週期（0~360 度）的電氣角度需經過幾次換相？

6. 一個 BLDC 馬達若馬達極數 P=8，則完成每一週期（0~360 度）的電氣角度，馬達的機械角度轉動多少度？需經幾個週期的電氣角度換相才能讓馬達的機械角度轉動一圈（360 度）？

7. 一個 BLDC 馬達之 120 度驅動模式，每一次換相有幾個功率電晶體開關導通？其中在上臂與下臂開關各幾個功率電晶體開關導通？

8. 一個 BLDC 馬達之 180 度驅動模式，每一次換相有幾個功率電晶體開關導通？其中在上臂與下臂開關各幾個功率電晶體開關導通？

9. 一個 BLDC 馬達驅動，給予直流電源額定電壓的轉速為 256 rad/s，若以 PWM 控制的責任週期為 50 %，則該馬達轉速為何？如何產生該 PWM 控制 50 %的責任週期？PWM 控制如何與該馬達的換相電路相結合以驅動馬達？

請掃描 QR Code 下載習題解答

4

Chapter

永磁同步
交流馬達

4.1 前言

本單元提出永磁同步交流馬達工作原理與其數學模型，並以 PSIM 模擬軟體建構其在靜止座標系之相變數模型(phase-variable model)，在其三相輸入端以電阻與電感元件來建構其模型，所建構之模型方塊可視為模擬一個實際的馬達操作，並可以數學方程式模擬負載轉矩(load torque)輸入，可用很方便直接地將此模型方塊連接到 PWM 變頻器(inverter)；並做負載轉矩對馬達驅動器性能影響的模擬與評估。除此，本單元進一步推導永磁同步馬達在同步旋轉座標系之 *d-q* 模型，以及在以轉子磁場為導向(Rotor-Flux Field-Oriented Control, RFOC)的向量控制架構下設計伺服控制器，包括電流控制、轉速控制與位置控制器，最後探討伺服馬達與作為負載的動力計連結之模擬驗證，以及 RFOC 的數位控制。

4.2 永磁同步馬達之工作原理與數學模型

永磁同步交流馬達(Permanent Magnet Synchronous AC Motor, PMAC)簡稱永磁同步馬達(PMSM)，一個永磁同步馬達(PMSM)之架構其縱切面示意圖及 *abc* 三相靜止座標平面如圖 4.1，其架構分為定子與轉子兩部分，其中定子含有三相繞組線圈，在轉子表面黏貼或內裝場磁鐵，前者稱為表面黏著永磁同步馬達(SPMSM)；後者稱為內藏式永磁同步馬達(IPMSM)，在定子的三相繞組線圈給予足夠大的三相平衡之電壓輸入訊號，可在定子與轉子之間的氣隙形成旋轉磁場，即可帶動轉子旋轉起來。轉動的電氣轉速會與三相平衡電壓輸入訊號的角頻率同步（一樣），故稱同步馬達。

本節介紹表面黏著永磁同步馬達(SPMSM)的數學模型，以及其在三相 *a-b-c* 靜止參考座標框(stationary reference frame)之相電壓方程式、反電動勢、馬達產生的轉矩方程式與運動方程式分別如下[11]：

$$\begin{bmatrix} v_a \\ v_b \\ v_c \end{bmatrix} = R_s \begin{bmatrix} i_a \\ i_b \\ i_c \end{bmatrix} + \begin{bmatrix} \dfrac{d\psi_a}{dt} \\ \dfrac{d\psi_b}{dt} \\ \dfrac{d\psi_c}{dt} \end{bmatrix} \tag{4-1}$$

其中 v_a、v_b、v_c 為三相電壓，i_a、i_b、i_c 為三相電流，R_s 為定子電阻，ψ_a、ψ_b、ψ_c 為三相定子磁通表示如下：

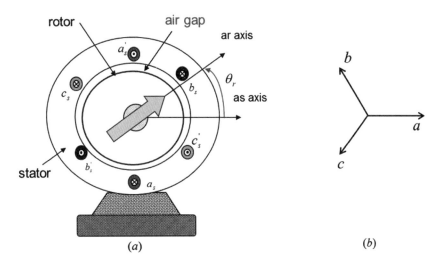

圖 4.1　永磁同步馬達架構：(a)縱切面示意圖、(b)三相 *a-b-c* 靜止座標平面

$$\begin{bmatrix} \psi_a \\ \psi_b \\ \psi_c \end{bmatrix} = \begin{bmatrix} L_{aa} & L_{ab} & L_{ac} \\ L_{ba} & L_{bb} & L_{bc} \\ L_{ca} & L_{cb} & L_{cc} \end{bmatrix} \begin{bmatrix} i_a \\ i_b \\ i_c \end{bmatrix} + \lambda_{af} \begin{bmatrix} \cos\theta_r \\ \cos(\theta_r - \dfrac{2\pi}{3}) \\ \cos(\theta_r + \dfrac{2\pi}{3}) \end{bmatrix} \tag{4-2}$$

在(4-2)式中 λ_{af} 為轉子磁通，可視為一常數，θ_r 是轉子電氣角度，與電氣轉速 ω_r 的關係為

$$\theta_r = \int \omega_r dt + \theta_{r0} \tag{4-3}$$

其中 θ_{r0} 是轉子電氣起始角度。且在(4-2)式中令每相定子的互感相等，每相定子自感亦相等，分別表示如下：

$$L_{ab} = L_{ba} = L_{bc} = L_{cb} = L_{ca} = L_{ac} = \frac{-1}{2}L_m \tag{4-4}$$

與

$$L_{aa} = L_{bb} = L_{cc} = L_{ls} + L_m \tag{4-5}$$

其中 L_{ls} 為定子漏感 (leakage inductance)；L_m 為定子激磁電感 (magnetizing inductance)。今假設定子電流三相平衡，即

$$i_a + i_b + i_c = 0 \tag{4-6}$$

故將(4-2)、(4-4)及(4-5)式代入(4-1)式，可得

$$\begin{bmatrix} v_a \\ v_b \\ v_c \end{bmatrix} = R_s \begin{bmatrix} i_a \\ i_b \\ i_c \end{bmatrix} + L_s \begin{bmatrix} \dfrac{di_a}{dt} \\ \dfrac{di_b}{dt} \\ \dfrac{di_c}{dt} \end{bmatrix} + \begin{bmatrix} e_a \\ e_b \\ e_c \end{bmatrix} \tag{4-7}$$

其中，定子電感 L_s 可表示如下：

$$L_s = L_{ls} + \frac{3}{2} L_m \tag{4-8}$$

且

$$\begin{bmatrix} e_a \\ e_b \\ e_c \end{bmatrix} = -\omega_r \lambda_{af} \begin{bmatrix} \sin \theta_r \\ \sin(\theta_r - \dfrac{2\pi}{3}) \\ \sin(\theta_r + \dfrac{2\pi}{3}) \end{bmatrix} \tag{4-9}$$

稱為定子的三相反電動勢。

另，由功率守恆原理，亦即三相電功率總和($e_a i_a + e_b i_b + e_c i_c$)等於機械功率 ($T_e \omega_m$)，可得馬達產生的電磁轉矩 T_e 的方程式如(4-10)式：

$$T_e = \frac{e_a i_a + e_b i_b + e_c i_c}{\omega_m} \tag{4-10}$$

其中 ω_m 是馬達轉子機械轉速。ω_m 與 ω_r 的關係如下：

$$\omega_r = \frac{P}{2}\omega_m \tag{4-11}$$

其中 P 為馬達極數(pole number)。將(4-9)式代入(4-10)式可得

$$T_e = -\frac{P}{2}\lambda_{af}\begin{bmatrix} i_a & i_b & i_c \end{bmatrix}\begin{bmatrix} \sin\theta_r \\ \sin(\theta_r - \frac{2\pi}{3}) \\ \sin(\theta_r + \frac{2\pi}{3}) \end{bmatrix} \tag{4-12}$$

此外，依牛頓運動第二定律，馬達機械轉速方程式如下：

$$T_e - T_L = J\frac{d\omega_m}{dt} + B\omega_m \tag{4-13}$$

其中 T_L 為負載轉矩(load torque)，J 為馬達與負載之總等效轉動慣量，B 為馬達與負載之總等效黏性摩擦係數。將 (4-13)式取其拉普拉斯轉換 (Laplace Transformation)，可得馬達轉矩至轉速之轉移函數(transfer function)方塊圖如圖 4.2 所示。

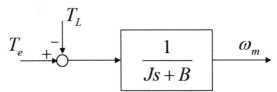

圖 4.2 馬達轉矩至轉速之轉移函數方塊圖

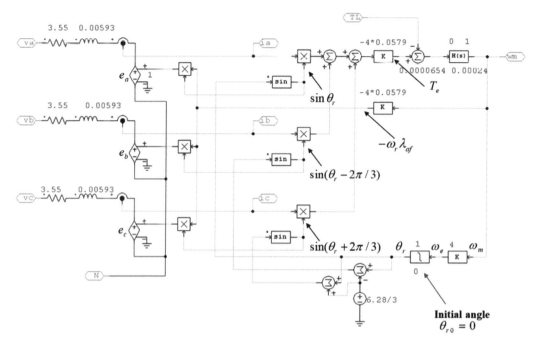

圖 4.3　永磁同步馬達子電路(PMSM.psimsch)

表 4.1　永磁同步馬達參數

R_s	3.55 Ω	B	0.00024 Nm/rad/s
L_s	0.00593 H	λ_{af}	0.0579 Wb
J	0.0000654 kg.m^2	P	8

4.3 永磁同步馬達之 PSIM 模擬模型建構與驗證

結合上一節之(4-3)、(4-7)、(4-9)、(4-11)、(4-12)式及圖 4.2，以 PSIM 模擬軟體建構之永磁同步馬達模型（子電路）如圖 4.3 所示，其中馬達參數如表 4.1，三相輸入電壓之頻率 16 Hz、

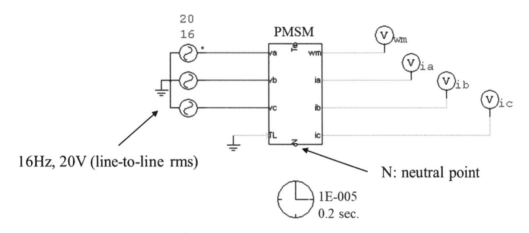

16Hz, 20V (line-to-line rms)

N: neutral point

圖 4.4　永磁同步馬達之子電路(subcircuit)模型模擬驗證(PMSM_tst.psimsch)

線對線(line-to-line)電壓有效值(root mean square, rms)為 20V，表示相電壓振幅為 $20\sqrt{2}/\sqrt{3}$ V。三相輸入電壓訊號的振幅將影響馬達電流的大小，三相輸入電壓訊號之角頻率將影響馬達的穩態轉速，三相輸入電壓訊號之相角將影響馬達轉速與電流的暫態響應。給予的三相輸入電壓可表示如下：

$$
\begin{bmatrix} v_a \\ v_b \\ v_c \end{bmatrix} = \frac{20\sqrt{2}}{\sqrt{3}} \begin{bmatrix} \sin(\omega_e t + \theta_0) \\ \sin(\omega_e t - \frac{2\pi}{3} + \theta_0) \\ \sin(\omega_e t + \frac{2\pi}{3} + \theta_0) \end{bmatrix}
\tag{4-14}
$$

其中輸入電壓訊號之角頻率(angular frequency) $\omega_e = 2\pi f_e$，$f_e = 16$ Hz，θ_0 為輸入電壓訊號之起始角度。給予三種情況來測試此永磁同步馬達模型對輸入訊號的響應：(1)第一種情況，令起始角度為零($\theta_0 = 0$)，負載轉矩(load torque)亦為零($T_L = 0$)，可得轉速與三相電流模擬結果如圖 4.5(a)所示，可看出三相穩態電

流振幅約為 4 A，馬達的穩態轉速約為 $\omega_m = 2\pi \times 16/4 \approx 25.12$ (rad/s)。然而轉速的暫態響應卻不是很好，啟動時先是反轉（轉速為負）；再正轉過來。(2)第二種情況，令 $\theta_0 = \pi/2$，可得轉速與三相電流模擬結果如圖 4.5(b)所示，可看出馬達的穩態轉速仍為 $\omega_m = 2\pi \times 16/4 \approx 25.12$ (rad/s)，然而轉速的暫態響應在啟動時沒有反轉，直接正轉，但有過大的超越量。(3)第三種情況，再令 $\theta_0 = 0$，但馬達起始角度為 90 度($\theta_{r0} = \pi/2$)，這必須回到該 PMSM 馬達子電路模型(PMSM.psimsch)內部設定馬達角度積分器的起始值參數為 $\theta_{r0} = \pi/2$，設定該角度參數後，執行模擬，圖 4.5(c)之模擬結果可看出馬達的穩態轉速仍為 $\omega_m = 2\pi \times 16/4 \approx 25.12$ (rad/s)，然而轉速的暫態響應在啟動時有很大的改善，直接正轉，且沒有過大的超越量。有此三種情況的模擬驗證過程，可知三相輸入電壓訊號之相角及馬達啟始角度，對馬達轉速與電流的暫態響應有很大的影響，因此可以經由向量控制的方法，來決定三相交流輸入電壓訊號之振幅、頻率與相角，來控制馬達轉速與電流達到所要的暫態響應。

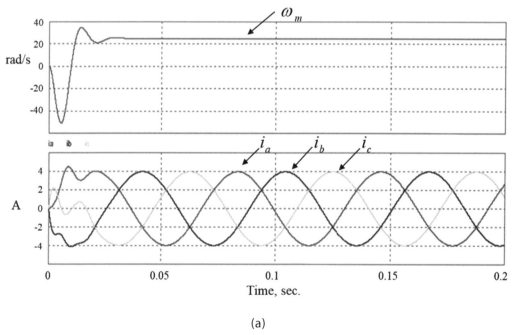

(a)

🔲 4.5 永磁同步馬達模型模擬驗證之轉速與三相電流響應波形：
(a) $\theta_0 = 0, \theta_{r0} = 0$、(b) $\theta_0 = \pi/2, \theta_{r0} = 0$、(c) $\theta_0 = 0, \theta_{r0} = \pi/2$

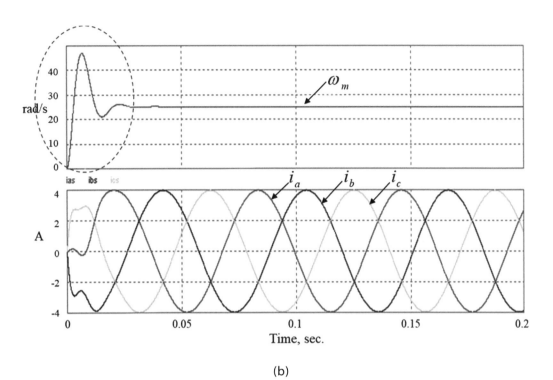

(b)

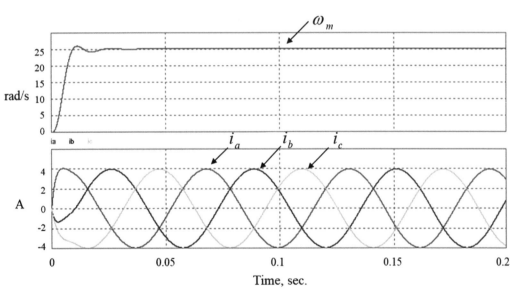

(c)

圖 4.5　永磁同步馬達模型模擬驗證之轉速與三相電流響應波形：
(a)　$\theta_0 = 0, \theta_{r0} = 0$、(b) $\theta_0 = \pi/2, \theta_{r0} = 0$、(c) $\theta_0 = 0, \theta_{r0} = \pi/2$（續）

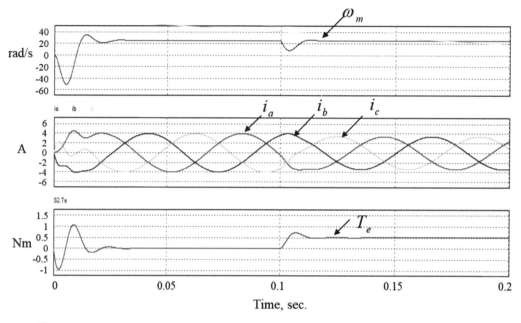

圖 4.6 PMSM 馬達瞬間加入負載轉矩($T_L = 0.5$ Nm @0.1 sec.)之響應波形

另外,負載轉矩是否會影響永磁同步馬達的轉速呢?同樣的模擬模型如圖 4.4,但 0.1 秒時瞬間加入負載轉矩輸入($T_L = 0.5$ Nm),轉速、三相電流與馬達產生的轉矩之模擬結果如圖 4.6 所示,可看出馬達的轉速在 0.1 秒負載轉矩瞬間加入時產生抖動,但及時恢復穩定(25.12 rad/s),亦即 PMSM 的穩態轉速不受負載轉矩加入的影響,仍然保持同步的轉速。而馬達產生的轉矩在 0.1 秒時亦瞬間增加至 0.5 Nm,三相穩態電流的振幅降了一些。

4.4 永磁同步馬達之正弦波寬調變(SPWM)方法

由上一節的模擬分析可知,只要直接在 PMSM 馬達的三相輸入端加入三相平衡電壓即可讓馬達轉動,且其轉速即由三相輸入電壓的頻率以及馬達磁鐵的極數(P)來決定,而三相輸入電壓的大小可決定馬達電流及轉矩的大小。但實際上使用者不方便直接在該馬達的二相輸入端給予不同電壓大小與頻率的輸入訊號,取而代之的是經由一個直流─交流轉換器(DC-AC Converter)或稱變頻器、逆變器、反流器(Inverter)來給予的,可將向量控制(或 V/f 控制)輸出的三相

控制訊號經由下列三種調變方式並藉由變頻器來產生馬達的三相輸入電壓訊號來控制馬達的電流、轉速和角度位置。本節將說明 SPWM 調變方式，SVPWM 將於第六單元說明。

(1) 正弦波寬調變(Sinusoidal PWM, SPWM)

(2) 磁滯比較器(Hysteresis Comparator)

(3) 空間向量波寬調變(Space-Vector Pulse-Width Modulation, SVPWM)

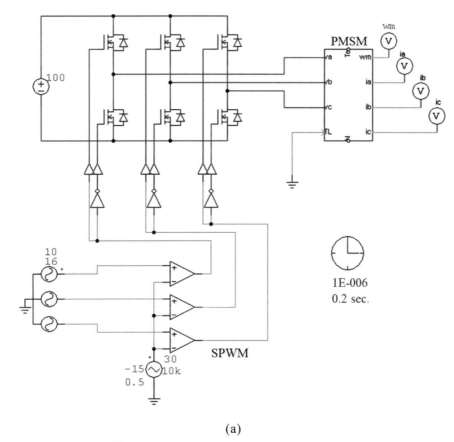

(a)

🔲 4.7　PMSM 馬達之 SPWM 調變驅動：

(a)模擬模型(PMSM_SPWM.psimsch)、(b)轉速與三相電流波形

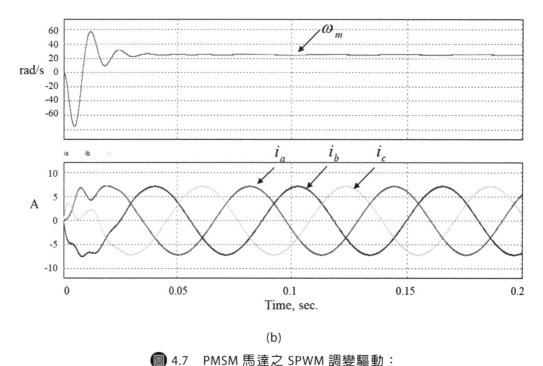

(b)

📖 圖 4.7   PMSM 馬達之 SPWM 調變驅動：

(a)模擬模型(PMSM_SPWM.psimsch)、(b)轉速與三相電流波形（續）

　　如同第一單元所述之直流馬達雙極性 PWM 調變方法（1.4.3 節），SPWM 的調變方法式將一個正弦訊號波(Sine Wave)與一個中央對稱的三角載波相比較，當該正弦訊號波大於三角載波時輸出為高電位 '1'，反之為低電位 '0'。一個 PMSM 馬達之 SPWM 調變驅動模擬與其轉速與三相電流波形如圖 4.7 所示，其中三相輸入電壓之相電壓振幅為 $10\sqrt{2}/\sqrt{3}$ V，比之前小了一半（圖 4.4），頻率仍為 16 Hz，由圖 4.7(b) 之模擬結果可看出馬達的穩態轉速仍為 $\omega_m = 2\pi \times 16/4 \approx 25.12$ (rad/s)，為頻率 16 Hz 的同步轉速，然而三相穩態電流振福約為 7 A，比之前（圖 4.5）為大。為何三相輸入電壓之相電壓振幅為之前的一半，但三相穩態電流振福卻反而比較大呢（約 7/4=1.75）？那是因為 SPWM 調變本身有一個增益，稱之為 PWM 增益(PWM Gain)，此增益的大小為變頻器電源電壓的大小除以三角載波的峰對峰值，如下式：

$$K_{PWM} = \frac{V_{dc}}{2 \times \hat{V}_{tri}} \tag{4-15}$$

其中 $\hat{V}_{tri}$ 為三角載波的振幅。何故？可參照前述 1.4.3 節有關雙極性 PWM 增益 (1-30)式的說明，因該雙極性 PWM 為全僑式 DC-DC 轉換器的調變方式，而此時 SPWM 調變適用在三相 DC-AC 轉換器或稱變頻器(Inverter)，其中三相的每一相是為半橋式 DC-AC 轉換器，其 PWM 增益(4-15)式是全僑式 DC-DC 轉換器 PWM 增益(1-30)式的一半。在圖 4.7(a)中給予的三角載波的振幅為 15 V，變頻器電源電壓為 100 V，SPWM 調變增益為 100/30，因此 PMSM 的輸入電壓振幅約為 $10\sqrt{2}/\sqrt{3} \times 3.3$，約是圖 4.4 模擬時給的相電壓振幅($20\sqrt{2}/\sqrt{3}$)的 1.65 倍，接近 1.75。圖 4.8 是該 PMSM 馬達以 SPWM 調變驅動與相同的輸入電壓訊號放大 PWM 增益直接驅動之比較，模擬結果可看出兩者的轉速及電流響應波形一致，也因此驗證了 SPWM 增益(4-15)式的正確性。

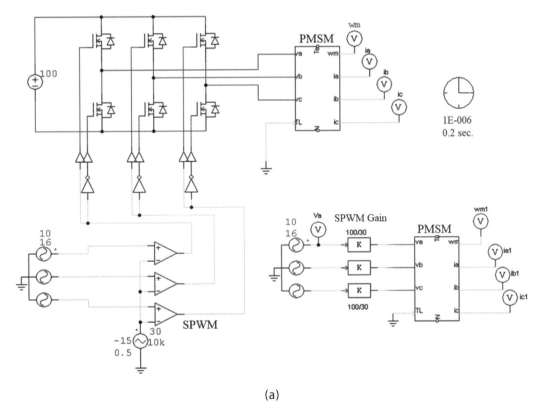

(a)

圖 4.8　PMSM 馬達 SPWM 與直接驅動之比較：

(a)比較模擬模型(PMSM_SPWM_cmp.psimsch)、(b)轉速與三相電流波形

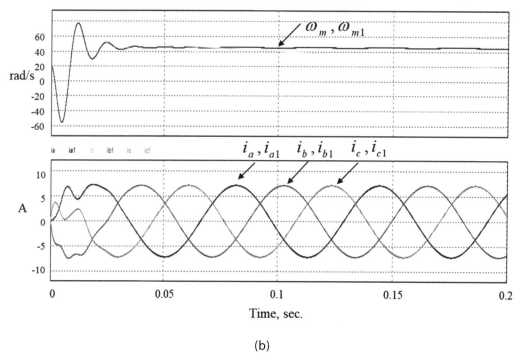

(b)

圖 4.8　PMSM 馬達 SPWM 與直接驅動之比較：
(a)比較模擬模型(PMSM_SPWM_cmp.psimsch)、(b)轉速與三相電流波形（續）

4.5　座標轉換

由前一節的 SPWM 調變方法知道給予不同振幅、頻率與相角的三相交流控制訊號，即可經由變頻器(inverter)來控制 PMSM 馬達的轉速與電流（轉矩或扭力）的暫態與穩態響應，但畢竟控制的電壓與電流等變數是三相且交流的訊號，不會如同第一單元所述之直流馬達的控制那樣是直流的比較簡單，因此發展了在 $d\text{-}q$ 同步旋轉座標框(Synchronously Rotating Reference Frame)的向量控制(vector control) 方法。因為電壓與電流等變數是三相平衡的($v_a + v_b + v_c = 0,\quad i_a + i_b + i_c = 0$)，即相依(dependent)，故可簡化為兩個互相垂直的變數，以相電壓為例，其在三相 $a\text{-}b\text{-}c$ 靜止座標框與 $\alpha\text{-}\beta$ 兩軸靜止座標關係如圖 4.9 所示。在兩個座標系之分量電壓關係如下：

$$\begin{bmatrix} v_\alpha \\ v_\beta \\ v_0 \end{bmatrix} = \frac{2}{3} \begin{bmatrix} \cos\theta & \cos(\theta - \frac{2\pi}{3}) & \cos(\theta + \frac{2\pi}{3}) \\ -\sin\theta & -\sin(\theta - \frac{2\pi}{3}) & -\sin(\theta + \frac{2\pi}{3}) \\ \frac{1}{2} & \frac{1}{2} & \frac{1}{2} \end{bmatrix} \begin{bmatrix} v_a \\ v_b \\ v_c \end{bmatrix} \tag{4-16}$$

其中 v_0 稱為零序電壓，若三相平衡，則 $v_0 = 0$。此外，若令 $\theta = 0$，即 α 軸與 a 軸重合，則上式可簡化為下式，稱之為克拉克轉換(Clarke Transformation)：

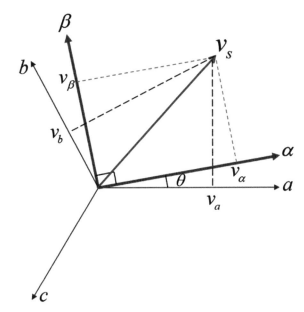

圖 4.9　三相 *a-b-c* 靜止座標與 α–β 兩軸靜止座標關係圖

$$\begin{bmatrix} v_\alpha \\ v_\beta \end{bmatrix} = \begin{bmatrix} \frac{2}{3} & \frac{-1}{3} & \frac{-1}{3} \\ 0 & \frac{1}{\sqrt{3}} & \frac{-1}{\sqrt{3}} \end{bmatrix} \begin{bmatrix} v_a \\ v_b \\ v_c \end{bmatrix} \tag{4-17}$$

若三相平衡，則上式可重寫為

$$\begin{bmatrix} v_\alpha \\ v_\beta \end{bmatrix} = \begin{bmatrix} 1 & 0 & 0 \\ 0 & \dfrac{1}{\sqrt{3}} & \dfrac{-1}{\sqrt{3}} \end{bmatrix} \begin{bmatrix} v_a \\ v_b \\ v_c \end{bmatrix} \tag{4-18}$$

表示 $v_\alpha = v_a$，即等長度。上式亦可經整理改寫，稱為反克拉克轉換(Inverse Clarke Transformation)如下：

$$\begin{bmatrix} v_a \\ v_b \\ v_c \end{bmatrix} = \begin{bmatrix} 1 & 0 \\ \dfrac{-1}{2} & \dfrac{\sqrt{3}}{2} \\ \dfrac{-1}{2} & \dfrac{-\sqrt{3}}{2} \end{bmatrix} \begin{bmatrix} v_\alpha \\ v_\beta \end{bmatrix} \tag{4-19}$$

$\alpha{-}\beta$ 靜止座標的電壓和電流等變數仍是交流訊號，可再轉換為 $d{-}q$ 同步旋轉座標的變數成為直流訊號，以相電壓為例，其在 $\alpha{-}\beta$ 靜止座標與 $d{-}q$ 同步旋轉座標關係如圖 4.10 所示，在兩個座標系之分量電壓關係稱之為帕克轉換(Park Transformation)如下：

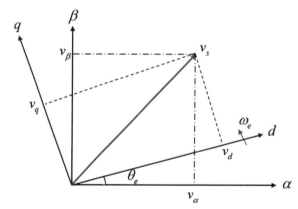

圖 4.10 　$\alpha{-}\beta$ 靜止座標與 $d{-}q$ 同步旋轉座標關係圖

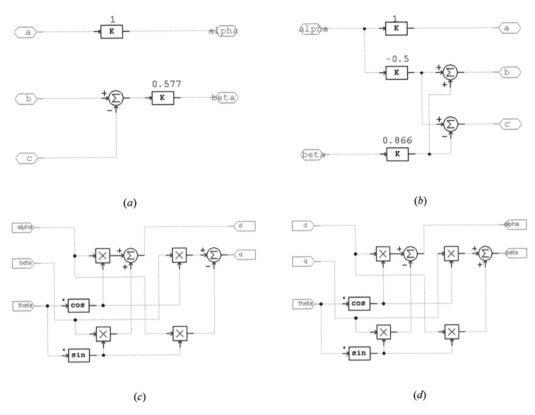

(a)   *(b)*

(c)   *(d)*

圖 4.11 四個座標轉換子電路：(a)克拉克轉換(3to2.psimsch)、(b)反克拉克轉換 (2to3.psimsch)、(c)帕克轉換(S2R.psimsch)、(d)反帕克轉換(R2S.psimsch)

$$\begin{bmatrix} v_d \\ v_q \end{bmatrix} = \begin{bmatrix} \cos\theta_e & \sin\theta_e \\ -\sin\theta_e & \cos\theta_e \end{bmatrix} \begin{bmatrix} v_\alpha \\ v_\beta \end{bmatrix} \tag{4-20}$$

反過來，稱為反帕克轉換(Inverse Park Transformation)，表示如下：

$$\begin{bmatrix} v_\alpha \\ v_\beta \end{bmatrix} = \begin{bmatrix} \cos\theta_e & -\sin\theta_e \\ \sin\theta_e & \cos\theta_e \end{bmatrix} \begin{bmatrix} v_d \\ v_q \end{bmatrix} \tag{4-21}$$

以上四個座標轉換包括克拉克轉換(4-18)式、反克拉克轉換(4-19)式、帕克轉換 (4-20)式及反帕克轉換(4-21)式，以 PSIM 模擬軟體分別建構其子電路如圖 4.11，並將此四個子電路連接模擬驗證如圖 4.12，給予的三相輸入電壓之相電 壓振幅 20 V、頻率 10 Hz，$v_{as} = 20\sin(20\pi t)$、$v_{bs} = 20\sin(20\pi t - 2\pi/3)$、

$v_{cs} = 20\sin(20\pi t + 2\pi/3)$，由模擬結果可分別得出 v_α、v_β、v_d 與 v_q 之波形，即 $v_\alpha = v_a = 20\sin(20\pi t)$、$v_\beta = -20\cos(20\pi t)$，且 $v_d = 0$、$v_q = -20$，可分別代入 (4-18)式及(4-20)式驗證其正確性。

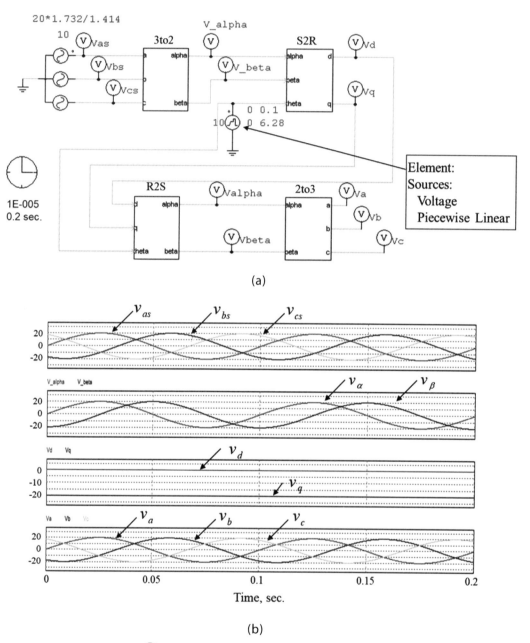

(a)

(b)

🔘 圖 4.12 四個座標轉換子電路驗證：

(a)子電路連接(CoorTran_tst.psimsch)、(b)模擬驗證波形

接著可將次四個座標轉換子電路結合前一節的 PMSM SPWM 控制模型以作為一個以轉子磁場導向控制(Rotor-Flux Field-Oriented Control, RFOC)的向量控制的驅動模型如圖 4.13 所示，其中 $\theta_e = \theta_r$，表示轉子磁場方向是定在 d-軸。給予電壓參考命令為 $v_q^* = 20\,\text{V}$、$v_d^* = 0\,\text{V}$，模擬結果可看出得到穩定的轉速與在 d-q 同步旋轉座標框的電流響應為直流，因此可將此 PMSM 向量控制受控體視為一個以電子開關換相的直流馬達模型。

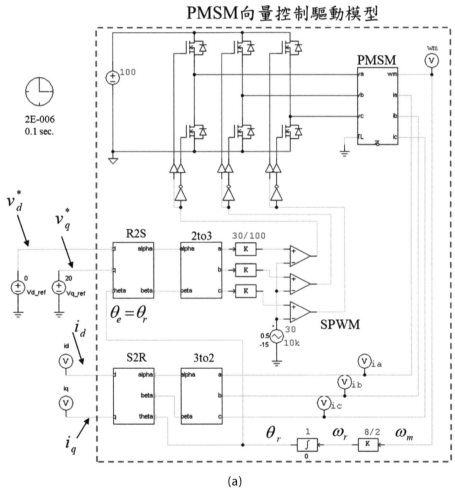

(a)

圖 4.13　PMSM 向量控制：

(a)驅動模型(PMSM_dq_plant.psimsch)、(b)開路控制模擬波形

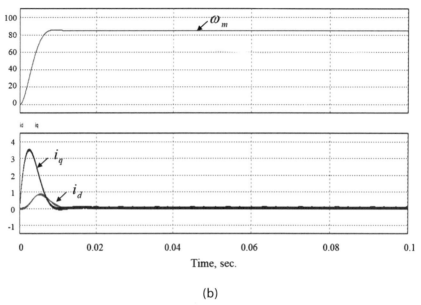

(b)

圖 4.13　PMSM 向量控制：

(a)驅動模型(PMSM_dq_plant.psimsch)、(b)開路控制模擬波形（續）

4.6　永磁同步馬達之 *d-q* 模型

有了前一節所示之以轉子磁場導向之(RFOC)向量控制受控體模型（圖 4.13(a)），則可在同步旋轉座標框進行馬達電流（轉矩）、轉速與位置的閉迴路回授控制，但在進行控制器設計之前仍必須要有 PMSM 馬達在同步旋轉座標框的 *d-q* 模型，推導如下：

首先推導在 $\alpha-\beta$ 兩軸靜止座標之電壓方程式，將 4.2 節(4-7)式之三相電壓方程式代入克拉克轉換(4-18)式可得：

$$\begin{bmatrix} v_\alpha \\ v_\beta \end{bmatrix} = R_s \begin{bmatrix} i_\alpha \\ i_\beta \end{bmatrix} + L_s \begin{bmatrix} \dfrac{di_\alpha}{dt} \\ \dfrac{di_\beta}{dt} \end{bmatrix} + \omega_r \lambda_{af} \begin{bmatrix} -\sin\theta_r \\ \cos\theta_r \end{bmatrix} \tag{4-22}$$

再將(4-22)式代入帕克轉換(4-21)式可得：

$$\begin{bmatrix} v_d \\ v_q \end{bmatrix} = R_s \begin{bmatrix} i_d \\ i_q \end{bmatrix} + L_s \begin{bmatrix} \dfrac{di_d}{dt} \\ \dfrac{di_q}{dt} \end{bmatrix} + \omega_r \begin{bmatrix} -L_q i_q \\ L_d i_d + \lambda_{af} \end{bmatrix} \tag{4-23}$$

其中 $L_d = L_q = L_s$（對 SPMSM 馬達而言），上式等號的第三項稱為 d-q 軸的反電動勢，即

$$\begin{bmatrix} e_d \\ e_q \end{bmatrix} = \omega_r \begin{bmatrix} -L_q i_q \\ L_d i_d + \lambda_{af} \end{bmatrix} \tag{4-24}$$

(4-23)式可整理寫成 d-q 電流的狀態方程式如下：

$$\frac{di_d}{dt} = -\frac{R_s}{L_d} i_d + \frac{\omega_r L_q i_q}{L_d} + \frac{1}{L_d} v_d \tag{4-25}$$

$$\frac{di_q}{dt} = -\frac{R_s}{L_q} i_q - \frac{\omega_r (L_d i_d + \lambda_{af})}{L_q} + \frac{1}{L_q} v_q \tag{4-26}$$

將上二式分別取拉普拉斯轉換(Laplace Transformation)可得

$$sI_d(s) = -\frac{R_s}{L_d} I_d(s) + \frac{\omega_r L_q}{L_d} I_q(s) + \frac{1}{L_d} V_d(s) \tag{4-27}$$

$$sI_q(s) = -\frac{R_s}{L_q} I_q(s) - \frac{\omega_r (L_d I_d(s) + \lambda_{af})}{L_q} + \frac{1}{L_q} V_q(s) \tag{4-28}$$

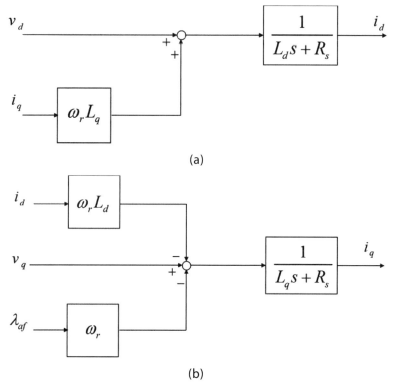

(a)

(b)

圖 4.14　PMSM *d-q* 軸電流轉移函數方塊圖：(a)*d*-軸電流、(b)*q*-軸電流

上二式可再分別整理得

$$(sL_d + R_s)I_d(s) = V_d(s) + \omega_r L_q I_q(s) \tag{4-29}$$

$$(sL_q + R_s)I_q(s) = V_q(s) - \omega_r(L_d I_d(s) + \lambda_{af}) \tag{4-30}$$

由(4-29)式可得

$$I_d(s) = \frac{V_d(s) + \omega_r L_q I_q(s)}{(sL_d + R_s)} \tag{4-31}$$

同理，由(4-30)式可得

$$I_q(s) = \frac{V_q(s) - \omega_r L_d I_d(s) - \omega_r \lambda_{af}}{(sL_q + R_s)} \tag{4-32}$$

可將(4-31)及(4-32)式分別畫成轉移函數方塊圖如圖 4.14。

除此，PMSM 馬達產生的轉矩可由功率守恆原理表示如下：

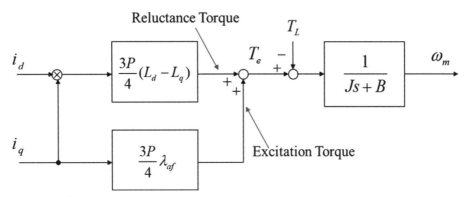

圖 4.15　PMSM 馬達轉矩、負載轉矩與轉速的關係方塊圖

$$T_e = \frac{P_e}{\omega_m} = \frac{e_a i_a + e_b i_b + e_c i_c}{\omega_m} = \frac{3}{2}\frac{e_d i_d + e_q i_q}{\omega_m} \tag{4-33}$$

將(4-24)式代入(4-33)式得

$$T_e = \frac{3}{2}\frac{e_d i_d + e_q i_q}{\omega_m} = \frac{3}{2}\frac{\omega_r(\lambda_{af} i_q + L_d i_d i_q - L_q i_q i_d)}{\omega_m} = \frac{3P}{4}[\lambda_{af} i_q + (L_d - L_q)i_d i_q] \tag{4-34}$$

上式最右邊等號的第一項稱為激磁轉矩(excitation torque)，第二項稱為磁阻轉矩(reluctance torque)。另，關於轉矩與馬達轉速的關係可由牛頓第二運動定律得出如下：

$$T_e(t) - T_L(t) = J\frac{d\omega_m}{dt} + B\omega_m(t) \tag{4-35}$$

其中 J 為馬達之轉動慣量，B 為馬達之黏性摩擦係數，T_L 為負載轉矩。(4-35)式的拉氏轉換為

$$T_e(s) - T_L(s) = (Js + B)\Omega_m(s) \tag{4-36}$$

可得

$$\frac{T_e(s) - T_L(s)}{Js + B} = \Omega_m(s) \tag{4-37}$$

結合(4-34)式與(4-37)式可得 PMSM 馬達轉矩、負載轉矩與轉速的關係方塊圖如圖 4-15 所示。此圖可以和圖 4-14 結合成為 PMSM 馬達的 *d-q* 模型方塊圖如圖 4-16 所示[6]，由此可畫出 PMSM 馬達 *d-q* 模型子電路如圖 4-17 所示。可將此 PMSM 馬達 *d-q* 模型子電路(PMSM_dq.psimsch)與前述之向量控制驅動模型的比較如圖 4-18 所示，模擬結果可看出兩者的轉速與 *d-q* 電流響應波形一樣，驗證了此 PMSM 馬達 *d-q* 模型子電路的正確性。

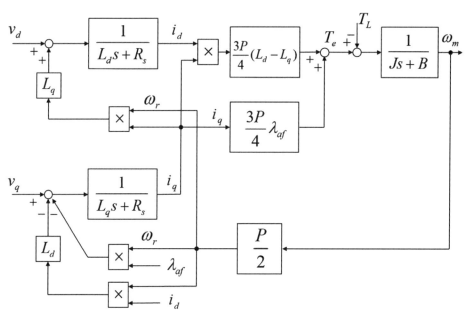

圖 4.16　PMSM 馬達的 *d-q* 模型方塊圖

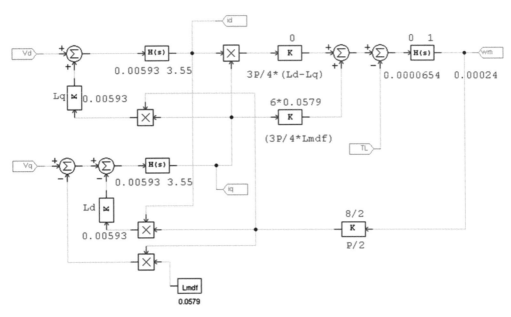

圖 4.17　PMSM 馬達 *d-q* 模型子電路(PMSM_dq.psimsch)

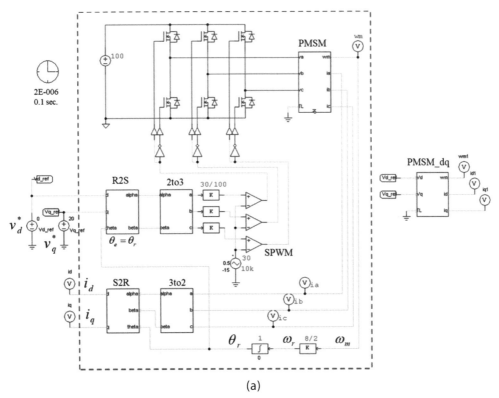

(a)

圖 4.18　PMSM 馬達 *d-q* 模型子電路(PMSM_dq.psimsch)與向量控制驅動模型的比較：
　　　　(a)比較模型(PMSM_dq_plant_cmp.psimsch)、(b)轉速與 *d-q* 電流波形

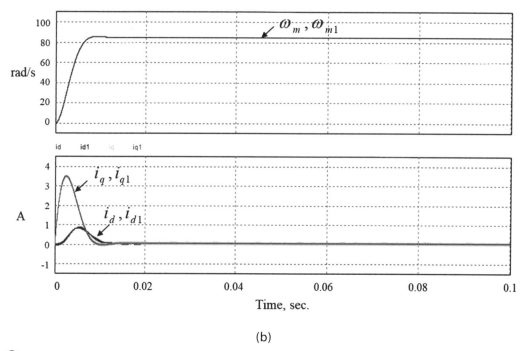

(b)

圖 4.18 PMSM 馬達 d-q 模型子電路(PMSM_dq.psimsch)與向量控制驅動模型的比較：(a)比較模型(PMSM_dq_plant_cmp.psimsch)、(b)轉速與 d-q 電流波形（續）

4.7 永磁同步馬達之向量控制

以前一節圖 4.16 所示之 PMSM 馬達的 d-q 模型，可進行在同步旋轉座標框 PMSM 馬達電流控制、轉速控制與位置控制三個迴路控制器的設計。本節先說明內迴路電流控制的設計，再說明中迴路轉速控制器以及外迴路位置控制器的設計。

4.7.1 永磁同步馬達之電流控制

PMSM 馬達之電流控制區分為 d-軸電流控制與 q-軸電流控制，其中 d-軸電流控制方塊圖如圖 4.19(a)所示，因為 q-軸電流 i_q 會影響 d-軸電流 i_d 的響應，故利用解耦控制(decoupling control)的方法，在 PI 控制器之後加入解耦控制，以抵消 q-軸電流 i_q 對 d-軸電流 i_d 的影響，可得簡化的 d-軸電流控制方塊圖如圖 4.19(b)。再經極點—零點消除法(pole-zero cancellation)，即受控體的極點

$(1+sL_d/R_s=0$ 的根$)$在分母和控制器的零點$(1+sk_{pd}/k_{id}=0$ 的根$)$在分子二者互相抵消，亦即

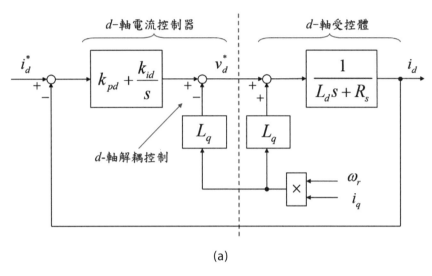

(a)

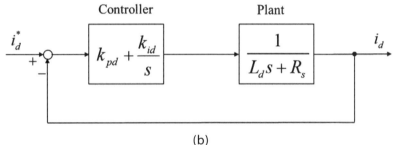

(b)

圖 4.19　PMSM 馬達 *d*-軸電流控制方塊圖：
(a)PI 與解耦控制、(b)經解耦後之簡化方塊圖

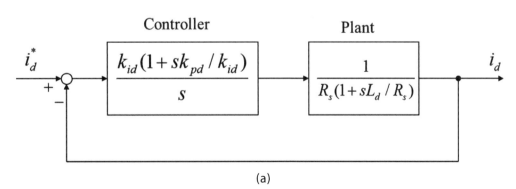

(a)

圖 4.20　PMSM 馬達 *d*-軸電流轉移函數之極點—零點消除法控制方塊圖：
(a)極點—零點消除前、(b)極點—零點消除後

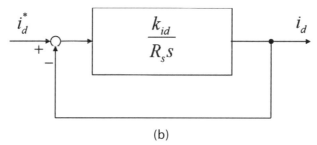

(b)

圖 4.20　PMSM 馬達 *d*-軸電流轉移函數之極點─零點消除法控制方塊圖：
(a)極點─零點消除前、(b)極點─零點消除後（續）

$$\frac{k_{pd}}{k_{id}} = \frac{L_d}{R_s} \tag{4-38}$$

可得 *d*-軸電流控制方塊圖如圖 4.20 所示。

由圖 4.20(b)可得 *d*-軸電流控制的閉迴路轉移函數為

$$G_{cl}(s) = \frac{\dfrac{k_{id}}{R_s s}}{1 + \dfrac{k_{id}}{R_s s}} = \frac{k_{id}}{R_s s + k_{id}} = \frac{\dfrac{k_{id}}{R_s}}{s + \dfrac{k_{id}}{R_s}} = \frac{\omega_{bd}}{s + \omega_{bd}} \tag{4-39}$$

其中 ω_{bd} 為 *d*-軸閉迴路電流控制系統的頻寬，$\omega_{bd} = k_{id}/R_s$，可訂定此頻寬為 300 Hz，即 $\omega_{bd} = k_{id}/R_s = 2\pi \times 300$，可得出此 *d*-軸電流 PI 控制器參數中 k_{id} 的值如下：

$$k_{id} = \omega_{bd}R_s = 2\pi \times 300 \times 3.55 = 6691.6 \tag{4-40}$$

再利用(4-38)式可得

$$k_{pd} = k_{id}\frac{L_d}{R_s} = \omega_{bd}L_d = 2\pi \times 300 \times 0.00593 = 11.2 \tag{4-41}$$

　　q-軸電流控制方塊圖如圖 4.21(a)所示，因為 *d*-軸電流 i_d 會影響 *q*-軸電流 i_q 的響應，故亦利用解耦控制的方法，再 PI 控制器之後加入解耦控制，以抵消 *d*-軸電流 i_d 對 *q*-軸電流 i_q 的影響，可得簡化的 *q*-軸電流控制方塊圖如圖 4.21(b)。

再經極點—零點消除法，即受控體的極點（$1+sL_q/R_s=0$ 的根）在分母和控制器的零點（$1+sk_{pq}/k_{iq}=0$ 的根）在分子二者互相抵消，亦即

$$\frac{k_{pq}}{k_{iq}} = \frac{L_q}{R_s} \tag{4-42}$$

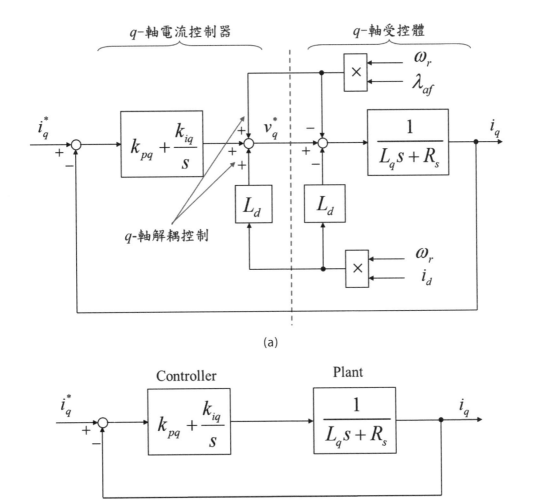

(a)

(b)

圖 4.21　PMSM 馬達 q-軸電流控制方塊圖：
(a)PI 與解耦控制、(b)經解耦後之簡化方塊圖

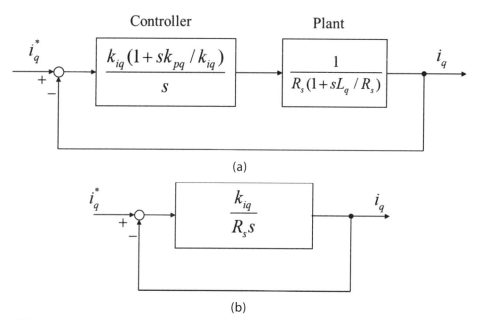

Controller

Plant

$$\frac{k_{iq}(1+sk_{pq}/k_{iq})}{s}$$

$$\frac{1}{R_s(1+sL_q/R_s)}$$

(a)

$$\frac{k_{iq}}{R_s s}$$

(b)

🔵 4.22 PMSM 馬達 q-軸電流轉移函數之極點―零點消除法控制方塊圖：
(a)極點―零點消除前、(b)極點―零點消除後

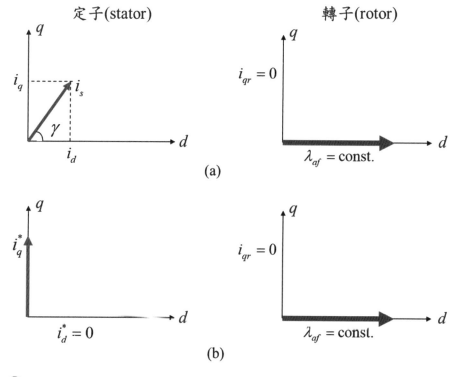

定子(stator)

轉子(rotor)

$i_{qr} = 0$

$\lambda_{af} = $ const.

(a)

$i_{qr} = 0$

$i_d^* = 0$

$\lambda_{af} = $ const.

(b)

🔵 4.23 PMSM 馬達電流控制之 d-軸與 q-軸定子電流命令與轉子磁場方向

可得 q-軸電流控制方塊圖如圖 4.22 所示。同理，q-軸閉迴路電流控制系統的頻寬為 300 Hz，因 $L_q = L_d = L_s$，可得 $k_{iq} = k_{id} = 6691.6$，$k_{pq} = k_{pd} = 11.2$。有了 d-軸與 q-軸 PI 電流控制器的參數後，定子電流命令要如何給予呢？使得能夠每單位電流達最大轉矩的目標，稱之為 MTPA (Maximum Torque per Ampere)。

圖 4.23(a)右側所示為馬達轉子磁場方向是定在 d-軸，定子電流的方向可由前節所述馬達轉矩方程式(4-34)式來說明。因 $L_d = L_q$，該式可簡化為：

$$T_e = \frac{3P}{4}[\lambda_{af}i_q + (L_d - L_q)i_d i_q] = \frac{3P}{4}\lambda_{af}i_q = K_T i_q \tag{4-43}$$

其中 K_T 稱為轉矩常數，定義如下：

$$K_T = \frac{3P}{4}\lambda_{af} \tag{4-44}$$

令定子電流如圖 4.23(a)左側所示為

$$i_q = I_s \sin\gamma \tag{4-45}$$

其中 γ 為定子電流與 d-軸的夾角，將(4-45)式代入(4-43)式得

$$T_e = \frac{3P}{4}\lambda_{af}I_s \sin\gamma \tag{4-46}$$

故由上式知，當 $\gamma = \pi/2$，$\sin\gamma = 1$，可得最大的轉矩，即定子電流產生的磁場和轉子磁場互相垂直。也就是定子電流命令給在 q-軸，d-軸電流命令為零，如圖 4.23(b)所示，如此經由閉迴路電流控制即可達到定子電流定在 q-軸（d-軸電流為零），單位電流產生最大轉矩的目標。

一個 PMSM 馬達電流向量控制模擬模型如圖 4.24(a)所示，給予 q-軸電流命令為一個頻率 20 Hz 的 1 A 正負方波，且 d-軸電流命令為零($i_d^* = 0$)，d-q 軸電流、轉速及轉矩響應如圖 4.24(b)所示，因如(4-44)式所定義之轉矩常數 $K_T = 3 \times 8 \times 0.0579/4 = 0.347$，故對於 1A 的 q-軸電流，可計算出轉矩 T_e 為 0.347 Nm，如圖 4.24(b)之 T_e 轉矩響應所示。

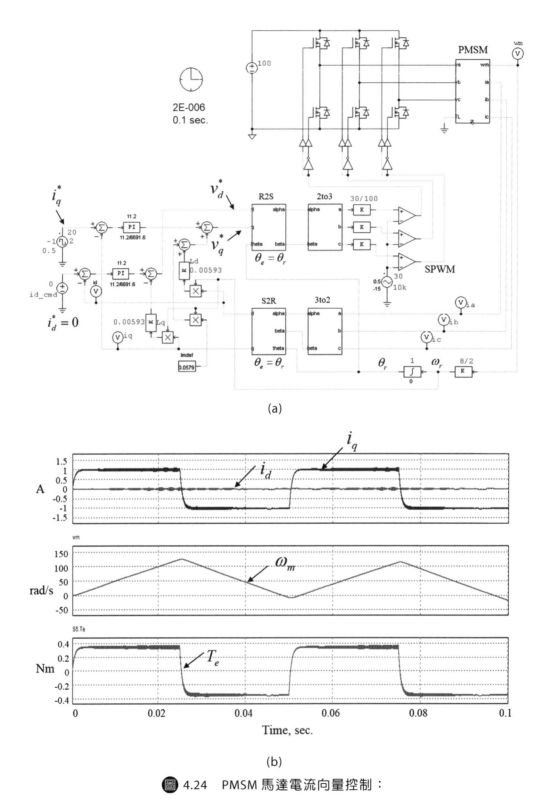

(a)

(b)

🔵 圖 4.24　PMSM 馬達電流向量控制：

(a)模擬模型(PMSM_curr_FOC.psimsch)、(b)d-q 軸電流、轉速及轉矩響應波形

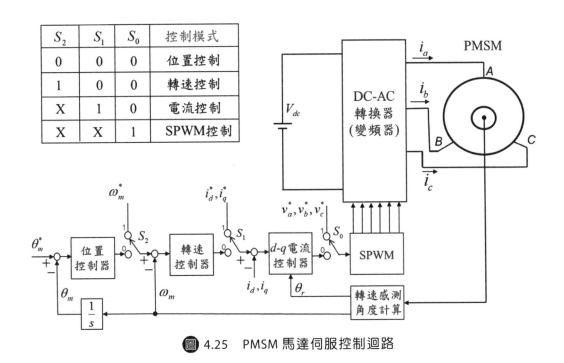

S_2	S_1	S_0	控制模式
0	0	0	位置控制
1	0	0	轉速控制
X	1	0	電流控制
X	X	1	SPWM控制

圖 4.25　PMSM 馬達伺服控制迴路

4.7.2　永磁同步馬達之轉速控制

　　PMSM 馬達轉速控制迴路是在內層的電流控制迴路之外的回授控制如圖 4.25 所示,電流控制迴路的 q 軸電流命令是由轉速控制器的輸出端來給予。當 PMSM 馬達進行轉速控制時,如同電流控制迴路,其轉速控制器設計也必須先找出其受控體模型 $G_p(s)$,依此設計轉速控制器 $G_c(s)$。以內層電流控制迴路為基礎,PMSM 馬達轉速控制的受控體轉移函數方塊圖如圖 4.26 所示,其中以一個一階系統(first-order system)表示前一小節所設計內層的電流閉迴路控制系統轉移函數,ω_b 是該電流閉迴路控制一階系統的頻寬,前面設定該頻寬為 300 Hz。一般轉速閉迴路控制二階系統的頻寬遠小於該電流閉迴路控制頻寬,故在轉速閉迴路控制的頻寬內可將內層的電流閉迴路控制增益視為 0 dB,如圖 4.27 所示,亦即該電流閉迴路控制的轉移函數增益在轉速控制閉迴路的頻寬內(15 Hz)可視為一個 1 的常數。

　　PMSM 馬達轉速控制閉迴路轉移函數方塊圖如圖 4.28 所示,控制器除了使用 PI 控制以外,還加了一個順向補償器 k_{pf},合體稱為二自由度(two-degree-of-freedom, 2-DOF)控制器,可得其閉迴路轉移函數可化為一個標準的二階系統如下:

$$G_{cl}(s) = \frac{\Omega_m(s)}{\Omega_m^*(s)}\bigg|_{T_L=0} = \frac{\dfrac{k_p s + k_i}{s}\dfrac{K_T}{Js+B} + k_{pf}\dfrac{K_T}{Js+B}}{1 + \dfrac{k_p s + k_i}{s}\dfrac{K_T}{Js+B}} = \frac{K_T(k_p + k_{pf})s + k_i K_T}{Js^2 + (k_p K_T + B)s + k_i K_T}$$

(4-47)

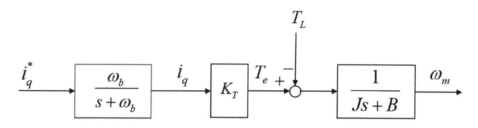

圖 4.26 PMSM 馬達轉速控制之受控體轉移函數方塊圖

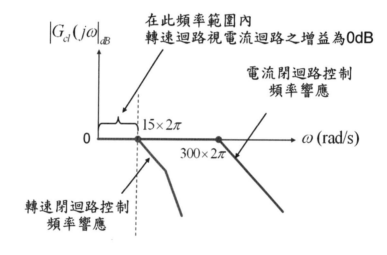

圖 4.27 PMSM 馬達轉速控制與電流控制頻率響應圖

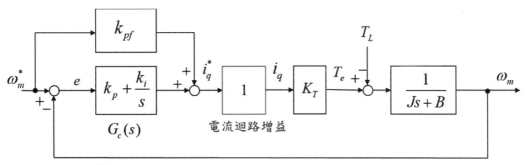

圖 4.28　簡化之 2-DOF 轉速控制閉迴路轉移函數方塊圖

在上式中，令 $k_{pf} = -k_p$，則上式可化簡為

$$G_{cl}(s) = \frac{k_i K_T}{Js^2 + (k_p K_T + B)s + k_i K_T} = \frac{\dfrac{k_i K_T}{J}}{s^2 + \dfrac{k_p K_T s + B}{J}s + \dfrac{k_i K_T}{J}} = \frac{\omega_n^2}{s^2 + 2\zeta\omega_n s + \omega_n^2}$$

(4-48)

其中 ζ 稱為阻尼比(damping ratio)；ω_n 稱為無阻尼自然頻率(undamped natural frequency)。訂定 $\zeta = 0.85$、$\omega_n = 118\,\text{rad/s}$，參考附錄(B-46)式，其頻寬為

$$\omega_B = \omega_n \sqrt{1 - 2\zeta^2 + \sqrt{4\zeta^4 - 4\zeta^2 + 2}} = 95.13 \ \text{rad/s.}$$

(4-49)

約 15 Hz。將 $\zeta = 0.85$ 與 $\omega_n = 118$ 代入(4-48)式，並比較係數得

$$k_i = \frac{J\omega_n^2}{K_T} = \frac{0.0000654 \times 118^2}{0.347} = 2.62$$

(4-50)

$$k_p = \frac{2\zeta\omega_n J - B}{K_T} = \frac{2 \times 0.85 \times 118 \times 0.0000654 - 0.00024}{0.347} = 0.037$$

(4-51)

　　由(4-48)式可得該 PMSM 馬達轉速閉迴路控制的單一步階響應(unit-step response)，亦即給予 1 rad/s 之步階轉速參考命令，可得出馬達轉速的步階響應如下：

$$\Omega_m(s) = \frac{1}{s}\frac{\omega_n^2}{s^2 + 2\zeta\omega_n s + \omega_n^2} = \frac{k_1}{s} + \frac{k_2 s + k_3}{s^2 + 2\zeta\omega_n s + \omega_n^2} = \frac{(k_1 + k_2)s^2 + (2\zeta\omega_n k_1 + k_3)s + k_1\omega_n^2}{s(s^2 + 2\zeta\omega_n s + \omega_n^2)}$$

(4-52)

利用比較係數法，可得 $k_1 = 1$、$k_2 = -1$、$k_3 = -2\zeta\omega_n$。參考附錄(B-19)式，將(4-52)式取反拉氏轉換得

$$i_a(t) = 1 - \frac{e^{-\alpha t}}{\sqrt{1-\zeta^2}}(\sqrt{1-\zeta^2}\cos\omega t + \zeta\sin\omega t) \tag{4-53}$$

其中 $\alpha = \zeta\omega_n$ 稱為阻尼因素(damping factor)，振盪頻率 $\omega = \omega_n\sqrt{1-\zeta^2}$。由(4-53)式可知，該 PMSM 馬達轉速閉迴路控制的單一步階響應為由零出發以時間常數 $1/\alpha$ 及振盪頻率 ω 爬升至 1 rad/s.的穩態值，故該阻尼因素 α 值愈大，則其步階響應爬升愈快。

給予正負 100 rad/s 的轉速參考命令，在無載情況下($T_L = 0$)，轉速閉迴路控制 PSIM 模擬與轉速及電流響應波形如圖 4.29 所示，可看出在轉速命令瞬間改變時，轉速與電流的暫態變化及達穩態值的響應。

轉速與電流 FOC 數位控制的模擬驗證，將在 4.10 節以 C 語言來實現。

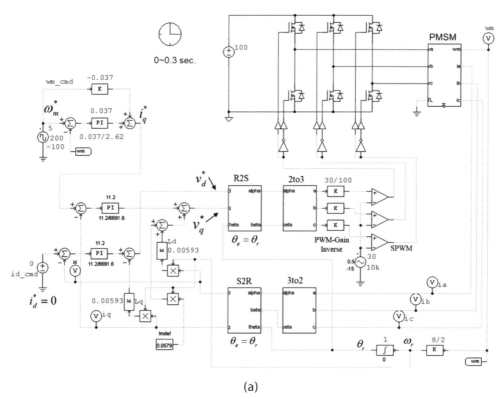

(a)

圖 4.29　PMSM 轉速 FOC：

(a)模擬模型(PMSM_spd_FOC.psimsch)、(b)轉速及電流響應波形

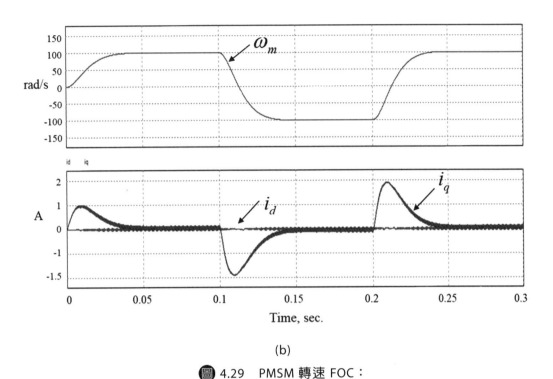

(b)

圖 4.29　PMSM 轉速 FOC：

(a)模擬模型(PMSM_spd_FOC.psimsch)、(b)轉速及電流響應波形（續）

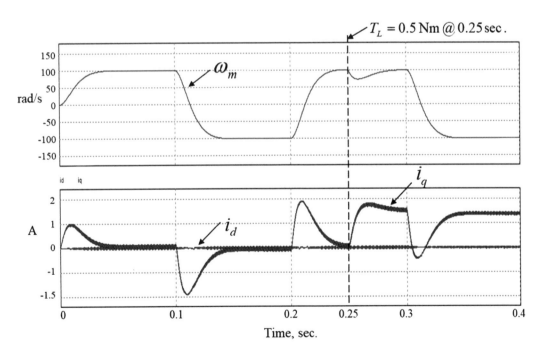

圖 4.30　PMSM 馬達轉速控制在 0.25 秒瞬間加載 0.5 Nm 之轉速及電流響應波形

　　若在 0.25 秒時瞬間加載 $T_L = 0.5\,\mathrm{Nm}$，在瞬間加載後，馬達轉速受干擾下降一些，但很快地拉回至原來的轉速值。為了抵抗此負載轉矩的加入，馬達的電磁轉矩 T_e 的穩態值亦瞬間提升至 0.5 Nm，因 $K_T = 0.347$，可看出馬達 q-軸電流瞬間提升至 $i_q = 0.5/0.347 \approx 1.34\mathrm{A}$，使得馬達轉速追隨轉速命令，維持等速轉動，不受加載的影響，驗證了所設計轉速控制器的正確性。

　　該 PMSM 馬達轉速閉迴路控制的響應可與一個相同轉移函數(4-48)式的二階系統響應相比較，若兩者輸出響應相一致，可表示所設計的 2-DOF 轉速控制器其功能是正確的，亦即此 2-DOF 轉速控制器的控制功能，使得該 PMSM 馬達的轉速控制依循(4-48)式的轉移函數得到相同的轉速響應。以 PSIM 模擬之轉速閉迴路控制與相同轉移函數之二階系統之比較的轉速與電流響應波形如圖 4.31 所示，可看出兩者個別的轉速(ω_m, ω_{m1})與 q-軸電流(i_q, i_{q1})的波形重疊，幾近一樣，驗證了所設計 2-DOF 轉速控制器的正確性。

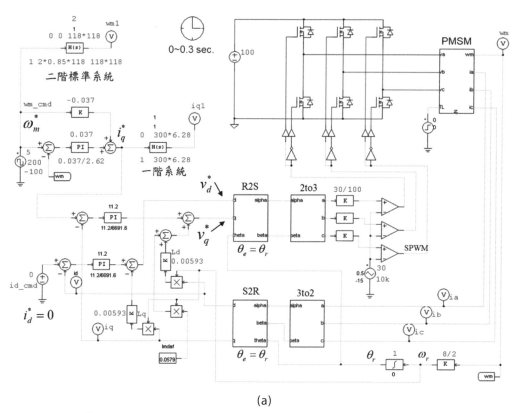

(a)

🔲 4.31　PMSM 轉速 FOC 與相同轉移函數二階系統之比較：
(a)模擬模型(PMSM_spd_FOC_cmp.psimsch)、(b)轉速與電流響應波形

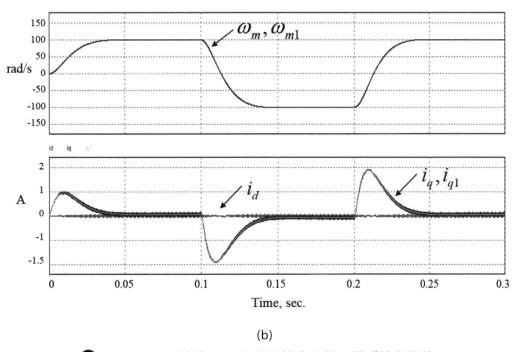

(b)

圖 4.31　PMSM 轉速 FOC 與相同轉移函數二階系統之比較：
(a)模擬模型(PMSM_spd_FOC_cmp.psimsch)、(b)轉速與電流響應波形（續）

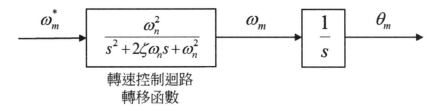

圖 4.32　位置控制之受控體轉移函數方塊圖

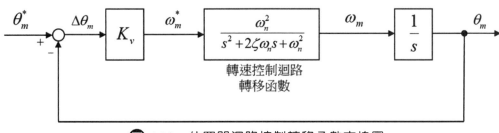

圖 4.33　位置閉迴路控制轉移函數方塊圖

4.7.3 永磁同步馬達之位置控制

如同轉速控制迴路，PMSM 馬達的位置控制器設計也必須先找出其受控體模型 $G_p(s)$，依此設計轉速控制器 $G_c(s)$。以中層轉速控制迴路為基礎，PMSM 馬達位置控制的受控體轉移函數方塊圖如圖 4.32 所示，其中以一個二階系統 (second-order system)表示前一小節所設計的轉速閉迴路控制系統轉移函數，頻寬設定約為 15 Hz。馬達的轉速經積分則為馬達的角度。

位置閉迴路控制轉移函數方塊圖如圖 4.33，是屬於 Type-1 的系統，對於一個斜坡輸入(ramp function input)的 Type-1 系統，令該斜坡輸入函數為

$$\theta_m^* = Rt \tag{4-54}$$

其中 R 為斜坡的斜率，則由圖 4.33 可得位置誤差的拉普拉斯轉換式為

$$\Delta\Theta_m(s) = \frac{R}{s^2} \frac{1}{1 + \dfrac{K_v\omega_n^2}{s(s^2 + 2\zeta\omega_n s + \omega_n^2)}} = \frac{R(s^2 + 2\zeta\omega_n s + \omega_n^2)}{s(s^3 + 2\zeta\omega_n s^2 + \omega_n^2 s + K_v\omega_n^2)} \tag{4-55}$$

利用終值定理（附錄 B-29 式），可得穩態誤差為

$$e_{ss} = s\Delta\Theta_m(s)\big|_{s=0} = \frac{R}{K_v} \tag{4-56}$$

設定該位置控制器的設計規格為在定速每分鐘 6 公尺的速度 v_s^* 之下，有 2.5 mm 的追隨誤差

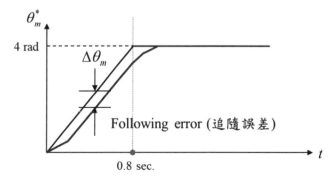

◉ 4.34　位置參考命令與追隨誤差

e_{ss}，則該位置控制參考命令斜坡輸入之斜率為

$$R = \frac{6}{60} = 0.1 \, \text{m/s} \tag{4-57}$$

穩態誤差為

$$e_{ss} = 0.0025 \, \text{m} \tag{4-58}$$

將(4-57)式及(4-58)式代回(4-56)式得

$$K_v = \frac{R}{e_{ss}} = \frac{0.1}{0.0025} = 40 \tag{4-59}$$

亦或由圖 4.33 可得該位置控制器常數

$$K_v = \frac{\omega_m^*}{\Delta \theta_m} = \frac{r\omega_m^*}{r\Delta \theta_m} = \frac{v_s^*}{\Delta x} = \frac{0.1}{0.0025} = 40 \tag{4-60}$$

其中 r 為該 PMSM 馬達驅動轉軸的半徑，得出兩者的計算方法結果一樣。由(4-60)式，追隨誤差與轉速命令的關係為

$$\Delta \theta_m = \frac{\omega_m^*}{K_v} = \frac{R}{K_v} \tag{4-61}$$

其中轉速命令 ω_m^* 為位置命令的斜率 R，因此當 $K_v = 40$，當位置命令的斜率 R 增加時，追隨誤差亦等比例增加。

　　給予位置閉迴路控制命令的格式如圖 4.34，斜率 $R = 4/0.8 = 5 \, \text{rad/s}$，故代入(4-61)式，可得追隨誤差為 $\Delta \theta_m = 5/40 = 0.125 \, \text{rad}$。PMSM 馬達位置閉迴路控制 PSIM 模擬與位置及轉速響應波形如圖 4.35，可看出 θ_m 之輸出響應波形穩態值為 4 rad 以及追隨誤差為 0.125 rad，驗證所設計位置控制器的正確性。

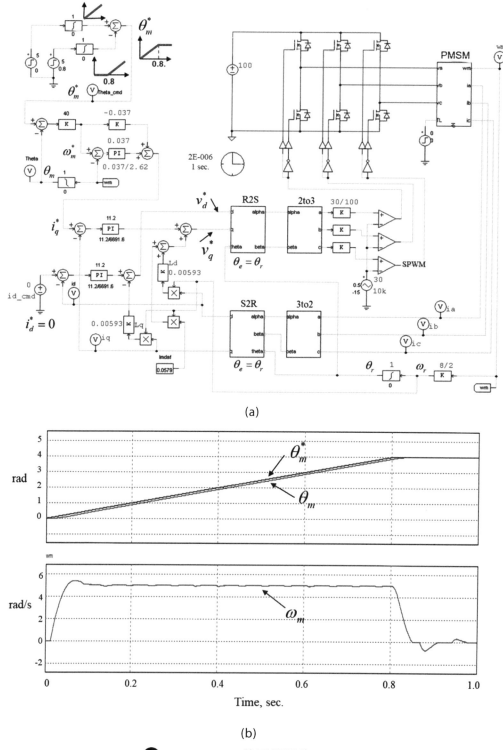

(a)

(b)

🔲 4.35　PMSM 位置閉迴路 FOC：

(a)模擬模型(PMSM_posi_FOC.psimsch)、(b)位置與轉速響應波形

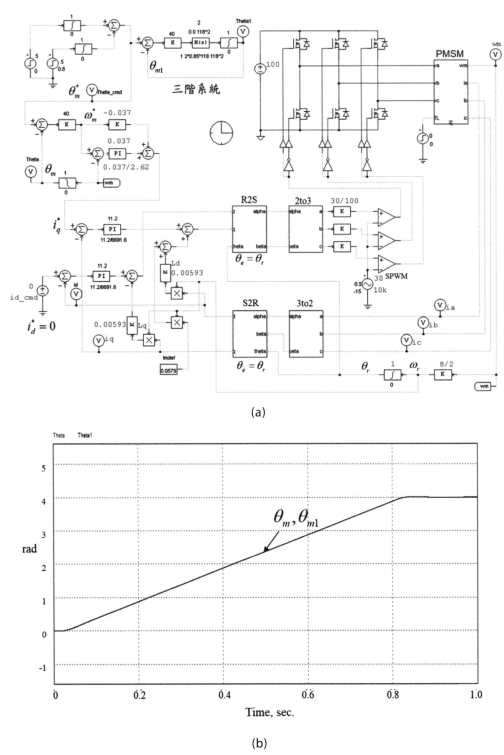

(a)

(b)

📖 4.36 PMSM 位置閉迴路 FOC 與三階系統之比較：

(a)模擬模型(PMSM_posi_FOC_cmp.psimsch)、(b)響應波形

位置閉迴路控制與三階系統之比較其 PSIM 模擬與響應波形如圖 4.36，可看出二者之位置響應相同。在位置閉迴路控制情況下，瞬間加載模擬波形如圖 4.37 所示，在時間為 1.0 秒時馬達已轉至所要角度(4 rad)並靜止不動，瞬間加載 $T_L = 0.1$ Nm，轉速響應 ω_m 雖有瞬間抖動變化，但穩態值仍為零。因轉矩常數 $K_T = 0.347$，故 q-軸電流 i_q 響應穩態值為 $0.1/0.347 \approx 0.29$ A。

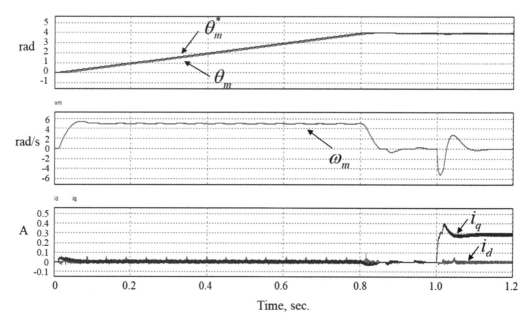

圖 4.37 在時間 1.0 秒瞬間加載 $T_L = 0.1$Nm 其角度、轉速與電流響應波形

4.8 PWM 訊號死區時間的加入

另外，由於 DC-AC 轉換器或稱變頻器(inverter)之六個功率晶體開關中其上下臂的功率晶體開關是互補導通的，如圖 4.38 上臂開關 Q_1 導通(on)時，下臂開關 Q_4 是關閉(off)的，上臂開關 Q_1 關閉(off)時下臂開關 Q_4 是導通(on)的，一般可用一個反閘(NOT gate)邏輯閘元件控制其上下互補導通。但該反閘(not gate)邏輯閘元件在訊號傳遞中會有時間延遲(propagation delay)，會形成上下臂功率晶體開關都是導通的時段，而造成短路燒毀。

　　為避免此情況，需加入死區時間(dead time)使得上下臂功率晶體開關都是關閉不導通的，如同十字路口的紅綠燈號一樣，在一邊的路口已由綠燈變紅燈時，另一邊的紅燈燈號需延遲一小段時間才由紅燈轉為綠燈，因此兩邊有一小段時間皆是紅燈禁止通行，如此可避免發生交通事故。

　　圖 4.39 是 $Q_1 - Q_4$ 臂開關以電阻(R)、電容(C)、二極體(D)及數位邏輯閘之硬體電路加入死區時間方法與其 PWM 波形示意圖。利用輸入 PWM 訊號為高電位時，經 RC 路徑充電至電容的速度較慢，及當輸入 PWM 訊號為低電位時，電容電壓經 RD 路徑放電速度較快，再經一個及閘(AND gate)邏輯元件，可得出 $g_1 - g_4$ 的 PWM 訊號加入死區時間的波形。圖 4.40 是利用 PSIM 製作的死區時間子電路，圖 4.41 是六個死區時間子電路組成的子電路，圖 4.42(a)是在 SPWM 調變器之後加入該死區時間的轉速控制模擬模型，可得轉速控制的響應波形如圖 4.42(b)所示，可看出和沒有加入死區時間的模擬結果（圖 4.31）差不多，亦即不受加入死區時間的影響。

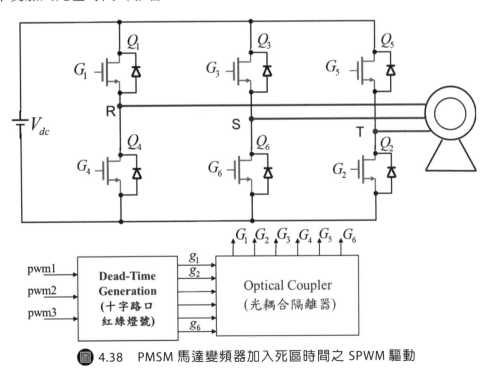

圖 4.38　PMSM 馬達變頻器加入死區時間之 SPWM 驅動

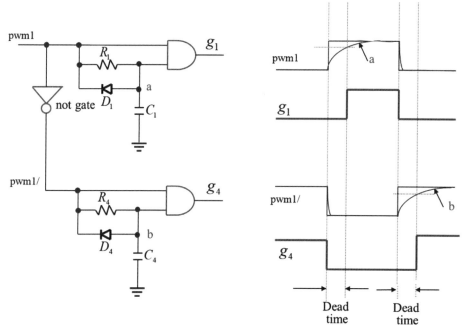

圖 4.39　$Q_1 - Q_4$ 上下臂開關死區時間加入方法與 PWM 波形示意圖

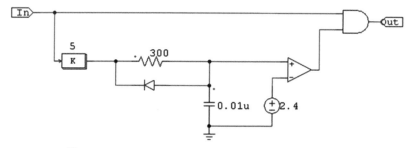

圖 4.40　死區時間加入子電路(Dtime1.psimsch)

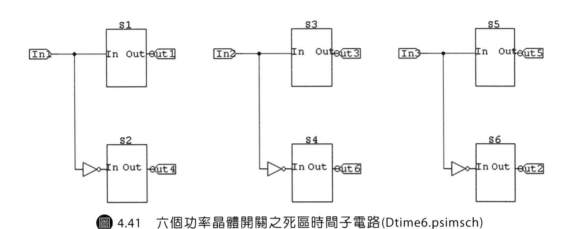

圖 4.41 六個功率晶體開關之死區時間子電路(Dtime6.psimsch)

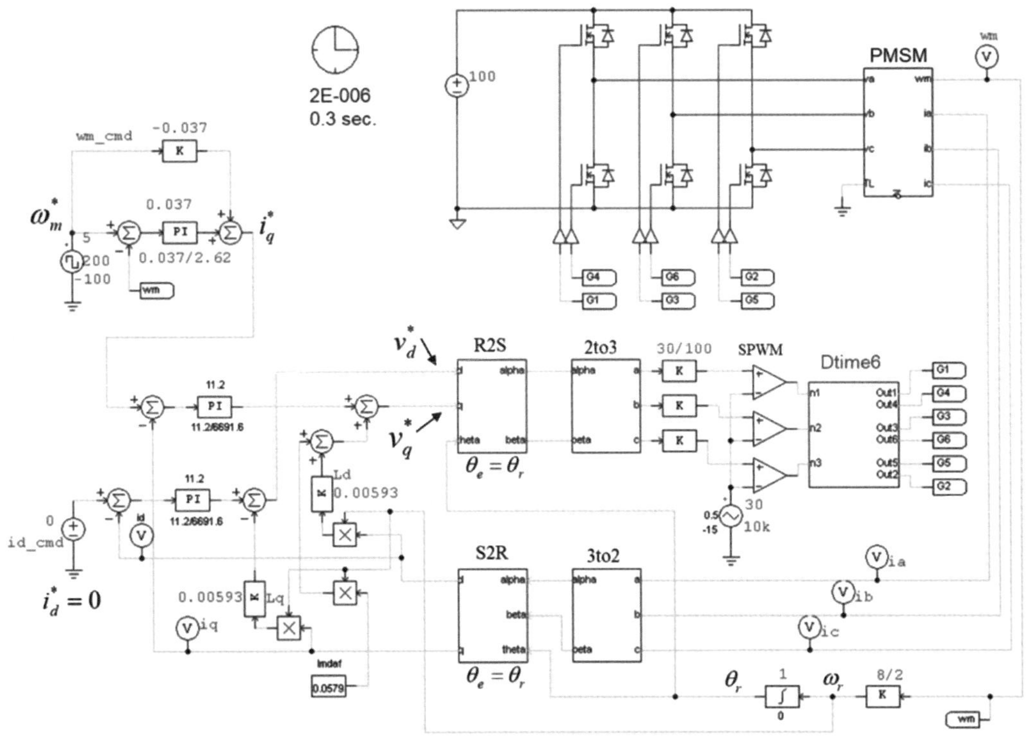

(a)

圖 4.42 PMSM 加入死區時間的轉速控制：

(a)模擬模型(PMSM_spd_FOC_DT.psimsch)、(b)轉速與 *d-q* 軸電流響應

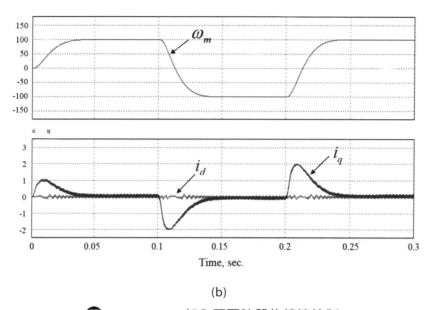

(b)

📷 4.42　PMSM 加入死區時間的轉速控制：

(a)模擬模型(PMSM_spd_FOC_DT.psimsch)、(b)轉速與 d-q 軸電流響應（續）

4.9　伺服馬達與作為負載的動力計連結模擬驗證

　　PMSM 馬達除了作為伺服馬達控制外，亦可作為一個動力計 (Dynamometer)。因此，一個伺服馬達可以和一個動力計對接如圖 4.43，動力計當作伺服馬達的負載，進行伺服馬達對於不同負載轉矩的負載測試。一個伺服馬達與動力計連接之負載測試實驗平台如圖 4.44 所示，可選擇不同控制模式的負載測試如表 4.2。其中第四個模式（轉速控制對轉速控制）是不允許的，因為伺服馬達與動力計互相連接，兩者的轉速為一正一反，不能接受各自不同轉速命令的轉速控制模式。為驗證前三種控制模式的負載測試，可利用之前所建構的 PMSM 相變數模型子電路(PMSM.psimsch)，分別結合電流控制迴路與轉速控制迴路，形成轉矩控制驅動馬達子電路模型方塊和轉速控制驅動馬達子電路方塊，再進行兩者的連結與控制。

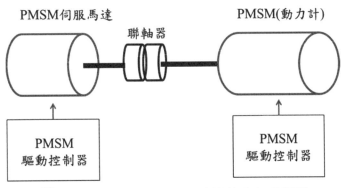

圖 4.43　伺服馬達與動力計連接之負載測試

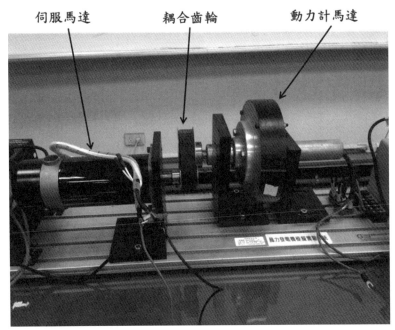

圖 4.44　伺服馬達與動力計連接之負載測試實驗平台

表 4.2　伺服馬達與動力計連接之負載測試控制模式

馬達功能		伺服馬達	動力計	備註
控制模式	1	轉矩控制	轉矩控制	
	2	轉速控制	轉矩控制	
	3	轉矩控制	轉速控制	
	4	轉速控制	轉速控制	不允許

4.9.1 轉矩對轉矩控制模式

　　一個 PMSM 馬達轉矩控制子電路模型方塊如圖 4.45，有轉矩命令輸入(T_e^*)及負載轉矩輸入(T_L)兩個輸入端，以及馬達產生的轉矩與轉速兩個輸出端，此為該 PMSM 馬達電流控制迴路之前串接一個轉矩常數增益的倒數($1/K_T = 1/0.347$)，使得由原來的 q-軸電流命令(i_q^*)轉為轉矩命令(T_e^*)。

　　第一個控制模式轉矩對轉矩控制的模擬如圖 4.46(a)所示，為兩個 PMSM 馬達轉矩控制子電路對接，且需將兩者之轉動慣量設定相同。令左邊的方塊為伺服馬達，右邊的方塊為動力計，給予轉矩輸入命令為正負 1 Nm 、頻率 40 Hz 的方波，在時間為 0.03 秒的時候動力計瞬間加入 0.5 Nm 的步階命令，模擬結果如圖 4.46(b)所示，可看出伺服馬達和動力計的轉速大小相等方向相反。

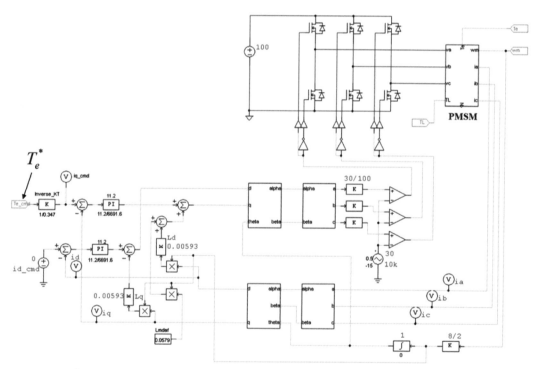

圖 4.45　PMSM 馬達轉矩控制子電路(PMSM_Torque_ctrl.psimsch)

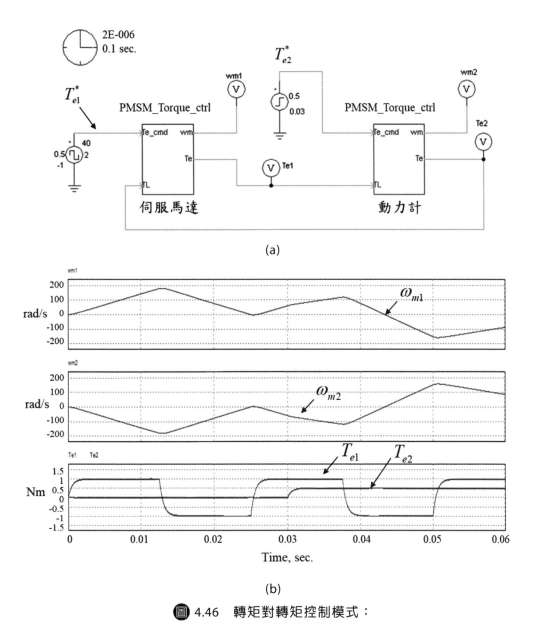

(a)

(b)

🔲 4.46 轉矩對轉矩控制模式：
(a)模擬模型(PMSM_T1_Dyno_T2.psimsch、(b)轉矩與轉速響應

4.9.2 轉速對轉矩控制模式

一個 PMSM 馬達轉速控制子電路模型方塊如圖 4.47，有轉速命令輸入(ω_m^*)及負載轉矩輸入(T_L)兩個輸入端，以及馬達產生的轉矩與轉速兩個輸出端，此為之前該 PMSM 馬達轉速控制迴路。第二個控制模式轉速對轉矩控制的模擬如圖 4.48(a)所示，為一個 PMSM 馬達轉速控制子電路和一個 PMSM 馬達轉矩控制子電路對接，令左邊的方塊為伺服馬達，右邊的方塊為動力計，將給予轉速輸入命令為正負 100 rad/s、頻率 5 Hz 的方波，在時間為 0.25 秒的時候動力計瞬間加入 1 Nm 的步階命令，模擬結果如圖 4.48(b)所示，可看出伺服馬達和動力計的轉速方向相反，在 0.25 秒時動力計瞬間加載，使得伺服馬達的轉速抖動但立即恢復穩定的轉速。

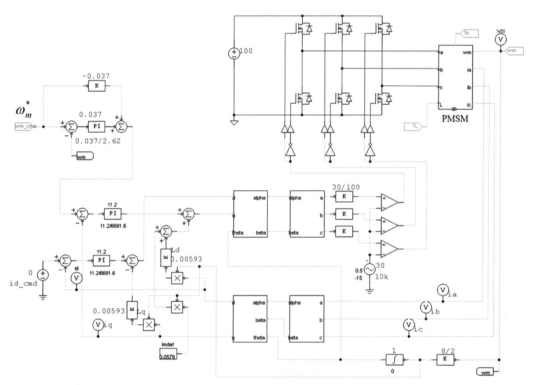

🔲 圖 4.47　PMSM 馬達轉速控制子電路(PMSM_Speed_ctrl.psimsch)

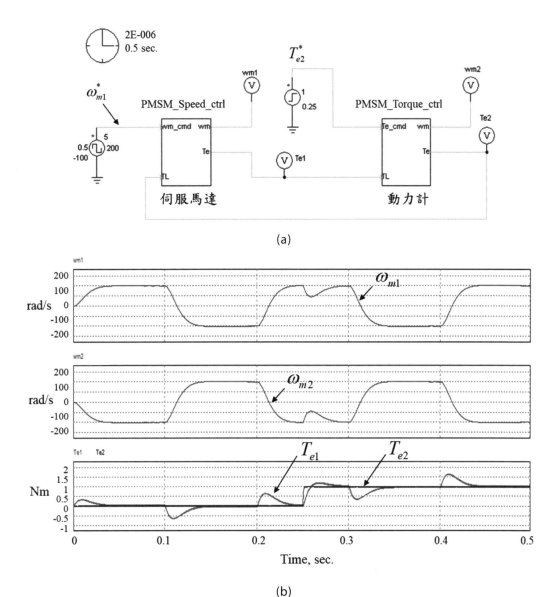

(a)

(b)

圖 4.48 轉速對轉矩控制模式：

(a)模擬模型(PMSM_wm1_Dyno_T2.psimsch)、(b)轉速與轉矩響應

4.9.3 轉矩對轉速控制模式

第三個控制模式為轉矩對轉速控制的模擬如圖 4.49(a)所示,為一個 PMSM 馬達轉矩控制子電路和一個 PMSM 馬達轉速控制子電路對接,左邊的方塊為伺服馬達,右邊的方塊為動力計,伺服馬達給予轉矩輸入命令為 1 Nm 的步階命令,動力計給予正負 100 rad/s、頻率 5 Hz 的轉速方波命令,模擬結果如圖 4.49(b)所示,可看出伺服馬達和動力計的轉速方向相反,伺服馬達轉矩及動力計的轉速皆各自達到準確的 1 Nm 轉矩及正負 100 rad/s 的轉速響應。

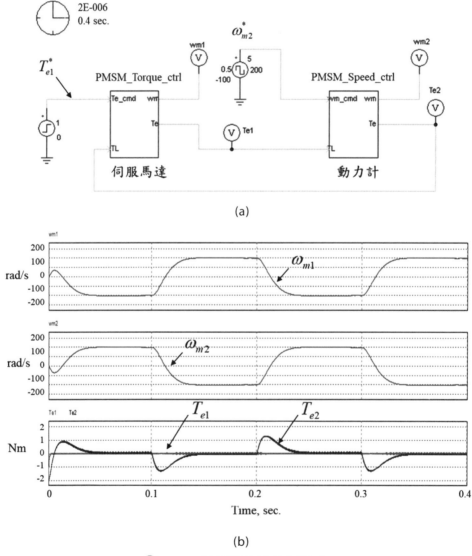

(a)

(b)

図 4.49　轉矩對轉速控制模式:
(a)模擬模型(PMSM_T1_Dyno_wm2.psimsch、(b)轉速與轉矩響應

4.10 永磁同步馬達轉速與電流 FOC 數位控制

PMSM 馬達 FOC 控制一般以數位控制來實現，使用背向矩形法(Backward Rectangular Rule)，一個 PI 控制器的數位轉移函數可表示為[13]：

$$Z\{k_p + \frac{k_i}{s}\} = k_p + \frac{k_i T}{1-z^{-1}} = \frac{k_p + k_i T - k_p z^{-1}}{1 - z^{-1}} \qquad (4\text{-}62)$$

其中 T 為取樣週期。PMSM 馬達之電流 FOC 數位控制方塊圖如圖 4.50，其中 T_{sc} 為電流控制取樣週期。轉速數位控制器方塊圖如圖 4.51，其中 T_{sw} 為轉速控制取樣週期。一個 PMSM 馬達之轉速與電流 FOC 數位控制模擬模型以及轉速與電流響應如圖 4.52，其中 Cblock 內部 C 語言程式如圖 4.53。

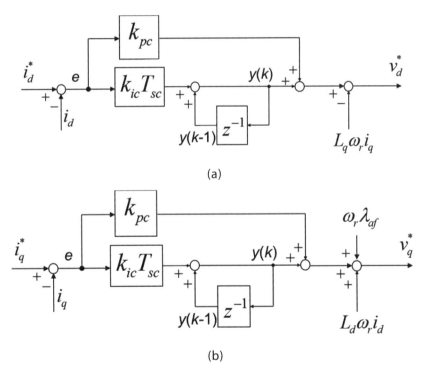

(a)

(b)

圖 4.50 PMSM 馬達之電流 FOC 數位控制方塊圖：(a) *d*-軸、(b) *q*-軸

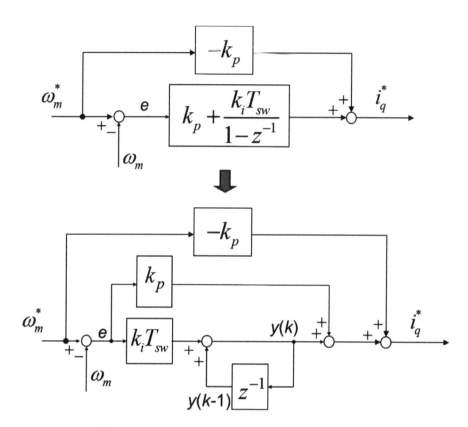

圖 4.51　PMSM 馬達之轉速數位控制器方塊圖

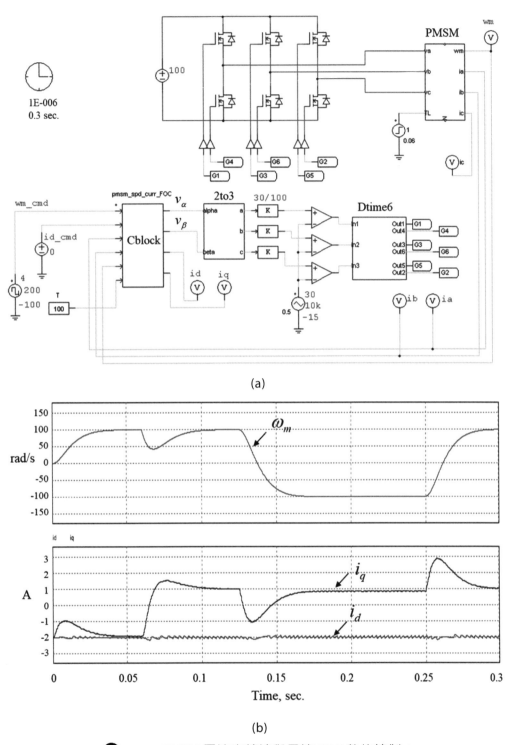

(a)

(b)

圖 4.52　PMSM 馬達之轉速與電流 FOC 數位控制：

(a)模擬模型(PMSM_spd_FOC_cblock_DT.psimsch)、(b)轉速與電流響應

```
// PMSM 2-DOF speed FOC control using Cblock with speed-loop samping time
of 0.001 sec.
static double T,    Tsc, Tsw=0.001;
static long N=0, M=0;
static double kpc=11.2, kic=6692, ctrl_out=0, e=0;
static double ia, ib, ic, i_alpha, i_beta, id, iq, wm, wr, P=8, theta=0;
static double iq_cmd, id_cmd=0, eds, eqs, vd_out, vq_out, vds_out, vqs_out, va,
vb, vc;
static double d_tmp=0, q_tmp=0;
static double Lmdaf=0.0579, Ld=0.00593, Lq=0.00593;
static double wm_cmd, e1, tmp1=0, kp=0.037, ki=2.62;
static double vds, vqs, Vdc;
static double v_alpha, v_beta;

//===== speed control
if (t > (Tsw*M))
{
   wm_cmd=in[0];
   wm=in[4];
   e1=wm_cmd-wm;
   tmp1=e1*ki*Tsw+tmp1;
   iq_cmd=e1*kp+tmp1-kp*wm_cmd; // PI and 2DOF control
   M=M+1;
}

//===== current control with sampling period Tsc.
T=in[5];
Tsc=T/1000000;
if (t > (Tsc*N))
{
```

🔷 4.53　PMSM 馬達之轉速與電流 FOC 數位控制 Cblock 內部 C 語言程式

```
    id_cmd=in[1];
    ia=in[2];
    ib=in[3];
    ic=-(ia+ib);
    wr=(P/2)*wm;
    theta=wr*Tsc+theta;
    i_alpha=ia;
    i_beta=(ib-ic)/sqrt(3);
    id=i_alpha*cos(theta)+i_beta*sin(theta);
    iq=-i_alpha*sin(theta)+i_beta*cos(theta);
    //===== PI controller in de and qe axes
    eds=id_cmd-id;
    eqs=iq_cmd-iq;
    d_tmp=eds*kic*Tsc+d_tmp;
    //===== d-axis decoupling
    vd_out=eds*kpc+d_tmp-Lq*wr*iq;
    q_tmp=eqs*kic*Tsc+q_tmp;
    //===== qxis -decoupling
    vq_out=eqs*kpc+q_tmp+(Ld*wr*id+Lmdaf*wr);

    //==== R/S Transformation
    v_alpha=vd_out*cos(theta)-vq_out*sin(theta);
    v_beta=vd_out*sin(theta)+vq_out*cos(theta);
    va=v_alpha;
    vb=(-v_alpha+sqrt(3)*v_beta)/2;
    vc=(-v_alpha-sqrt(3)*v_beta)/2;
    N=N+1;
}
out[0]=v_alpha;
out[1]=v_beta;
out[2]=id;
out[3]=iq;
```

📷 4.53　PMSM 馬達之轉速與電流 FOC 數位控制 Cblock 內部 C 語言程式（續）

1. 一個 PMSM 馬達其轉子極數為 8 (P=8)，輸入三相電壓如下：

$$v_a(t) = 20\sin(\omega_e t + \theta_0)$$
$$v_b(t) = 20\sin(\omega_e t + \theta_0 - 2\pi/3)$$
$$v_c(t) = 20\sin(\omega_e t + \theta_0 + 2\pi/3)$$

其中 a 相電壓起始角度 $\theta_0 = 0$，$\omega_e = 30 \times 2\pi$，

(1) 線電壓有效值為何？

(2) 當負載轉矩 $T_L = 0$，馬達轉速 ω_m 之穩態值為何？

2. 一個永磁同步馬達其轉子磁場方向定在同步旋轉座標 d 軸之 d-q 模型轉移函數方塊圖如圖 4.54 所示，有關在同步旋轉座標電流控制器設計，請回答下列問題：

(1) 請分別畫出 d 軸與 q 軸電流控制之受控體轉移函數方塊圖為何？

(2) 承上(1)小題，d 軸對 q 軸的耦合量為何？q 軸對 d 軸的耦合量為何？

(3) 承上(1)小題，當 d 軸與 q 軸電流控制器分別為一個 PI 控制器及解耦補償器，請分別畫出該 d 軸與 q 軸電流閉迴路控制之轉移函數方塊圖為何？

(4) 承上(3)小題，利用表 4.3 之永磁同步馬達參數及極點與零點消除法設計該 PI 控制器，使得電流閉控制轉移函數為一個頻寬為 200 Hz 之一階系統，得出該 d 軸與 q 軸 PI 控制器參數 k_p 及 k_i 分別為何？

○ 表 4.3 永磁同步馬達參數

R_s	2.0 Ω	B	0.0002 Nm/rad/s
$L_s = L_d = L_q$	0.03 H	λ_{af}	0.579 Wb
J	0.006 Nm/rad/s^2	P	8

3. 關於該 PMSM 馬達之轉速控制器設計，請回答下列問題：

(1) 請畫出該轉速控制之受控體轉移函數方塊圖為何？（內含電流閉迴路控制一階系統轉移函數）

(2) 當使用 2-DOF 控制器，除了 PI 控制器以外，還加入一個順向補償器，請畫出該轉速控制之閉迴路轉移函數方塊圖為何？

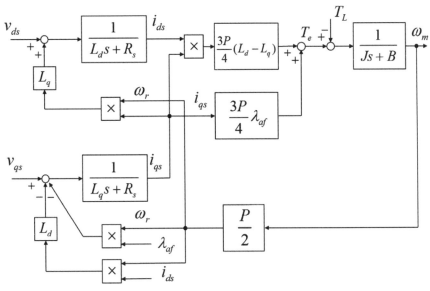

圖 4-54　PMSM 馬達 *d-q* 模型轉移函數方塊圖

(3) 承上(2)小題，利用表 4.3 之 PMSM 馬達參數設計該 2-DOF 控制器，因電流控制系統的頻寬比轉速控制系統的頻寬大很多，故可簡化電流閉控制一階系統轉移函數為一個為 1 的常數，使得轉速閉控制轉移函數為一個標準二階系統。令阻尼比 $\zeta = 0.85$、無阻尼自然頻率 $\omega_n = 118$ rad/s，則其頻寬為何？得出該 2-DOF 控制器 k_p、k_i 及 k_{pf} 分別為何？

4. 承上第 3 題，關於該 PMSM 馬達之位置（角度）控制器設計，請回答下列問題：

(1) 請畫出該位置控制之受控體轉移函數方塊圖為何？（內含轉速閉迴路控制標準二階系統轉移函數）

(2) 當使用比例控制器(K_v)，請畫出該位置控制之閉迴路轉移函數方塊圖為何？

(3) 若在定速 6m/min 的追隨速度下，欲維持 2 mm 的追隨誤差，則該比例控制器常數 $K_v = ?$

請掃描 QR Code 下載習題解答

5

Chapter

交流感應馬達

5.1 前言

　　比起永磁同步交流馬達，交流感應馬達因有更緊密結構、低價與容易維護的特性，因此廣泛地應用在馬達驅動系統中，尤其在較大功率的電動車（如特斯拉、電動巴士）與牽引車的應用上，感應馬達的重要性將逐年增加。在這些應用中，需要分析馬達的轉矩與速度特性，使得在適當的速度範圍內產生足夠的轉矩以驅動馬達帶動車體，因此精確的感應馬達模型與建構，在了解與研究感應馬達之轉矩與速度特性暨其模擬與分析，是非常有用與重要的。

　　本單元提出感應馬達工作原理與其數學模型，並以 PSIM 模擬軟體建構其在靜止座標系之相變數模型(phase-variable model)[10]，在其三相輸入端以電阻與電感元件來建構其模型，所建構之模型方塊可仿真一個實際的馬達操作，並可以數學方程式模擬負載轉矩(load torque)輸入端，並可以很方便直接地將此模型方塊連接到 PWM 變頻器(inverter)；並做負載轉矩對整體馬達驅動器性能影響的模擬分析。除此，本單元進一步推導感應馬達在同步旋轉座標系之 *d-q* 模型，依此設計其電流向量控制器以及轉速控制器設計，可得到抵抗負載轉矩瞬間變化的轉速響應。

5.2 交流感應馬達原理

　　一個三相交流感應馬達的縱切面如圖 5.1 所示，外圍是定子，裡面是轉子，給予定子三相輸入電壓，將在定子與轉子之間的氣隙產生旋轉磁場，此旋轉磁場使得轉子（鼠籠式）感應電流並產生磁通，該氣隙旋轉磁場與感應的轉子磁通兩者相互作用產生轉矩，即可讓馬動轉動起來，轉速的大小和所給予的定子電壓振幅、頻率以及負載轉矩有關。因此，本節先介紹感應馬達在穩態時的轉矩－轉速曲線，此轉矩－轉速曲線與負載轉矩的交叉點可得出感應馬達的轉速。如何得出此感應馬達在穩態時的轉矩－轉速曲線呢？可從感應馬達在穩態時的單相等效電路如圖 5.2 所示來說明[3]。

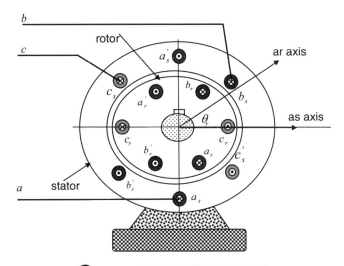

圖 5.1 感應馬達縱切面示意圖

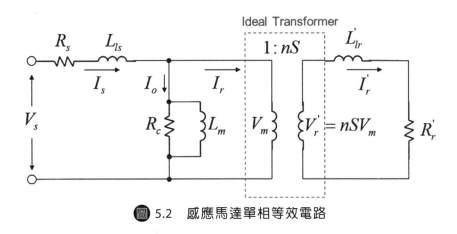

圖 5.2 感應馬達單相等效電路

　　不像交流永磁同步馬達的電氣轉速即是定子三相輸入電壓的頻率,感應馬達的電氣轉速(ω_r)和定子電壓的角頻率(ω_e)有差別,此差別稱為滑差頻率(Slip Frequency),表示如下:

$$\omega_{sl} = \omega_e - \omega_r \tag{5-1}$$

而滑差(slip)定義如下:

$$S = \frac{\omega_e - \omega_r}{\omega_e} = \frac{\omega_{sl}}{\omega_e} \tag{5-2}$$

因為有滑差的關係，圖 5.2 等效電路中間的理想變壓器轉子側（二次側）電壓 $V_r^{'}$ 對定子側（一次側）電壓 V_m 的比值為

$$V_r^{'} = nSV_m \tag{5-3}$$

其中定子線圈與轉子線圈的匝數比為 $1{:}n$，且功率的關係為

$$SV_m I_s = V_r^{'} I_r^{'} \tag{5-4}$$

將(5-3)代入(5-4)式可得

$$I_r = nI_r^{'} \tag{5-5}$$

此外，轉子電阻與漏電感反映到定子側為

$$R_r = \frac{R_r^{'}}{n^2} \tag{5-6}$$

及

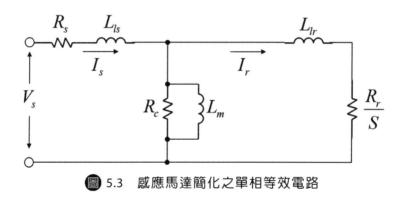

圖 5.3　感應馬達簡化之單相等效電路

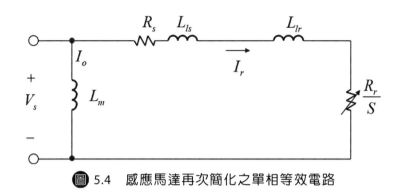

圖 5.4　感應馬達再次簡化之單相等效電路

$$L_{lr} = \frac{L_{lr}^{'}}{n^2} \tag{5-7}$$

由(5-5)式及圖 5.2 可推導出該理想變壓器的一次側電流為

$$I_r = nI_r^{'} = n\frac{nSV_m}{R_r^{'} + j\omega_{sl}L_{lr}^{'}} = \frac{SV_m}{\dfrac{R_r^{'}}{n^2} + j\omega_{sl}\dfrac{L_{lr}^{'}}{n^2}} \tag{5-8}$$

將(5-6)及(5-7)式代入(5-8)式，得

$$I_r = \frac{SV_m}{R_r + j\omega_{sl}L_{lr}} = \frac{V_m}{\dfrac{R_r}{S} + j\dfrac{\omega_{sl}}{S}L_{lr}} = \frac{V_m}{\dfrac{R_r}{S} + j\omega_e L_{lr}} \tag{5-9}$$

由(5-9)式可得感應馬達簡化之單相等效電路如圖 5.3。因為一般 L_m 及 R_c 很大，圖 5.3 之簡化之單相等效電路可再簡化為圖 5.4 所示，可得

$$I_r = \frac{V_s}{R_s + \dfrac{R_r}{S} + j\omega_e(L_{ls} + L_{lr})} \tag{5-10}$$

由圖 5.2 進而可得出馬達的三相氣隙複數功率為

$$S_g^{3\phi} = 3V_m I_r^{*} \tag{5-11}$$

將(5-9)式代入(5-11)式得

$$S_g^{3\phi} = 3V_m I_r^* = 3(\frac{R_r}{S} + j\omega_e L_{lr})I_r I_r^* = 3(\frac{R_r}{S}I_r^2 + j\omega_e L_{lr}I_r^2) = P_g + jQ_g$$

$$(5-12)$$

其中 P_g 為馬達定子與轉子之間的氣隙實功率表示為

$$P_g = 3\frac{R_r}{S}I_r^2$$

$$(5-13)$$

Q_g 為馬達定子與轉子之間的氣隙虛功率表示為

$$Q_g = 3\omega_e L_{lr}I_r^2$$

$$(5-14)$$

另，馬達定子的銅損功率為

$$P_{lr} = 3(I_r^{'})^2 R_r^{'} = 3(\frac{I_r}{n})^2 n^2 R_r = 3I_r^2 R_r$$

$$(5-15)$$

由功率守恆原理即馬達機械功率等於電功率，馬達產生的轉矩可表示如下：

$$T_e = \frac{P_o}{\omega_m} = \frac{P_g - P_{lr}}{\omega_m}$$

$$(5-16)$$

其中 P_o 為馬達的輸出電功率。將(5-13)及(5-15)式代入(5-16)式，可得

$$T_e = \frac{P}{2\omega_r}3I_r^2 R_r(\frac{1-S}{S}) = 3(\frac{P}{2})\frac{I_r^2 R_r}{\omega_e - \omega_{sl}}(\frac{1-S}{S}) = 3(\frac{P}{2})\frac{I_r^2 R_r}{\omega_e(1-S)}(\frac{1-S}{S}) = 3(\frac{P}{2})\frac{I_r^2 R_r}{S\omega_e}$$

$$(5-17)$$

將(5-10)式代入(5-17)式得

$$T_e = 3(\frac{P}{2})\frac{R_r}{S\omega_e}\frac{V_s^2}{(R_s + \frac{R_r}{S})^2 + \omega_e^2(L_{ls} + L_{lr})^2}$$

$$(5-18)$$

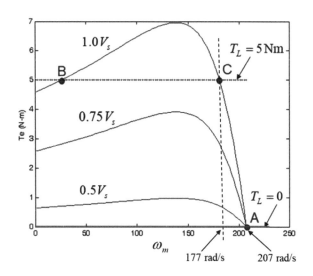

圖 5.5　不同定子電壓振幅的感應馬達轉矩─速度特性曲線

因馬達在靜止時，$S = 1$，代入(5-18)式可得馬達的起始轉矩(starting torque)為[3]

$$T_{es} = 3(\frac{P}{2})\frac{R_r}{\omega_e}\frac{V_s^2}{(R_s + R_r)^2 + \omega_e^2(L_{ls} + L_{lr})^2} \tag{5-19}$$

由(5-18)式，在額定頻率 $f_e = 33\,\text{Hz}$、額定電壓 $V_s = 120\text{V}$，給予三個不同定子電壓($1.0V_s$、$0.75V_s$、$0.5V_s$)，得出轉矩─轉速曲線(Torque-Speed Curve)如圖 5.5 所示，負載轉矩 T_L 與該轉矩─轉速曲線的交點即為該馬達的工作點 (T_e, ω_m)，所對應的 x 軸的值即是馬達轉速；所對應的 y 軸的值即是馬達轉矩。故給予三相輸入電壓與頻率時，負載轉矩與轉矩─轉速曲線的交點決定了該感應馬達的轉速穩態值。

在無載情況下($T_L = 0$)，從圖 5.5 可看出此時工作點為 A 點，所對應的馬達轉速 $\omega_m \approx 207\,\text{rad/s}$，因馬達轉子極數 P 為 2，此即為等同 33Hz 的電氣頻率。但對一個不為零的定常數負載轉矩($T_L = 5\,\text{Nm}$)和 $1.0V_s$ 的曲線有兩個交點（B 和 C），但交點 B 是不穩定的工作點，因為在此交點 B，當轉速 ω_m 增加時，轉矩 T_e 跟著增加，又因 $T_e > T_L$，使得轉速再增加，如此將沿著曲線到達工作點 C。而在工作點 C，當轉速 ω_m 增加時，轉矩 T_e 反而沿著曲線減小，因 $T_e < T_L$，使得轉速減小，而回到工作點 C。反之，在此工作點 C，當轉速 ω_m 減小時，轉矩 T_e 沿著曲線增加，因 $T_e > T_L$，使得轉速增加，而回到工作點 C，因此交點 C 才

是穩定的工作點，所對應的馬達轉速 $\omega_m \approx 177$ rad/s。

當輸入訊號的頻率大於額定頻率(33Hz)時，其轉矩—轉速曲線如圖 5.6 所示，可看出所產生的最大轉矩隨著訊號頻率的增加而漸減。

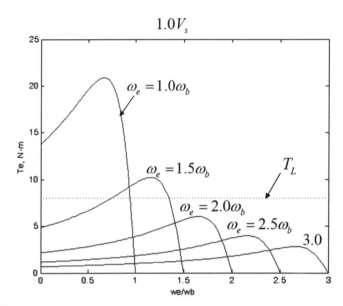

圖 5.6　不同定子電壓頻率的感應馬達轉矩—速度特性曲線

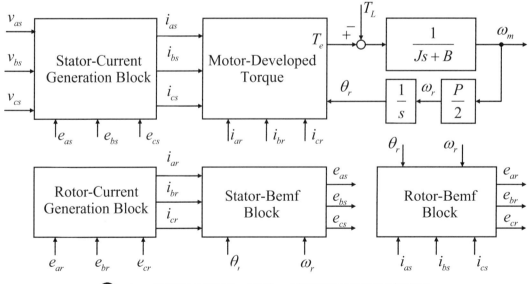

圖 5.7　感應馬達電壓、電流、轉矩與轉速關係方塊圖

5.3 交流感應馬達數學模型

一個交流感應馬達其定子與轉子之電壓、電流以及馬達轉矩與轉速之間的關係如圖 5.7 所示，本節將依此方塊圖建構其相變數(Phase Variables)數學模型，分為電磁、機電與機械三部分來說明[10]。

5.3.1 電磁模型

電磁部分的模型建構，包括定子與轉子，將在三相靜止座標來描述。對一個 Y 接的鼠籠式馬達，其在 abc 三相靜止座標之三相定子電壓方程式表示如下：

$$\begin{bmatrix} v_{as} \\ v_{bs} \\ v_{cs} \end{bmatrix} = R_s \begin{bmatrix} i_{as} \\ i_{bs} \\ i_{cs} \end{bmatrix} + \begin{bmatrix} \dfrac{d\psi_{as}}{dt} \\ \dfrac{d\psi_{bs}}{dt} \\ \dfrac{d\psi_{cs}}{dt} \end{bmatrix} \tag{5-20}$$

其中 v_{as}、v_{bs}、v_{cs} 為三相定子電壓，i_{as}、i_{bs}、i_{cs} 為三相定子電流，R_s 為定子電阻，ψ_{as}、ψ_{bs}、ψ_{cs} 為三相定子磁通，表示如下：

$$\begin{bmatrix} \psi_{as} \\ \psi_{bs} \\ \psi_{cs} \end{bmatrix} = \begin{bmatrix} L_s \end{bmatrix} \begin{bmatrix} i_{as} \\ i_{bs} \\ i_{cs} \end{bmatrix} + \begin{bmatrix} L_{sr} \end{bmatrix} \begin{bmatrix} i_{ar} \\ i_{br} \\ i_{cr} \end{bmatrix} \tag{5-21}$$

上式中, i_{ar}、i_{br}、i_{cr} 為三相轉子電流，$\begin{bmatrix} L_s \end{bmatrix}$ 與 $\begin{bmatrix} L_{sr} \end{bmatrix}$ 分別表示為：

$$\begin{bmatrix} L_s \end{bmatrix} = \begin{bmatrix} L_{ls} + L_{ms} & -\dfrac{L_{ms}}{2} & -\dfrac{L_{ms}}{2} \\ -\dfrac{L_{ms}}{2} & L_{ls} + L_{ms} & -\dfrac{L_{ms}}{2} \\ -\dfrac{L_{ms}}{2} & -\dfrac{L_{ms}}{2} & L_{ls} + L_{ms} \end{bmatrix} \tag{5-22}$$

$$[L_{sr}] = L_{sr} \begin{bmatrix} \cos\theta_r & \cos(\theta_r + \frac{2\pi}{3}) & \cos(\theta_r - \frac{2\pi}{3}) \\ \cos(\theta_r - \frac{2\pi}{3}) & \cos\theta_r & \cos(\theta_r + \frac{2\pi}{3}) \\ \cos(\theta_r + \frac{2\pi}{3}) & \cos(\theta_r - \frac{2\pi}{3}) & \cos\theta_r \end{bmatrix} \tag{5-23}$$

在(5-22)式中，L_{ls} 和 L_{ms} 為定子繞線的漏感(leakage inductance)與激磁電感(magnetizing inductance)，在(5-23)式中，L_{sr} 為定子與轉子繞線間的互感(mutual inductance)，而 θ_r 為轉子的電氣角度。

在轉子的部分，因鼠籠式馬達其轉子線圈短路，故其三相轉子 v_{ar}、v_{br}、v_{cr} 電壓方程式表示如下：

$$\begin{bmatrix} v_{ar} \\ v_{br} \\ v_{cr} \end{bmatrix} = R_r \begin{bmatrix} i_{ar} \\ i_{br} \\ i_{csr} \end{bmatrix} + \begin{bmatrix} \frac{d\psi_{ar}}{dt} \\ \frac{d\psi_{br}}{dt} \\ \frac{d\psi_{cr}}{dt} \end{bmatrix} = \begin{bmatrix} 0 \\ 0 \\ 0 \end{bmatrix} \tag{5-24}$$

其中 R_r 是轉子電阻，ψ_{ar}、ψ_{br}、ψ_{cr} 為三相轉子磁通，表示如下：

$$\begin{bmatrix} \psi_{ar} \\ \psi_{br} \\ \psi_{cr} \end{bmatrix} = \begin{bmatrix} L_{sr} \end{bmatrix}^T \begin{bmatrix} i_{as} \\ i_{bs} \\ i_{cs} \end{bmatrix} + \begin{bmatrix} L_r \end{bmatrix} \begin{bmatrix} i_{ar} \\ i_{br} \\ i_{cr} \end{bmatrix} \tag{5-25}$$

上式中，$\begin{bmatrix} L_r \end{bmatrix}$ 可表示為：

$$[L_r] = \begin{bmatrix} L_{lr} + L_{mr} & -\frac{L_{mr}}{2} & -\frac{L_{mr}}{2} \\ -\frac{L_{mr}}{2} & L_{lr} + L_{mr} & -\frac{L_{mr}}{2} \\ -\frac{L_{mr}}{2} & -\frac{L_{mr}}{2} & L_{lr} + L_{mr} \end{bmatrix} \tag{5-26}$$

其中 L_{lr} 和 L_{mr} 分別為轉子繞線的漏感與激磁電感。

另，假設定子電流在三相平衡的條件下，

$$i_{as} + i_{bs} + i_{cs} = 0 \tag{5-27}$$

並定義磁化電感 $L_m = 3L_{ms}/2$ ，以及定子自感 (stator self-inductance) $L_s = L_{ls} + L_m$ ，則三相定子電壓方程式(5-20)可改寫為：

$$\begin{bmatrix} v_{as} \\ v_{bs} \\ v_{cs} \end{bmatrix} = R_s \begin{bmatrix} i_{as} \\ i_{bs} \\ i_{cs} \end{bmatrix} + L_s \begin{bmatrix} \dfrac{di_{as}}{dt} \\ \dfrac{di_{bs}}{dt} \\ \dfrac{di_{cs}}{dt} \end{bmatrix} + \begin{bmatrix} e_{as} \\ e_{bs} \\ e_{cs} \end{bmatrix} \tag{5-28}$$

其中 e_{as} 、 e_{bs} 、 e_{cs} 為三相定子反電動勢(back emf)，表示如下：

$$\begin{bmatrix} e_{as} \\ e_{bs} \\ e_{cs} \end{bmatrix} = \frac{d[L_{sr}]}{dt} \begin{bmatrix} i_{ar} \\ i_{br} \\ i_{cr} \end{bmatrix} + [L_{sr}] \begin{bmatrix} \dfrac{di_{ar}}{dt} \\ \dfrac{di_{br}}{dt} \\ \dfrac{di_{cr}}{dt} \end{bmatrix} \tag{5-29}$$

在上式中， $[L_{sr}]$ 對時間的微分式可由(5-23)式得出來，表示為：

$$\frac{d[L_{sr}]}{dt} = -\omega_r L_{sr} \begin{bmatrix} \sin\theta_r & \sin(\theta_r + \dfrac{2\pi}{3}) & \sin(\theta_r - \dfrac{2\pi}{3}) \\ \sin(\theta_r - \dfrac{2\pi}{3}) & \sin\theta_r & \sin(\theta_r + \dfrac{2\pi}{3}) \\ \sin(\theta_r + \dfrac{2\pi}{3}) & \sin(\theta_r - \dfrac{2\pi}{3}) & \sin\theta_r \end{bmatrix} \tag{5-30}$$

同理，三相轉子電壓方程式(5-24)式可改寫成：

$$\begin{bmatrix} v_{ar} \\ v_{br} \\ v_{cr} \end{bmatrix} = R_r \begin{bmatrix} i_{ar} \\ i_{br} \\ i_{cr} \end{bmatrix} + L_r \begin{bmatrix} \dfrac{di_{ar}}{dt} \\ \dfrac{di_{br}}{dt} \\ \dfrac{di_{cr}}{dt} \end{bmatrix} + \begin{bmatrix} e_{ar} \\ e_{br} \\ e_{cr} \end{bmatrix} \tag{5-31}$$

其中 $L_r = L_{lr} + 3L_{mr}/2 = L_{lr} + L_m$，且 e_{ar}、e_{br}、e_{cr} 為三相轉子反電動勢，表示如下：

$$\begin{bmatrix} e_{ar} \\ e_{br} \\ e_{cr} \end{bmatrix} = \frac{d[L_{sr}]^T}{dt} \begin{bmatrix} i_{as} \\ i_{bs} \\ i_{cs} \end{bmatrix} + [L_{sr}]^T \begin{bmatrix} \dfrac{di_{as}}{dt} \\ \dfrac{di_{bs}}{dt} \\ \dfrac{di_{cs}}{dt} \end{bmatrix} \tag{5-32}$$

5.3.2 機電模型

在機電模型方面，馬達產生的轉矩可表示如下：

$$T_e = \frac{dE_c}{d\theta_m} = \frac{P}{2} \frac{dE_c}{d\theta_r} \tag{5-33}$$

其中，θ_m 為馬達機械角度，E_c 是儲存在耦合電磁場的能量，P 是馬達極數。此儲存的能量包含有定子與轉子自感扣除漏感所儲存的能量以及互感儲存的能量，可表示如下：

$$E_c = \frac{1}{2} [i_{as}\ i_{bs}\ i_{cs}] ([L_s] - L_{ls}I) \begin{bmatrix} i_{as} \\ i_{bs} \\ i_{cs} \end{bmatrix} + [i_{as}\ i_{bs}\ i_{cs}][L_{sr}] \begin{bmatrix} i_{ar} \\ i_{br} \\ i_{cr} \end{bmatrix} + \frac{1}{2} [i_{ar}\ i_{br}\ i_{cr}] ([L_r] - L_{lr}I) \begin{bmatrix} i_{ar} \\ i_{br} \\ i_{cr} \end{bmatrix} \tag{5-34}$$

其中因 $[L_s]$ and $[L_r]$ 非 θ_r 的函數，故(5-34)式等號右邊的第一項與第三項對 θ_r 的微分為零，只有等號右邊的第二項對 θ_r 微分存在，可得馬達產生的轉矩可表示如下：

$$T_e = \frac{P}{2}\frac{dE_c}{d\theta_r} = \frac{P}{2}\begin{bmatrix} i_{as} & i_{bs} & i_{cs} \end{bmatrix}\frac{d[L_{sr}]}{d\theta_r}\begin{bmatrix} i_{ar} \\ i_{br} \\ i_{cr} \end{bmatrix} \tag{5-35}$$

將(5-23)式代入(5-35)式對 θ_r 微分，可得

$$T_e = \frac{-P}{3}L_m\begin{bmatrix} i_{as} & i_{bs} & i_{cs} \end{bmatrix}\begin{bmatrix} \sin(\theta_r) & \sin(\theta_r + \frac{2\pi}{3}) & \sin(\theta_r - \frac{2\pi}{3}) \\ \sin(\theta_r - \frac{2\pi}{3}) & \sin\theta_r & \sin(\theta_r + \frac{2\pi}{3}) \\ \sin(\theta_r + \frac{2\pi}{3}) & \sin(\theta_r - \frac{2\pi}{3}) & \sin\theta_r \end{bmatrix}\begin{bmatrix} i_{ar} \\ i_{br} \\ i_{cr} \end{bmatrix} \tag{5-36}$$

其中 $L_m = 3L_{sr}/2 = 3L_{ms}/2 = 3L_{mr}/2$ 。

5.3.3 機械模型

依牛頓第二運動定律，馬達機械轉速方程式如下：

$$T_e - T_L = J\frac{d\omega_m}{dt} + B\omega_m \tag{5-37}$$

其中 T_L 為負載轉矩，J 為馬達轉動慣量，B 是馬達黏滯磨擦係數。將(5-18)式取其拉普拉斯轉換(Laplace Transformation)，可得馬達轉矩至轉速之轉移函數 (Transfer Function)方塊圖如圖 5.8 所示。

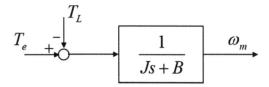

圖 5.8 馬達轉矩至轉速之轉移函數方塊圖

5.4 相變數模型建構與驗證

為了利用電腦模擬軟體分析感應馬達的特性，需要建構一個可以仿真實際馬達的模型以便於進行模擬分析。本節分相變數模型建構(Phase-Variable Modeling)與模型驗證兩部分來說明所建立感應馬達模型的正確性，分述如下：

5.4.1 使用 PSIM 模型建構

依據前一節所述感應馬達之數學模型，以 PSIM 模擬軟體建構之感應馬達相變數模型如圖 5.9 所示。使用馬達為一型號 Nikki NA20-40F、額定電壓 120V、額定轉速 2000 RPM 之感應馬達，其他參數如表 5.1。此模型包含由(5-28)式以電路元件所建立的三相定子電路模型；由(5-31)式所建立的三相轉子電路模型；由(5-29)式以數學函數元件所建立的三相定子反電動勢運算方塊；由(5-32)式以數學函數元件所建立的三相轉子反電動勢運算方塊；由(5-36)式以數學函數元件所建立的馬達電磁轉矩運算方塊，以及基於(5-37)式與圖 5.8 所建立的轉矩至轉速之轉移函數方塊。此模型的特色有二，一是三相定子輸入端是採用電路元件建立的，可以和馬達變頻驅動電路連接，做馬達驅動控制的整合模擬；二是負載轉矩輸入端是以數學函數元件建立的，可以很方便地以數學函數的形式加入負載轉矩，做負載轉矩效應的模擬與分析。

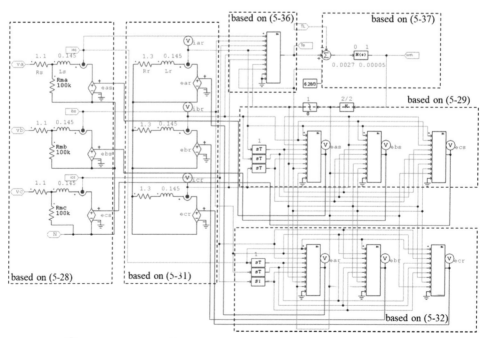

圖 5.9　以 PSIM 模擬軟體建構之感應馬達模型(IM.psimsch)

表 5.1　Nikki NA20-40F 感應馬達參數表

定子電阻(R_s)	1.1 Ω
轉子電阻(R_r)	1.3 Ω
定子與轉子自感(L_s, L_r)	0.145 H
磁化電感(L_m)	0.136 H
馬達極數值(P)	2
轉動慣量(J)	0.0027 Kg·m²
黏滯磨擦係數(B)	0.00005 Kg·m/rad/s

5.4.2　模型驗證與比較

　　圖 5.10 所示為給予三相輸入電壓及負載轉矩的模擬模型，其中時間由零至 0.3 秒之間其負載轉矩輸入為 $T_L = 0$ Nm，在 0.3 秒負載轉矩瞬間改變為 $T_L = 5$ Nm。如圖 5.10(a)所示，給予三相輸入電壓為頻率 $f_e = 33$ Hz、線電壓有效值 120V，由模擬結果圖 5.10(b)可看出 ω_m 轉速響應在無載時，穩態時約為 207 rad/s，此值和圖 5.5 工作點 A 的轉速相同。在 0.3 秒之後當有負載轉矩 $T_L = 5$ Nm 時，轉速響應 ω_m 穩態時掉到 177 rad/s，此值和圖 5.5 工作點 C 的轉速相同，並可看出給予三相輸入電壓與負載轉矩變化的動態響應，以及驗證了轉速響應穩態值的正確性。

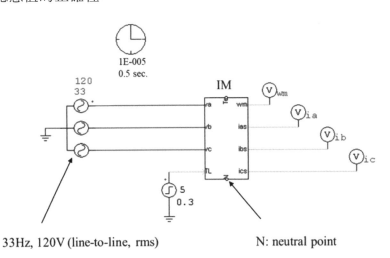

(a)

圖 5.10　感應馬達開迴路輸入測試：
(a)模擬模型(IM_tst.psimsch)、(b)轉速與三相定子電流響應波形

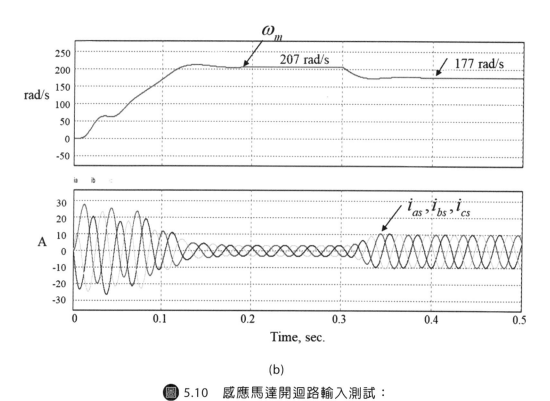

(b)

圖 5.10　感應馬達開迴路輸入測試：

(a)模擬模型(IM_tst.psimsch)、(b)轉速與三相定子電流響應波形（續）

　　為了驗證動態響應的正確性，本文所建構之感應馬達模型將和 PSIM 的馬達驅動模組(Motor Drive Module)[8]內部的感應馬達模型相比較，與 PSIM 內建的感應馬達模型比較模擬圖檔如圖 5.11(a)，轉速與電流響應如圖 5.11(b)，給予 33Hz、線電壓有效值 120V 的三相輸入電壓，可看出兩個模型的轉速與電流響應幾乎一樣。

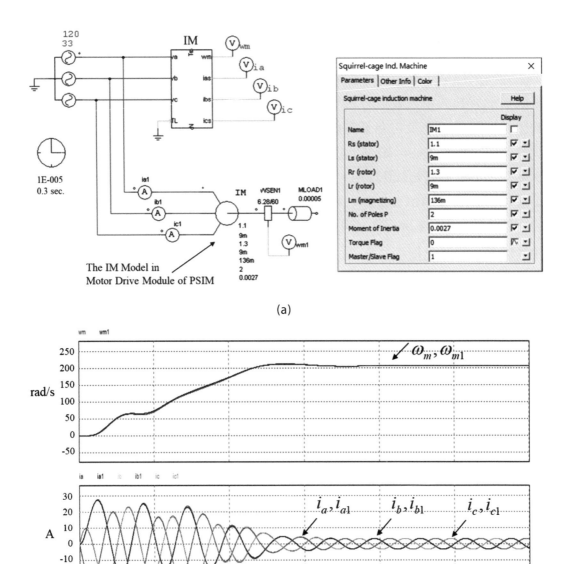

(a)

(b)

圖 5.11　感應馬達自建與 PSIM 內建模型比較：

(a)比較模型(IM_cmp_tst.psimsch)、(b)轉速與三相電流響應

5.4.3 感應馬達之正弦波寬調變方法

　　如同第四單元所述之永磁同步馬達雙 SPWM 的調變方法式，可將三相正弦電壓波形與一個中央對稱的三角載波相比較，當該正弦訊號波大於三角載波時輸出為高電位'1'，反之為低電位'0'。一個感應馬達之 SPWM 調變驅動模擬與其轉速與三相電流波形如圖 5.12 所示，其中變頻器電源電壓為 200V 三相輸入電壓之相電壓振幅為$120\sqrt{2/3}\times 30/200$ V，頻率仍為 33 Hz，在 0.3 秒時瞬間加入 5 Nm 的負載轉矩，由圖 5.12(b)之模擬結果可看出馬達在前 0.3 秒無載情況的穩態轉速為 $\omega_m = 2\pi\times 33 \approx 207$ (rad/s)，為頻率 33 Hz 的同步轉速，為何三相輸入電壓之相電壓振幅為之前的 30/200？那是因為 SPWM 調變本身有一個增益，稱之為 PWM 增益(PWM Gain)，此增益的大小為變頻器電源電壓的大小除以三角載波的峰對峰值，如下式：

$$K_{PWM} = \frac{V_{dc}}{2\times\hat{V}_{tri}} \tag{5-38}$$

其中 $\hat{V}_{tri}$ 為三角載波的振幅，和前一單元(4-15)式相同。圖 5.12(a)右側亦包含該感應馬達以線對線電壓有效值為 120V（或相電壓振幅為$120\sqrt{2/3}$ V）直接輸入之比較，模擬結果可看出兩者的轉速及電流響應波形一致，也因此驗證了SPWM 增益(5-38)式的正確性。

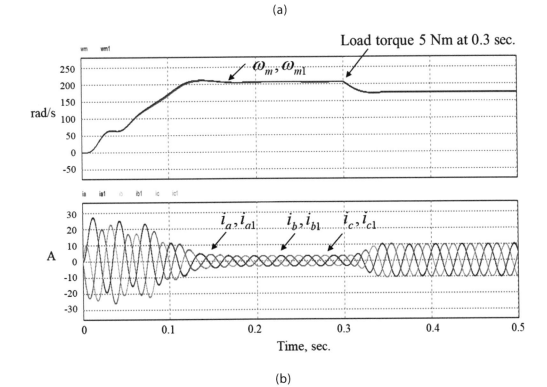

(a)

(b)

圖 5.12 感應馬達 SPWM 與直接驅動之比較：

(a)比較模擬模型(IM_spwm_tst_cmp.psimsch)、(b)轉速與三相電流波形

5.5 感應馬達之 *d-q* 模型

如同 PMSM 馬達，其電流（轉矩）、轉速與位置控制器的設計，是在 *d-q* 軸同步旋轉座標框進行，為了感應馬達的電流、轉速與位置控制器的設計，其 *d-q* 模型推導如下，從該感應馬達在 $\alpha-\beta$ 軸靜止作標座標框出發：

一個感應馬達在 $\alpha-\beta$ 軸靜止作標座標框的定子電壓方程式為

$$\begin{bmatrix} v_{\alpha s} \\ v_{\beta s} \end{bmatrix} = R_s \begin{bmatrix} i_{\alpha s} \\ i_{\beta s} \end{bmatrix} + \begin{bmatrix} \dfrac{d\psi_{\alpha s}}{dt} \\ \dfrac{d\psi_{\beta s}}{dt} \end{bmatrix} \tag{5-39}$$

其中 $\psi_{\alpha s}$、$\psi_{\beta s}$ 分別為感應馬達在 $\alpha-\beta$ 軸靜止作標座標框的定子磁通，由第四單元(4-21)式所述之定子電壓、定子電流與定子磁通之反帕克轉換(Inverse Park Transformation)如下：

$$\begin{bmatrix} v_{\alpha s} \\ v_{\beta s} \end{bmatrix} = \begin{bmatrix} \cos\theta_e & -\sin\theta_e \\ \sin\theta_e & \cos\theta_e \end{bmatrix} \begin{bmatrix} v_{ds} \\ v_{qs} \end{bmatrix} \tag{5-40}$$

$$\begin{bmatrix} i_{\alpha s} \\ i_{\beta s} \end{bmatrix} = \begin{bmatrix} \cos\theta_e & -\sin\theta_e \\ \sin\theta_e & \cos\theta_e \end{bmatrix} \begin{bmatrix} i_{ds} \\ i_{qs} \end{bmatrix} \tag{5-41}$$

$$\begin{bmatrix} \psi_{\alpha s} \\ \psi_{\beta s} \end{bmatrix} = \begin{bmatrix} \cos\theta_e & -\sin\theta_e \\ \sin\theta_e & \cos\theta_e \end{bmatrix} \begin{bmatrix} \psi_{ds} \\ \psi_{qs} \end{bmatrix} \tag{5-42}$$

其中 v_{ds}、v_{qs} 分別為感應馬達在 *d-q* 軸座標框的定子電壓，i_{ds}、i_{qs} 分別為在 *d-q* 軸座標框的定子電流，ψ_{ds}、ψ_{qs} 分別為在 *d-q* 軸座標框的定子磁通，將(5-40)、(5-41)及(5-42)式代回(5-39)式得

$$v_{ds}\cos\theta_e - v_{qs}\sin\theta_e = R_s(i_{ds}\cos\theta_e - i_{qs}\sin\theta_e) + \frac{d}{dt}(\psi_{ds}\cos\theta_e - \psi_{qs}\sin\theta_e) \tag{5-43}$$

上式等號右邊微分式可寫成

$$\frac{d}{dt}(\psi_{ds}\cos\theta_e - \psi_{qs}\sin\theta_e) = \frac{d\psi_{ds}}{dt}\cos\theta_e - \omega_e\sin\theta_e\psi_{ds} - (\frac{d\psi_{qs}}{dt}\sin\theta_e + \omega_e\cos\theta_e\psi_{qs})$$

$$(5\text{-}44)$$

將(5-44)式代回(5-43)式得

$$v_{ds}\cos\theta_e - v_{qs}\sin\theta_e = R_s(i_{ds}\cos\theta_e - i_{qs}\sin\theta_e) + \frac{d\psi_{ds}}{dt}\cos\theta_e - \omega_e\sin\theta_e\psi_{ds}$$
$$-(\frac{d\psi_{qs}}{dt}\sin\theta_e + \omega_e\cos\theta_e\psi_{qs})$$

$$(5\text{-}45)$$

上式將與 $\cos\theta_e$ 相乘的變數集中，並將與 $\sin\theta_e$ 相乘的變數集中，可得與 $\cos\theta_e$ 相乘的變數為

$$v_{ds} = R_s i_{ds} + \frac{d\psi_{ds}}{dt} - \omega_e\psi_{qs}$$

$$(5\text{-}46)$$

與 $\sin\theta_e$ 相乘的變數為

$$v_{qs} = R_s i_{qs} + \frac{d\psi_{qs}}{dt} + \omega_e\psi_{ds}$$

$$(5\text{-}47)$$

同理，在 *d-q* 軸座標框的轉子電壓方程式如下，且因是鼠籠式短路為零。

$$v_{dr} = R_r i_{dr} + \frac{d\psi_{dr}}{dt} - \omega_{sl}\psi_{qr} = 0$$

$$(5\text{-}48)$$

$$v_{qr} = R_r i_{qr} + \frac{d\psi_{qr}}{dt} + \omega_{sl}\psi_{dr} = 0$$

$$(5\text{-}49)$$

又因

$$\psi_{ds} = (L_{ls} + L_m)i_{ds} + L_m i_{dr} = L_s i_{ds} + L_m i_{dr} \tag{5-50}$$

$$\psi_{qs} = (L_{ls} + L_m)i_{qs} + L_m i_{qr} = L_s i_{qs} + L_m i_{qr} \tag{5-51}$$

$$\psi_{dr} = (L_{lr} + L_m)i_{dr} + L_m i_{ds} = L_r i_{dr} + L_m i_{ds} \tag{5-52}$$

$$\psi_{qr} = (L_{lr} + L_m)i_{qr} + L_m i_{qs} = L_r i_{qr} + L_m i_{qs} \tag{5-53}$$

由(5-52)及(5-53)式分別可得

$$i_{dr} = \frac{\psi_{dr}}{L_r} - \frac{L_m}{L_r} i_{ds} \tag{5-54}$$

$$i_{qr} = \frac{\psi_{qr}}{L_r} - \frac{L_m}{L_r} i_{qs} \tag{5-55}$$

將上二式分別代回(5-50)及(5-51)式得

$$\psi_{ds} = L_s i_{ds} + L_m \left(\frac{\psi_{dr}}{L_r} - \frac{L_m}{L_r} i_{ds} \right) = L_\sigma i_{ds} + \frac{L_m}{L_r} \psi_{dr} \tag{5-56}$$

$$\psi_{qs} = L_s i_{qs} + L_m \left(\frac{\psi_{qr}}{L_r} - \frac{L_m}{L_r} i_{qs} \right) = L_\sigma i_{qs} + \frac{L_m}{L_r} \psi_{qr} \tag{5-57}$$

其中 L_σ 稱為總漏磁電感，如下：

$$L_\sigma = L_s - \frac{L_m^2}{L_r} \tag{5-58}$$

將(5-56)及(5-57)式分別代回(5-46)及(5-47)式得

$$v_{ds} = R_s i_{ds} + L_\sigma \frac{di_{ds}}{dt} - \omega_e L_\sigma i_{qs} + \frac{L_m}{L_r} \frac{d\psi_{dr}}{dt} - \omega_e \frac{L_m}{L_r} \psi_{qr} \tag{5-59}$$

$$v_{qs} = R_s i_{qs} + L_\sigma \frac{di_{qs}}{dt} + \omega_e L_\sigma i_{ds} + \frac{L_m}{L_r} \frac{d\psi_{qr}}{dt} + \omega_e \frac{L_m}{L_r} \psi_{dr} \tag{5-60}$$

將(5-54)及(5-55)式分別代回(5-48)及(5-49)式得

$$v_{dr} = R_r(\frac{\psi_{dr}}{L_r} - \frac{L_m}{L_r}i_{ds}) + \frac{d\psi_{dr}}{dt} - \omega_{sl}\psi_{qr}$$

$$= -\frac{L_m}{L_r}R_r i_{ds} + \frac{R_r}{L_r}\psi_{dr} + \frac{d\psi_{dr}}{dt} - \omega_{sl}\psi_{qr} = 0$$

(5-61)

$$v_{qr} = R_r(\frac{\psi_{qr}}{L_r} - \frac{L_m}{L_r}i_{qs}) + \frac{d\psi_{qr}}{dt} + \omega_{sl}\psi_{dr}$$

$$= -\frac{L_m}{L_r}R_r i_{qs} + \frac{R_r}{L_r}\psi_{qr} + \frac{d\psi_{qr}}{dt} + \omega_{sl}\psi_{dr} = 0$$

(5-62)

結合以上四式可寫成矩陣的電壓方程式如下：

$$\begin{bmatrix} v_{ds} \\ v_{qs} \\ v_{dr} \\ v_{qr} \end{bmatrix} = \begin{bmatrix} R_s + L_\sigma p & -\omega_e L_\sigma & \frac{L_m}{L_r}p & -\omega_e\frac{L_m}{L_r} \\ \omega_e L_\sigma & R_s + L_\sigma p & \omega_e\frac{L_m}{L_r} & \frac{L_m}{L_r}p \\ -\frac{L_m}{L_r}R_r & 0 & \frac{R_r}{L_r}+p & -\omega_{sl} \\ 0 & -\frac{L_m}{L_r}R_r & \omega_{sl} & \frac{R_r}{L_r}+p \end{bmatrix} \begin{bmatrix} i_{ds} \\ i_{qs} \\ \psi_{dr} \\ \psi_{qr} \end{bmatrix}$$

(5-63)

其中 p 為對 t 的微分(d/dt)。

以上之矩陣的電壓方程式可進一步化為**轉移函數方塊圖**，以便於控制器的設計。為此，第一式(5-59)式可化為狀態方程式如下：

$$L_\sigma\frac{di_{ds}}{dt} = -R_s i_{ds} + \omega_e L_\sigma i_{qs} - \frac{L_m}{L_r}\frac{d\psi_{dr}}{dt} + \omega_e\frac{L_m}{L_r}\psi_{qr} + v_{ds}$$

(5-64)

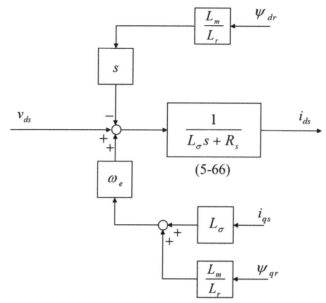

圖 5.13　定子 d-軸電壓至定子 d-軸電流之轉移函數方塊圖

取其拉普拉斯轉換得

$$(L_\sigma s + R_s)I_{ds}(s) = \omega_e L_\sigma I_{qs}(s) - \frac{L_m}{L_r}s\Psi_{dr}(s) + \omega_e\frac{L_m}{L_r}\Psi_{qr}(s) + V_{ds}(s) \quad (5\text{-}65)$$

可得

$$I_{ds}(s) = \frac{V_{ds}(s) + \omega_e L_\sigma I_{qs}(s) - \dfrac{L_m}{L_r}s\Psi_{dr}(s) + \omega_e\dfrac{L_m}{L_r}\Psi_{qr}(s)}{(L_\sigma s + R_s)} \quad (5\text{-}66)$$

可得定子 d-軸電壓至定子 d-軸電流之轉移函數方塊圖如圖 5.13 所示。

第二式(5-60)式可化為狀態方程式如下：

$$L_\sigma\frac{di_{qs}}{dt} = -R_s i_{qs} - \omega_e L_\sigma i_{ds} - \frac{L_m}{L_r}\frac{d\psi_{qr}}{dt} - \omega_e\frac{L_m}{L_r}\psi_{dr} + v_{qs} \quad (5\text{-}67)$$

取其拉普拉斯轉換得

$$(L_\sigma s + R_s)I_{qs}(s) = -\omega_e L_\sigma I_{ds}(s) - \frac{L_m}{L_r}s\Psi_{qr}(s) - \omega_e \frac{L_m}{L_r}\Psi_{dr}(s) + V_{qs}(s) \quad (5\text{-}68)$$

可得

$$I_{qs}(s) = \frac{V_{qs}(s) - \omega_e L_\sigma I_{ds}(s) - \dfrac{L_m}{L_r}s\Psi_{qr}(s) - \omega_e \dfrac{L_m}{L_r}\Psi_{dr}(s)}{(L_\sigma s + R_s)} \quad (5\text{-}69)$$

可得定子 q-軸電壓至定子 q-軸電流之轉移函數方塊圖如圖 5.14 所示。

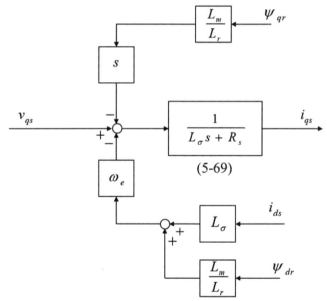

圖 5.14　定子 q-軸電壓至定子 q-軸電流之轉移函數方塊圖

第三式(5-61)式可化為狀態方程式如下：

$$\frac{d\psi_{dr}}{dt} = -\frac{R_r}{L_r}\psi_{dr} + \omega_{sl}\psi_{qr} + \frac{L_m}{L_r}R_r i_{ds} \quad (5\text{-}70)$$

取其拉普拉斯轉換得

$$(s + \frac{R_r}{L_r})\Psi_{dr}(s) = \frac{L_m R_r}{L_r} I_{ds}(s) + \omega_{sl}\Psi_{qr}(s) \tag{5-71}$$

可得

$$\Psi_{dr}(s) = \frac{\dfrac{L_m R_r}{L_r} I_{ds}(s) + \omega_{sl}\Psi_{qr}(s)}{s + \dfrac{R_r}{L_r}} \tag{5-72}$$

可得定子 d-軸電流至轉子 d-軸磁通之轉移函數方塊圖如圖 5.15 所示。

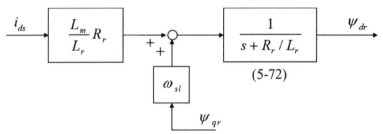

圖 5.15　定子 d-軸電流至轉子 d-軸磁通之轉移函數方塊圖

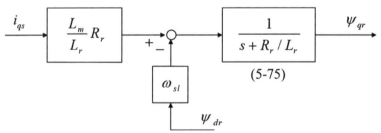

圖 5.16　定子 q-軸電流至轉子 q-軸磁通之轉移函數方塊圖

第四式(5-62)式可化為狀態方程式如下：

$$\frac{d\psi_{qr}}{dt} = -\frac{R_r}{L_r}\psi_{qr} - \omega_{sl}\psi_{dr} + \frac{L_m}{L_r}R_r i_{qs} \tag{5-73}$$

取其拉普拉斯轉換得

$$(s + \frac{R_r}{L_r})\Psi_{qr}(s) = \frac{L_m R_r}{L_r} I_{qs}(s) - \omega_{sl}\Psi_{dr}(s) \tag{5-74}$$

可得

$$\Psi_{qr}(s) = \frac{\dfrac{L_m R_r}{L_r} I_{qs}(s) - \omega_{sl}\Psi_{dr}(s)}{s + \dfrac{R_r}{L_r}} \tag{5-75}$$

可得定子 q-軸電流至轉子 q-軸磁通之轉移函數方塊圖如圖 5.16 所示。

此外,感應馬達經由輸入定子 d-q 軸電壓所產生的轉矩可推導如下:

$$T_e = \frac{3}{2}(\frac{P}{2})\hat{\psi}_m \times \hat{I}_r \tag{5-76}$$

其中 $\hat{\psi}_m$ 為感應馬達氣隙磁通向量;$\hat{I}_r$ 為感應馬達轉子電流向量,分別可寫成

$$\hat{\psi}_m = \psi_{dm} + j\psi_{qm} \tag{5-77}$$

$$\hat{I}_r = i_{dr} + ji_{qr} \tag{5-78}$$

將(5-77)及(5-78)代入(5-76)式可得

$$\begin{aligned}
T_e &= \frac{3}{2}(\frac{P}{2})\hat{\psi}_m \times \hat{I}_r = \frac{3P}{4}(\psi_{qm}i_{dr} - \psi_{dm}i_{qr}) \\
&= \frac{3P}{4}[L_m(i_{qs} + i_{qr})i_{dr} - L_m(i_{ds} + i_{dr})i_{qr}] \\
&= \frac{3P}{4}(L_m i_{qs} i_{dr} - L_m i_{ds} i_{qr})
\end{aligned} \tag{5-79}$$

為了將上式中的 i_{dr} 與 i_{qr} 轉化為 ψ_{dr} 與 ψ_{qr}，可將(5-54)及(5-55)代入(5-79)式，得

$$
\begin{aligned}
T_e &= \frac{3P}{4}[L_m i_{qs}(\frac{\psi_{dr}}{L_r} - \frac{L_m}{L_r} i_{ds}) - L_m i_{ds}(\frac{\psi_{qr}}{L_r} - \frac{L_m}{L_r} i_{qs})] \\
&= \frac{3P}{4}(L_m i_{qs}\frac{\psi_{dr}}{L_r} - L_m i_{ds}\frac{\psi_{qr}}{L_r}) \\
&= \frac{3P}{4}\frac{L_m}{L_r}(i_{qs}\psi_{dr} - i_{ds}\psi_{qr})
\end{aligned}
\tag{5-80}
$$

結合圖 5.13～圖 5.16 四個轉移函數方塊圖、(5-80)式及牛頓第二運動定律方程式（圖 5.8），可得感應馬達 d-q 模型方塊圖如圖 5.17 所示。

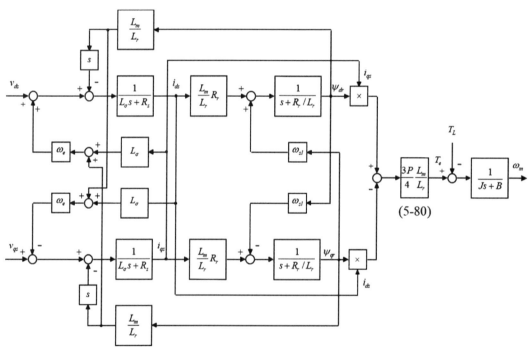

圖 5.17 感應馬達 d-q 模型方塊圖

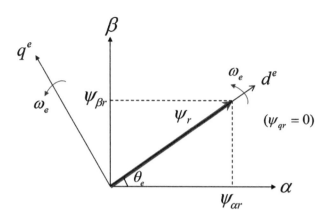

圖 5.18 感應馬達轉子磁通定在同步旋轉座標框的 d-軸

5.6 感應馬達向量控制

前一節所述感應馬達產生的轉矩(5-80)式為一個非線性方程式，若令

$$\psi_{qr} = 0 \tag{5-81}$$

$$\psi_{dr} = \psi_r = \text{const.} \tag{5-82}$$

即 ψ_{dr} 為一常數定值，如圖 5.18 所示，亦即轉子磁通定在同步旋轉座標框的 d-軸，則該式可簡化為

$$T_e = \frac{3P}{4}\frac{L_m}{L_r}(i_{qs}\psi_{dr} - i_{ds}\psi_{qr}) = \frac{3P}{4}\frac{L_m}{L_r}\psi_{dr}i_{qs} = K_T i_{qs} \tag{5-83}$$

其中 K_T 稱為感應馬達的轉矩常數，寫成

$$K_T = \frac{3P}{4}\frac{L_m}{L_r}\psi_{dr} \tag{5-84}$$

在圖 5.18 中的同步旋轉座標框的旋轉角度 θ_e 可由下式求得

$$\theta_e = \int \omega_e dt = \int (\omega_r + \omega_{sl})dt \tag{5-85}$$

因此只要取得轉子電氣轉速 ω_r 及滑差頻率 ω_{sl}，經由積分即可得到 θ_e，即可執行之帕克轉換式(4-20)及反帕克轉換式(4-21)的運算以進行向量控制(Vector Control)，此方法稱為以轉子磁場導向(Rotor-Flux Field-Oriented Control, RFOC)的向量控制，又因為是間接由滑差頻率來計算出同步旋轉座標框的旋轉角度 θ_e，故又稱為間接的轉子磁場導向向量控制(Indirect Field-Oriented Control, IFOC)。另有直接轉子磁場導向向量控制(Direct Field-Oriented Control, DFOC)方法，是直接估測轉子磁通角度，由圖 5.18 可知轉子磁通角度估測如下：

$$\theta_e = \tan^{-1} \frac{\psi_{\beta r}}{\psi_{\alpha r}} \tag{5-86}$$

詳細於後（5.6.2 節）說明。

5.6.1 間接轉子磁場導向向量控制

本節介紹間接轉子磁場導向向量控制(IFOC)，如何求得滑差頻率 ω_{sl} 呢?為此，轉子磁通之 d-q 模型之狀態方程式(5-70)及(5-73)兩式重寫如下：

$$\frac{d\psi_{dr}}{dt} + \frac{R_r}{L_r}\psi_{dr} - \omega_{sl}\psi_{qr} - \frac{L_m}{L_r}R_r i_{ds} = 0 \tag{5-87}$$

$$\frac{d\psi_{qr}}{dt} + \frac{R_r}{L_r}\psi_{qr} + \omega_{sl}\psi_{dr} - \frac{L_m}{L_r}R_r i_{qs} = 0 \tag{5-88}$$

當 $\psi_{qr} = 0$ 時，則由(5-88)式可得

$$\omega_{sl} = \frac{L_m}{\psi_{dr}}\frac{R_r}{L_r}i_{qs} \tag{5-89}$$

其中的 ψ_{dr} 可由(5-87)式得出，即

$$\frac{L_r}{R_r}\frac{d\psi_{dr}}{dt} + \psi_{dr} = L_m i_{ds} \tag{5-90}$$

結合以上二式可得計算滑差頻率的方塊圖如圖 5.19 所示，其中 $T_r = L_r / R_r$ 稱為轉子時間常數。圖 5.20(a)為該感應馬達間接向量控制驅動模型，給予定子 d-q

軸直流電壓命令 $v_{ds}^{*}=10\text{V}$、$v_{qs}^{*}=50\text{V}$，可看出轉速與定子 $d\text{-}q$ 軸直流電流及三相交流電流響應波形如圖 5.20(b)。

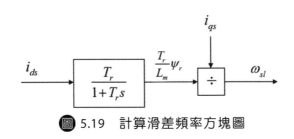

圖 5.19　計算滑差頻率方塊圖

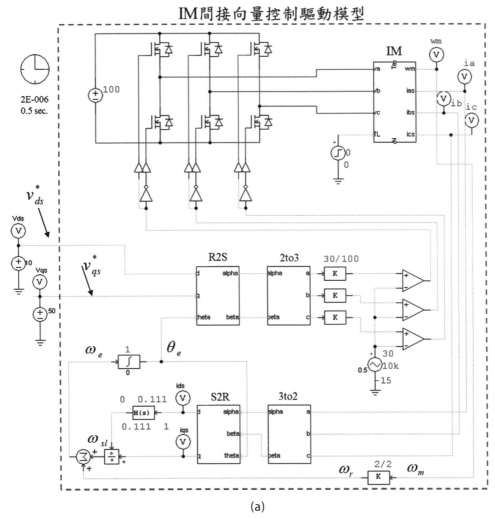

(a)

圖 5.20　IM 間接向量控制(IFOC)：

(a)驅動模型(IM_IFOC_plant.psimsch)、(b)開迴路模擬波形

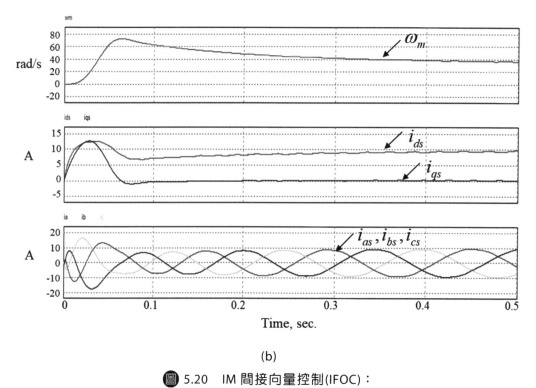

(b)

📘 5.20 IM 間接向量控制(IFOC)：

(a)驅動模型(IM_IFOC_plant.psimsch)、(b)開迴路模擬波形（續）

5.6.2 直接轉子磁場導向向量控制

因 $\omega_{sl} = \omega_e - \omega_r$，轉子磁通在同步旋轉座標框之 d-q 模型(5-48)及(5-49)式可改寫為

$$R_r i_{dr} + \frac{d\psi_{dr}}{dt} - (\omega_e - \omega_r)\psi_{qr} = 0 \tag{5-91}$$

$$R_r i_{qr} + \frac{d\psi_{qr}}{dt} + (\omega_e - \omega_r)\psi_{dr} = 0 \tag{5-92}$$

當 $\omega_e = 0$，則上二式之轉子磁通 d-q 模型可化為在靜止座標框之 α-β 模型如下：

$$R_r i_{\alpha r} + \frac{d\psi_{\alpha r}}{dt} + \omega_r\psi_{\beta r} = 0 \tag{5-93}$$

$$R_r i_{\beta r} + \frac{d\psi_{\beta r}}{dt} - \omega_r\psi_{\alpha r} = 0 \tag{5-94}$$

其中

$$\psi_{\alpha r} = L_m i_{\alpha s} + L_r i_{\alpha r} \qquad (5\text{-}95)$$

$$\psi_{\beta r} = L_m i_{\beta s} + L_r i_{\beta r} \qquad (5\text{-}96)$$

將(5-93)式等號兩邊各加上 $L_m R_r i_{\alpha s} / L_r$，得

$$\frac{d\psi_{\alpha r}}{dt} + \frac{L_m}{L_r} R_r i_{\alpha s} + R_r i_{\alpha r} + \omega_r \psi_{\beta r} = \frac{L_m}{L_r} R_r i_{\alpha s} \qquad (5\text{-}97)$$

上式可整理得

$$\frac{d\psi_{\alpha r}}{dt} + \frac{R_r}{L_r}(L_m i_{\alpha s} + L_r i_{\alpha r}) + \omega_r \psi_{\beta r} = \frac{L_m}{L_r} R_r i_{\alpha s} \qquad (5\text{-}98)$$

將(5-95)式代入上式得

$$\frac{d\psi_{\alpha r}}{dt} + \frac{R_r}{L_r}\psi_{\alpha r} + \omega_r \psi_{\beta r} = \frac{L_m}{L_r} R_r i_{\alpha s} \qquad (5\text{-}99)$$

同理，將(5-94)式等號兩邊各加上 $L_m R_r i_{\beta s} / L_r$，得

$$\frac{d\psi_{\beta r}}{dt} + \frac{L_m}{L_r} R_r i_{\beta s} + R_r i_{\beta r} - \omega_r \psi_{\alpha r} = \frac{L_m}{L_r} R_r i_{\beta s} \qquad (5\text{-}100)$$

上式可整理得

$$\frac{d\psi_{\beta r}}{dt} + \frac{R_r}{L_r}(L_m i_{\beta s} + L_r i_{\beta r}) - \omega_r \psi_{\alpha r} = \frac{L_m}{L_r} R_r i_{\beta s} \qquad (5\text{-}101)$$

將(5-96)式代入(5-101)式得

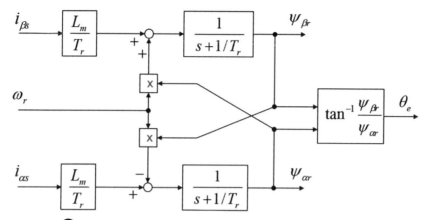

● 5.21　直接向量控制之轉子磁通角度估測方塊圖

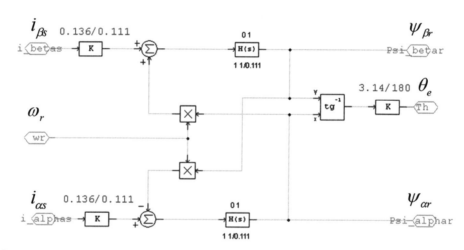

● 5.22　直接向量控制之轉子磁通角度估測子電路(IM_rotor_flux_mdl.psimsch)

$$\frac{d\psi_{\beta r}}{dt} + \frac{R_r}{L_r}\psi_{\beta r} - \omega_r\psi_{\alpha r} = \frac{L_m}{L_r}R_r i_{\beta s} \tag{5-102}$$

將(5-99)及(5-102)式各取拉普拉斯轉換，並結合前述(5-86)式，可得轉子磁通角度估測方塊圖如圖 5.21 所示。以 PSIM 建構之轉子磁通角度估測子電路如圖 5.22。圖 5.23(a)為感應馬達直接向量控制的驅動模型，給予定子 d-q 軸直流電壓命令 $v_{ds}^* = 10\text{V}$、$v_{qs}^* = 50\text{V}$，可看出轉速與定子 d-q 軸直流電流及三相交流電流響應波形如圖 5.23(b)，與間接向量控制的模擬波形圖 5.20(b)相比較，二者很相近。

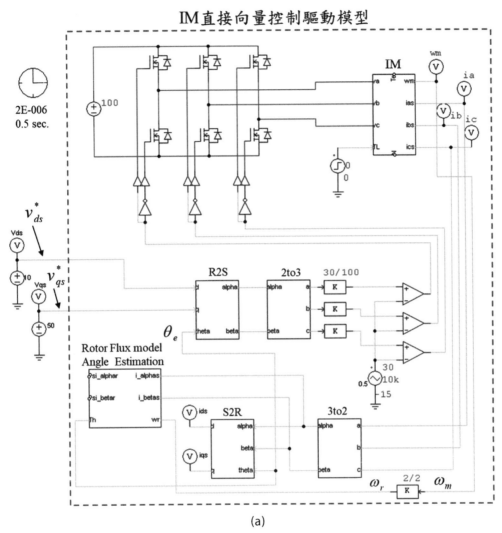

(a)

圖 5.23　IM 直接向量控制：(a)驅動模型(IM_DFOC_plant.psimsch)、(b)開迴路模擬波形

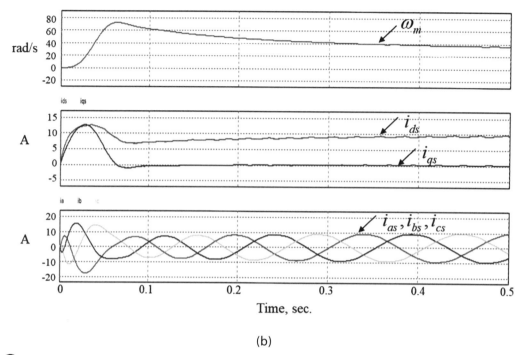

(b)

📷 5.23　IM 直接向量控制：(a)驅動模型(IM_DFOC_plant.psimsch)、(b)開迴路模擬波形（續）

5.7　感應馬達伺服控制

　　如同永磁同步馬達，在向量控制的基礎架構之上，可進行感應馬達在同步旋轉座標框的伺服控制器包括電流控制、轉速控制與位置控制三個迴路控制器的設計。本節先說明內迴路電流控制的設計，再說明中迴路轉速控制器以及外迴路位置控制器的設計。

5.7.1　感應馬達之電流控制

　　感應馬達之電流控制區分為 d-軸電流控制與 q-軸電流控制，需先得到兩者個別的受控模型，再進行分別在 d-軸與 q-軸的電流控制器設計。為此，因在向量控制的基礎架構下，轉子磁通定在 d-軸，即 $\psi_{qr}=0$，則圖 5.17 之 d-q 模型可簡化為如圖 5.24 所示。

此外，當 $\psi_{dr} = \text{const.}$，則由(5-90)式可得

$$\psi_{dr} = L_m i_{ds} = \psi_r \tag{5-103}$$

圖 5.24 中之(a)點電壓可寫成

$$v_{(a)} = L_\sigma i_{ds} + \frac{L_m}{L_r}\psi_r \tag{5-104}$$

將(5-103)式代入(5-104)式得

$$\begin{aligned}
v_{(a)} &= L_\sigma \frac{\psi_r}{L_m} + \frac{L_m}{L_r}\psi_r \\
&= \frac{L_s L_r - L_m^2}{L_r}\frac{\psi_r}{L_m} + \frac{L_m}{L_r}\psi_r = \frac{L_s}{L_m}\psi_r
\end{aligned} \tag{5-105}$$

圖 5.24 中之(b)點電壓可寫成

$$\begin{aligned}
v_{(b)} &= \omega_e \frac{L_s}{L_m}\psi_r \\
&= (\omega_r + \omega_{sl})\frac{L_s}{L_m}\psi_r \\
&= \frac{L_s}{L_m}\omega_r\psi_r + \left(\frac{L_m}{\psi_r}\frac{R_r}{L_r}i_{qs}\right)\frac{L_s}{L_m}\psi_r \\
&= \frac{L_s}{L_m}\omega_r\psi_r + \frac{L_s}{L_r}R_r i_{qs}
\end{aligned} \tag{5-106}$$

由圖 5.24 可得

$$[v_{qs} - v_{(b)}]\frac{1}{L_\sigma s + R_s} = i_{qs} \tag{5-107}$$

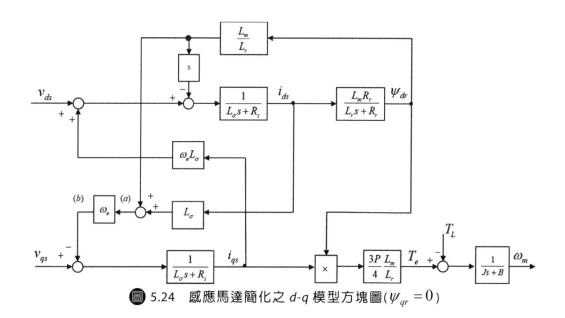

● 5.24　感應馬達簡化之 d-q 模型方塊圖($\psi_{qr}=0$)

將(5-106)式代入(5-107)式得

$$[v_{qs}-(\frac{L_s}{L_m}\omega_r\psi_r+\frac{L_s}{L_r}R_ri_{qs})]\frac{1}{L_\sigma s+R_s}=i_{qs} \tag{5-108}$$

上式可再整理為

$$(v_{qs}-\frac{P}{2}\frac{L_s}{L_m}\psi_r\omega_m)\frac{1}{L_\sigma s+R_s}=(1+\frac{L_sR_r/L_r}{L_\sigma s+R_s})i_{qs} \tag{5-109}$$

(5-109)式可再整理為

$$(v_{qs}-\frac{P}{2}\frac{L_s}{L_m}\psi_r\omega_m)\frac{1}{L_\sigma s+R_s+L_sR_r/L_r}=i_{qs} \tag{5-110}$$

由(5-110)式，圖 5.24 之感應馬達簡化之 d-q 模型可再進一步簡化如圖 5.25 所示。因 ψ_{dr} 將被設定為常數，若此，由圖 5.25 可得感應馬達 q-軸電流至轉速之轉移函數方塊圖如圖 5.26 所示，可視為一個分激式的直流馬達模型（圖 1.5），其中

$$T_e = \frac{3P}{4}\frac{L_m}{L_r}\psi_{dr}i_{qs} = K_T i_{qs} \qquad (5\text{-}111)$$

上式中 K_T 稱為轉矩常數(Torque Constant)，和(5-84)式相同。此外

$$e_{qs} = \frac{P}{2}\frac{L_s}{L_m}\psi_{dr} = K_E \omega_m \qquad (5\text{-}112)$$

K_E 稱為反電動勢常數(Back-EMF Constant)，$K_E \neq K_T$。

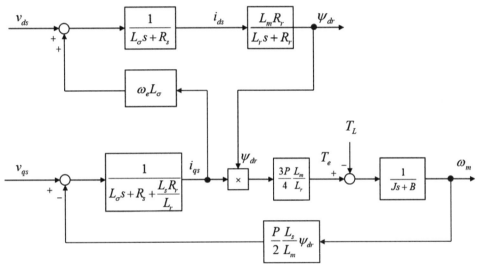

圖 5.25　感應馬達簡化之 *d-q* 模型方塊圖($\psi_{qr} = 0$、$\psi_{dr} = \text{const.}$)

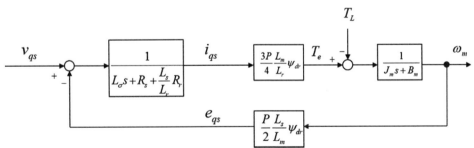

圖 5.26　感應馬達 *q*-軸電壓至轉速之轉移函數方塊圖($\psi_{qr} = 0$、$\psi_{dr} = \text{const.}$)

　　由圖 5.25 可得 d-軸電流控制方塊圖如圖 5.27(a)所示，因為定子 q-軸電流 i_{qs} 會影響 d-軸電流 i_{ds} 的響應，故利用解耦控制(Decoupling Control)的方法，在 PI 控制器之後加入解耦控制，以抵消 q-軸電流 i_{qs} 對 d-軸電流 i_{ds} 響應的影響，可得簡化的 d-軸電流控制方塊圖如圖 5.27(b)。再經極點-零點消除法(Pole-Zero Cancellation)，即受控體的極點（$1+sL_\sigma/R_s=0$ 的根）在分母和控制器的零點 ($1+sk_{pd}/k_{id}=0$ 的根)在分子二者互相抵消，亦即

$$\frac{k_{pd}}{k_{id}} = \frac{L_\sigma}{R_s} \tag{5-113}$$

可得 d-軸電流控制方塊圖如圖 5.28 所示。

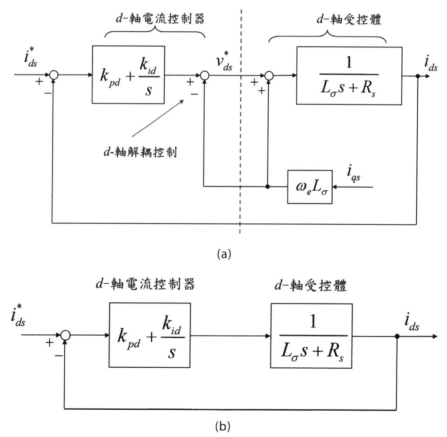

(a)

(b)

圖 5.27 IM 馬達 d-軸電流控制方塊圖：(a)PI 與解耦控制、(b)經解耦後之簡化方塊圖

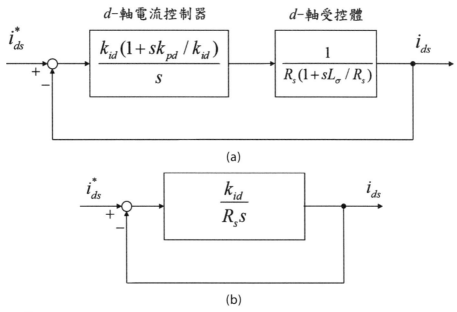

圖 5.28　IM 馬達 *d*-軸電流轉移函數之極點─零點消除法控制方塊圖：
(a)極點─零點消除前、(b)極點─零點消除後

由圖 5.28(b)可得 *d*-軸電流控制的閉迴路轉移函數為

$$G_{cl}(s) = \frac{\dfrac{k_{id}}{R_s s}}{1 + \dfrac{k_{id}}{R_s s}} = \frac{k_{id}}{R_s s + k_{id}} = \frac{\dfrac{k_{id}}{R_s}}{s + \dfrac{k_{id}}{R_s}} = \frac{\omega_{bd}}{s + \omega_{bd}} \tag{5-114}$$

其中 ω_{bd} 為 *d*-軸閉迴路電流控制系統的頻寬，$\omega_{bd} = k_{id}/R_s$，可訂定此頻寬為 300 Hz，即 $\omega_{bd} = k_{id}/R_s = 2\pi \times 300$，可得出此 *d*-軸電流 PI 控制器參數中 k_{id} 的值如下：

$$k_{id} = \omega_{bd} R_s = 2\pi \times 300 \times 1.1 = 2072.4 \tag{5-115}$$

再利用(5-113)式可得

$$k_{pd} = k_{id}\frac{L_\sigma}{R_s} = \omega_{bd} L_\sigma = 2\pi \times 300 \times 0.01744 = 32.86 \tag{5-116}$$

q-軸電流控制方塊圖如圖 5.29(a)所示，因為 d-軸電流 i_{ds} 會影響 q-軸電流 i_{qs} 的響應，故亦利用解耦控制(Decoupling Control)的方法，在 PI 控制器之後加入解耦控制，以抵消 d-軸電流 i_{ds} 對 q-軸電流 i_{qs} 響應的影響，可得簡化的 q-軸電流控制方塊圖如圖 5.29(b)。再經極點－零點消除法，即受控體的極點（$1+sL_\sigma/R_\sigma = 0$ 的根）在分母和控制器的零點（$1+sk_{pq}/k_{iq} = 0$ 的根）在分子二者互相抵消，亦即

$$\frac{k_{pq}}{k_{iq}} = \frac{L_\sigma}{R_\sigma} \tag{5-117}$$

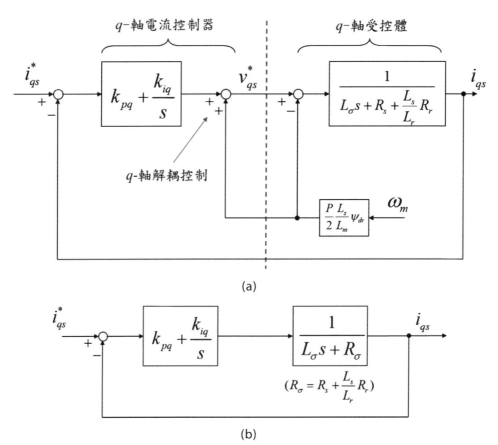

圖 5.29　IM 馬達 q-軸電流控制方塊圖：(a)PI 與解耦控制、(b)經解耦後之簡化方塊圖

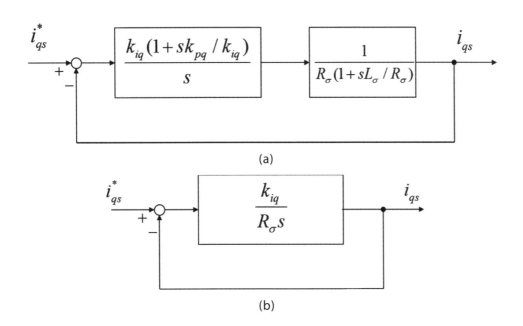

圖 5.30　IM 馬達 q-軸電流轉移函數之極點—零點消除法控制方塊圖：
(a)極點—零點消除前、(b)極點—零點消除後

可得 q-軸電流控制方塊圖如圖 5.30 所示。同理，q-軸閉迴路電流控制系統的頻寬為 300 Hz，可得 $k_{iq} = 300 \times 2\pi \times 2.4 = 4523.9$，$k_{pq} = k_{iq} L_\sigma / R_\sigma = 4523.9 \times 0.01744 / 2.4 = 32.9$。有了 d-軸與 q-軸 PI 電流控制器參數後，為了讓 ψ_{dr} 為一常數，由(5-103)式，可令 i_{ds} 亦為一常數。

　一個感應馬達間接向量(IFOC)電流控制模擬模型如圖 5.31(a)所示，q-軸電流命令為在 0.3 秒時給予 1 A 步階波，d-軸電流命令為 $i_{ds}^* = 3\text{A}$，$\psi_{dr} = 0.136 \times 3 = 0.408\,\text{Wb}$，$d$-$q$ 軸電流、轉矩及三相電流響應波形如圖 5.31(b)所示，以該馬達參數計算 (5-84) 式所定義之轉矩常數 $K_T = 3 \times 2 \times 0.136 \times 0.408 / 0.145 / 4 = 0.574$，故對於 1A 的 q-軸電流，可計算出轉矩 T_e 為 0.574 Nm，如圖 5.31(b)之 T_e 轉矩將漸漸降至 0.574 Nm。

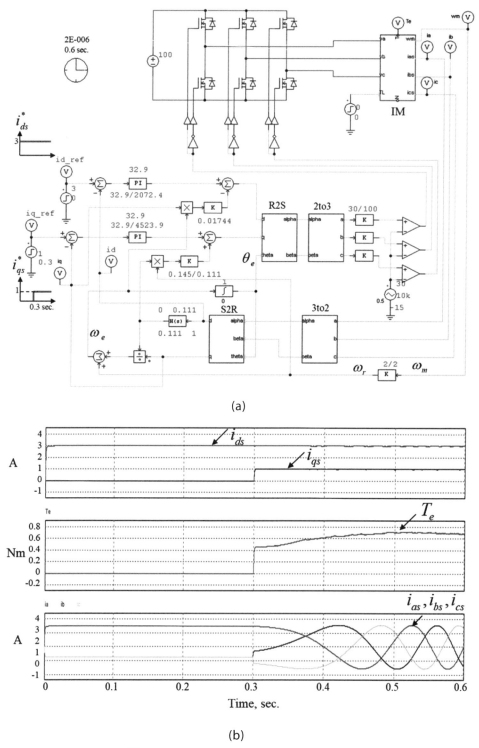

(a)

(b)

圖 5.31　感應馬達電流控制(IFOC)：

(a)模擬模型(IM_curr_IFOC.psimsch)、(b) *d-q* 軸電流、轉矩及三相電流響應

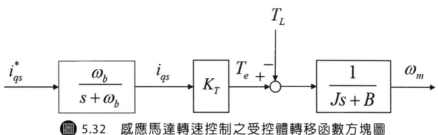

圖 5.32 感應馬達轉速控制之受控體轉移函數方塊圖

5.7.2 感應馬達之轉速控制

如同第四單元之 PMSM 馬達的多迴路伺服控制方塊圖（圖 4.25），感應馬達轉速控制迴路是在內層的電流控制迴路之外的回授控制，電流控制迴路的 q 軸電流命令是由轉速控制器的輸出端來給予。當感應馬達進行轉速控制時，如同電流控制迴路，其轉速控制器設計也必須先找出其受控體模型 $G_p(s)$，依此設計轉速控制器 $G_c(s)$。以內層電流控制迴路為基礎，感應馬達轉速控制的受控體轉移函數方塊圖如圖 5.32 所示，其中以一個一階系統(first-order system)表示前一小節所設計內層的電流閉迴路控制系統轉移函數，ω_b 是該電流閉迴路控制一階系統的頻寬，前面設定該頻寬為 300 Hz。一般轉速閉迴路控制二階系統的頻寬遠小於該電流閉迴路控制頻寬，故在轉速閉迴路控制的頻寬內可將內層的電流閉迴路控制增益視為 0 dB，如圖 5.33 所示，亦即該電流閉迴路控制的轉移函數增益在轉速控制閉迴路的頻寬內(15 Hz)可視為一個 1 的常數。

感應馬達轉速控制閉迴路轉移函數方塊圖如圖 5.34 所示，控制器除了使用 PI 控制以外，還加了一個順向補償器 k_{pf}，合體稱為二自由度(two-degree-of-freedom, 2-DOF)控制器，可得其閉迴路轉移函數可化為一個標準的二階系統如下：

$$G_{cl}(s) = \left.\frac{\Omega_m(s)}{\Omega_m^*(s)}\right|_{T_L=0} = \frac{\dfrac{k_p s + k_i}{s}\dfrac{K_T}{Js+B} + k_{pf}\dfrac{K_T}{Js+B}}{1 + \dfrac{k_p s + k_i}{s}\dfrac{K_T}{Js+B}} = \frac{K_T(k_p + k_{pf})s + k_i K_T}{Js^2 + (k_p K_T + B)s + k_i K_T}$$

(5-118)

在上式中，令 $k_{pf} = -k_p$，則上式可化簡為

$$G_{cl}(s) = \frac{k_i K_T}{Js^2 + (k_p K_T + B)s + k_i K_T} = \frac{\dfrac{k_i K_T}{J}}{s^2 + \dfrac{k_p K_T s + B}{J}s + \dfrac{k_i K_T}{J}} = \frac{\omega_n^2}{s^2 + 2\zeta\omega_n s + \omega_n^2}$$

$$(5\text{-}119)$$

其中 ζ 稱為阻尼比(damping ratio)；ω_n 稱為無阻尼自然頻率(undamped natural frequency)。訂定 $\zeta = 0.85$、$\omega_n = 118\,\text{rad/s}$，參考附錄(B-46)式，其頻寬為

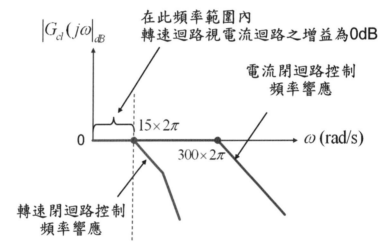

圖 5.33　感應馬達轉速控制與電流控制頻率響應圖

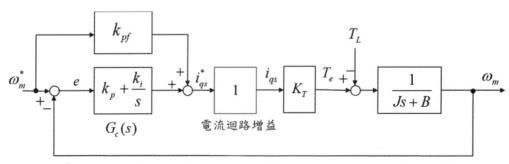

圖 5.34　感應馬達簡化之 2-DOF 轉速控制閉迴路轉移函數方塊圖

$$\omega_B = \omega_n \sqrt{1 - 2\zeta^2 + \sqrt{4\zeta^4 - 4\zeta^2 + 2}} = 95.13 \quad \text{rad/s.} \tag{5-120}$$

約 15 Hz。將 $\zeta = 0.85$ 與 $\omega_n = 118$ 代入(5-119)式,並比較係數得

$$k_i = \frac{J\omega_n^2}{K_T} = \frac{0.0027 \times 118^2}{0.574} = 65.49 \tag{5-121}$$

$$k_p = \frac{2\zeta\omega_n J - B}{K_T} = \frac{2 \times 0.85 \times 118 \times 0.0027 - 0.00005}{0.574} = 0.94 \tag{5-122}$$

由 (5-119) 式可得該感應馬達轉速閉迴路控制的單一步階響應(unit-step response),亦即給予 1 rad/s 之步階轉速參考命令,可得出馬達轉速的步階響應如下:

$$\Omega_m(s) = \frac{1}{s} \frac{\omega_n^2}{s^2 + 2\zeta\omega_n s + \omega_n^2} = \frac{k_1}{s} + \frac{k_2 s + k_3}{s^2 + 2\zeta\omega_n s + \omega_n^2} = \frac{(k_1 + k_2)s^2 + (2\zeta\omega_n k_1 + k_3)s + k_1\omega_n^2}{s(s^2 + 2\zeta\omega_n s + \omega_n^2)}$$

$$\tag{5-123}$$

利用比較係數法,可得 $k_1 = 1$、$k_2 = -1$、$k_3 = -2\zeta\omega_n$。參考附錄(B-19)式,將(5-123)式取反拉氏轉換得

$$i_a(t) = 1 - \frac{e^{-\alpha t}}{\sqrt{1 - \zeta^2}} (\sqrt{1 - \zeta^2} \cos \omega t + \zeta \sin \omega t) \tag{5-124}$$

其中 $\alpha = \zeta\omega_n$ 稱為阻尼因素(damping factor),振盪頻率 $\omega = \omega_n\sqrt{1 - \zeta^2}$。由(5-124)式可知,該感應馬達轉速閉迴路控制的單一步階響應為由零出發以時間常數 $1/\alpha$ 及振盪頻率 ω 爬升至 1 rad/s.的穩態值,故該阻尼因素 α 值愈大,則其步階響應爬升愈快。

給予步階方波 0~20 rad/s 的轉速參考命令,並在 0.6 秒時瞬間加載 $T_L = 3\,\text{Nm}$,在無載情況下($T_L = 0$),轉速閉迴路控制 PSIM 模擬與轉速及電流響應波形如圖 5.35 所示,可看出在轉速命令瞬間改變時,轉速與電流的暫態變化及達穩態值的響應。加載前馬達轉速為零(靜止),在瞬間加載後,馬達轉速

受干擾下降一些，但很快地拉回至原來的零轉速值，馬達 q-軸電流瞬間提升至 $i_q = 3/0.574 \approx 5.23\mathrm{A}$，使得馬達轉速追隨轉速命令，維持等速轉動，不受加載的影響，驗證了所設計轉速控制器的正確性。

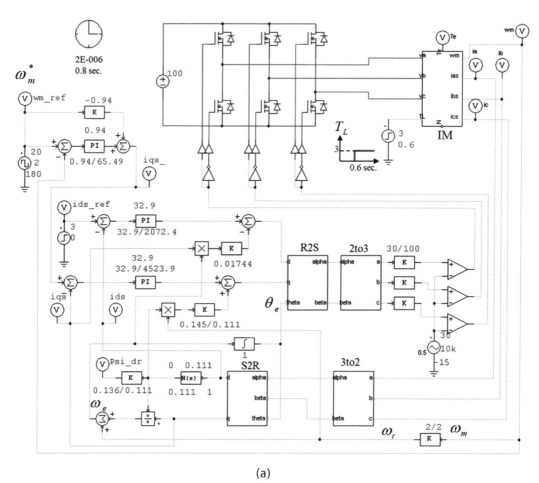

(a)

📖 5.35　感應馬達轉速閉迴路控制：

(a)模擬模型(IM_spd_IFOC.psimsch)、(b)轉速、轉子磁通及電流響應波形

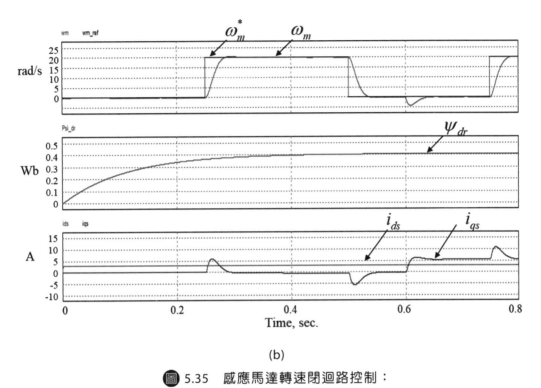

(b)

📖 5.35　感應馬達轉速閉迴路控制：

(a)模擬模型(IM_spd_IFOC.psimsch)、(b)轉速、轉子磁通及電流響應波形（續）

　　該感應馬達轉速閉迴路控制的響應亦可與一個相同轉移函數(5-119)式的二階系統響應相比較，若兩者輸出響應相一致，可表示所設計的 2-DOF 轉速控制器其功能是正確的，亦即此 2-DOF 轉速控制器的控制功能，使得該感應馬達的轉速控制依循(5-119)式的轉移函數得到相同的轉速響應。以 PSIM 模擬之轉速閉迴路控制與相同二階系統轉移函數之比較的轉速與電流響應波形如圖 5.36 所示，可看出兩者個別的轉速(ω_m , ω_{m1})與 q-軸電流(i_{qs} , i_{qs1})的波形幾近重疊一樣，驗證了所設計 2-DOF 轉速控制器的正確性。

　　轉速與電流 FOC 數位控制的模擬驗證，將在 5.8 節以 C 語言來實現。

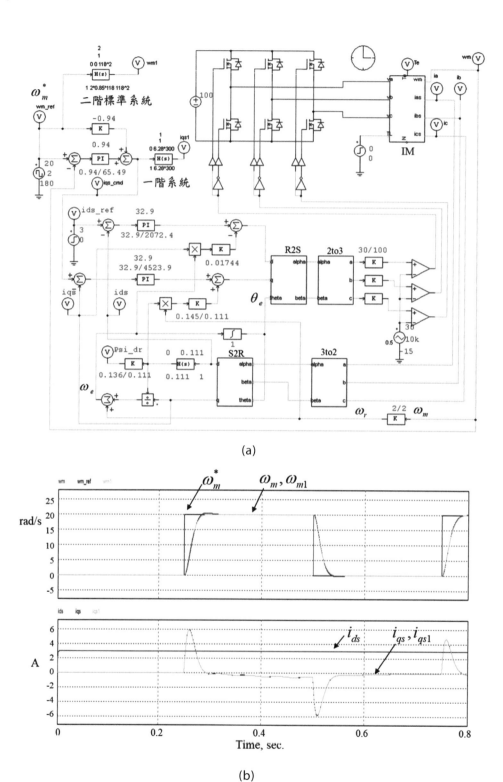

(a)

(b)

⬤ 圖 5.36　感應馬達轉速控制與相同二階系統轉移函數之比較：

(a)模擬模型(IM_spd_IFOC_cmp.psimsch)、(b)轉速與電流響應波形

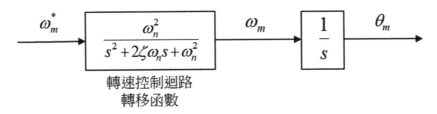

圖 5.37 位置控制之受控體轉移函數方塊圖

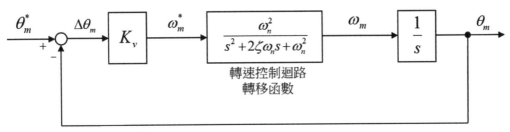

圖 5.38 位置閉迴路控制轉移函數方塊圖

5.7.3 感應馬達之位置控制

如同轉速控制迴路,感應馬達的位置控制器設計也必須先找出其受控體模型 $G_p(s)$,依此設計轉速控制器 $G_c(s)$ 。以中層轉速控制迴路為基礎,感應馬達位置控制的受控體轉移函數方塊圖如圖 5.37 所示,其中以一個二階系統 (second-order system)表示前一小節所設計的轉速閉迴路控制系統轉移函數,頻寬設定約為 15 Hz。馬達的轉速經積分即為馬達的角度。

位置閉迴路控制轉移函數方塊圖如圖 5.38,是屬於 Type-1 的系統,對於一個斜坡輸入(ramp function input)的 Type-1 系統,令該斜坡輸入函數為

$$\theta_m^* = Rt \tag{5-125}$$

其中 R 為斜坡的斜率,則由圖 5.38 可得位置誤差的拉普拉斯轉換式為

$$\Delta\Theta_m(s) = \frac{R}{s^2} \frac{1}{1 + \dfrac{K_v\omega_n^2}{s(s^2 + 2\zeta\omega_n s + \omega_n^2)}} = \frac{R(s^2 + 2\zeta\omega_n s + \omega_n^2)}{s(s^3 + 2\zeta\omega_n s^2 + \omega_n^2 s + K_v\omega_n^2)} \tag{5-126}$$

藉由終值定理（附錄 B-29 式），可得穩態誤差為

$$e_{ss} = s\Delta\Theta_m(s)\big|_{s=0} = \frac{R}{K_v} \tag{5-127}$$

設定該位置控制器的設計規格為在定速每分鐘 6 公尺的速度 v_s^* 之下，有 2.5 mm 的追隨誤差

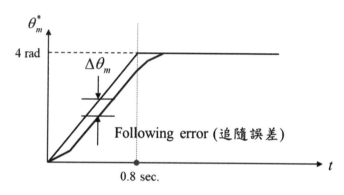

圖 5.39　位置參考命令與追隨誤差

e_{ss}，則該位置控制參考命令斜坡輸入之斜率為

$$R = \frac{6}{60} = 0.1 \text{ m/s} \tag{5-128}$$

穩態誤差為

$$e_{ss} = 0.0025 \text{ m} \tag{5-129}$$

將(5-128)及(5-129)式代回(5-127)式得

$$K_v = \frac{R}{e_{ss}} = \frac{0.1}{0.0025} = 40 \tag{5-130}$$

亦或由圖 5.38 可得該位置控制器常數

$$K_v = \frac{\omega_m^*}{\Delta\theta_m} = \frac{r\omega_m^*}{r\Delta\theta_m} = \frac{v_s^*}{\Delta x} = \frac{0.1}{0.0025} = 40 \tag{5-131}$$

其中 r 為該感應馬達的半徑,得出兩者的計算方法結果一樣。由(5-131)式,追隨誤差與轉速命令的關係為

$$\Delta \theta_m = \frac{\omega_m^*}{K_v} = \frac{R}{K_v} \tag{5-132}$$

其中轉速命令 ω_m^* 為位置命令的斜率 R,因此當 $K_v = 40$,當位置命令的斜率 R 增加時,追隨誤差亦等比例增加。

　　給予位置閉迴路控制命令的格式如圖 5.39,斜率 $R = 4/0.8 = 5 \, \text{rad/s}$,故代入(5-132)式,可得追隨誤差為 $\Delta \theta_m = 5/40 = 0.125 \, \text{rad}$。感應馬達位置閉迴路控制 PSIM 模擬與位置及轉速響應波形如圖 5.40,可看出 θ_m 之輸出響應波形穩態值為 4 rad 以及追隨誤差為 0.125 rad,驗證所設計位置控制器的正確性。

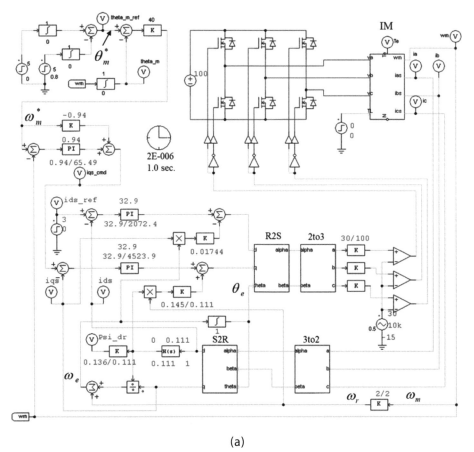

(a)

圖 5.40　感應位置閉迴路控制模擬:

(a)模擬模型(IM_posi_IFOC.psimsch)、(b)位置與轉速響應波形

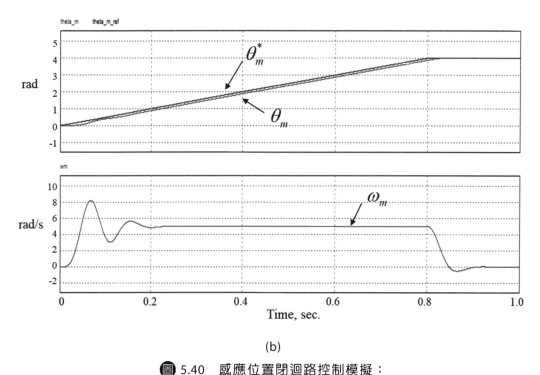

(b)

圖 5.40　感應位置閉迴路控制模擬：

(a)模擬模型(IM_posi_IFOC.psimsch)、(b)位置與轉速響應波形（續）

5.8　感應馬達轉速與電流 FOC 數位控制

　　如同第四單元（4.10 節）所述 PMSM 馬達之 FOC 數位控制，IM 馬達 FOC 控制一般亦以數位控制來實現。一個 IM 馬達之電流 FOC 數位控制方塊圖如圖 5.41，其中 T_{sc} 為電流控制取樣週期。轉速數位控制器方塊圖如圖 5.42，其中 T_{sw} 為轉速控制取樣週期。一個 IM 馬達之轉速與電流 FOC 數位控制模擬模型以及轉速與電流響應如圖 5.43，其中 Cblock 內部 C 語言程式如圖 5.44。

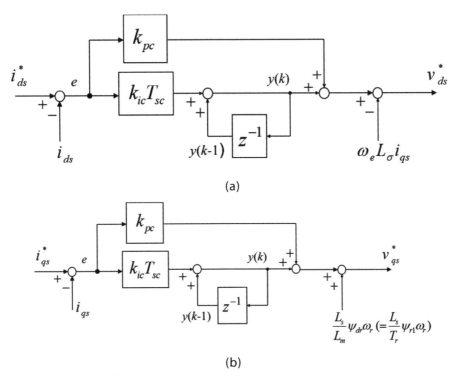

(a)

(b)

圖 5.41　IM 馬達之電流 FOC 數位控制：

(a) *d*-軸 PI 控制與解耦、(b) *q*-軸 PI 控制與解耦

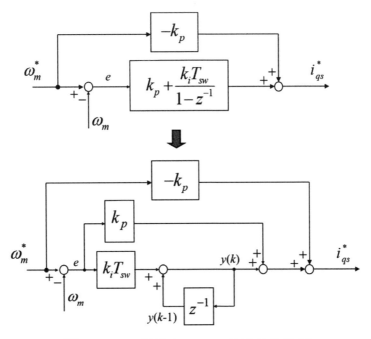

圖 5.42　IM 馬達之 2-DOF 轉速數位控制

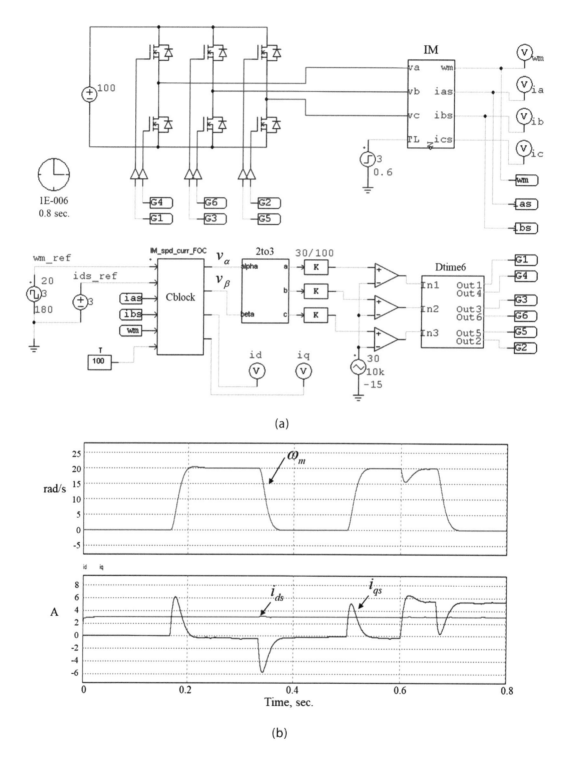

(a)

(b)

🔵 5.43　IM 馬達之轉速與電流 FOC 數位控制：

(a)模擬模型(IM_spd_IFOC_cblock.psimsch)、(b)轉速與電流響應

```c
// IM 2-DOF control using Cblock with speed-loop samping time of 0.001 sec.
    static double T, Tsc; // for current loop
static long N=0;
static double kpc=32.9, kic_d=2072.4, kic_q=4523.9 ;
static double ia, ib, ic, ids, iqs, id, iq, wm, wr, wsl=0, we, P=2, theta=0;
static double iq_cmd, id_cmd, e_ds, e_qs, vd_out, vq_out, va, vb, vc;
static double d_tmp=0, q_tmp=0;
static double Ls=0.145, Lr=0.145, Lm=0.136, Rr=1.3, Tr;
static double Lsig, k1, k2;
static double Psi_r1=0.001;
static double wm_cmd, e1, tmp1=0, kp=0.94, ki=65.3, Tsw=0.001; // for speed
loop
static long M=0;
static double v_alpha, v_beta;

Tr=Lr/Rr;
Lsig=(Lr*Ls-Lm*Lm)/Lr;
k1=Tr/(Tr+Tsc);
k2=Tr*Tsc/(Tr+Tsc);

//=====speed control
if (t > (Tsw*M))
{
    wm_cmd=in[0];
    wm=in[4];
    e1=wm_cmd-wm;
    tmp1=e1*ki*Tsw+tmp1;
        iq_cmd=e1*kp+tmp1-kp*wm_cmd;   // PI and 2DOF control
    M=M+1;
}
```

圖 5.44　IM 馬達之轉速與電流 FOC 數位控制 Cblock 內部 C 語言程式

```
//===== current control
T=in[5];
    Tsc=T/1000000;//    sampling period
if (t > (Tsc*N))
{
//==== input nodes: ia, ib, wm for current feedback
id_cmd=in[1];
ia=in[2];
ib=in[3];
ic=-(ia+ib);
wr=(P/2)*wm;
ids=ia;
iqs=(ib-ic)/sqrt(3);
id=ids*cos(theta)+iqs*sin(theta);
iq=-ids*sin(theta)+iqs*cos(theta);

//===== calculate slip frequency, new we and theta.
Psi_r1=k1*Psi_r1+k2*id;
wsl=iq/Psi_r1;
we=wr+wsl;
theta=theta+we*Tsc;

//===== PI controller in de and qe axes
e_ds=id_cmd-id;
e_qs=iq_cmd-iq;

d_tmp=e_ds*k1c_d*Tsc+d_tmp;
    vd_out=e_ds*kpc+d_tmp-Lsig*we*iq; // decoupling for d-axis
```

圖 5.44　IM 馬達之轉速與電流 FOC 數位控制 Cblock 內部 C 語言程式（續）

```
q_tmp=e_qs*kic_q*Tsc+q_tmp;
vq_out=e_qs*kpc+q_tmp+Psi_r1*Ls/Tr*wr; // decoupling for q-axis

//==== R/S Transformation
v_alpha=vd_out*cos(theta)-vq_out*sin(theta);
v_beta=vd_out*sin(theta)+vq_out*cos(theta);
va=v_alpha;
vb=(-v_alpha+sqrt(3)*v_beta)/2;
vc=(-v_alpha-sqrt(3)*v_beta)/2;


N=N+1;
}


out[0]=v_alpha;
out[1]=v_beta;
out[2]=id;
out[3]=iq;
```

图 5.44　IM 馬達之轉速與電流 FOC 數位控制 Cblock 內部 C 語言程式（續）

習題五

1. 一個感應馬達(IM)其電氣轉速(ω_r)和定子電壓的角頻率(ω_e)有差別,此差別稱為滑差頻率(Slip Frequency)ω_{sl},三者的關係式為何?

2. 滑差(slip)定義為何?其與電氣轉速(ω_r)和定子電壓的角頻率(ω_e)的關係式為何?

3. 一個感應馬達其轉矩對轉速曲線(Torque-speed curve)如圖 5.45,給予三相交流之額定電壓輸入($1.0V_s$),當負載為 6 Nm 之常數,則此感應馬達之轉速大約為何?

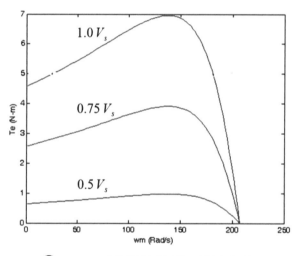

圖 5.45   感應馬達轉矩—轉速曲線

4. 一個感應馬達之間接磁場導向向量控制方法(IFOC)與直接磁場導向向量控制方法(DFOC)有何區別?

5. 一個感應馬達其轉子磁場方向定在同步旋轉座標 d 軸之 d-q 模型轉移函數方塊圖如圖 5.46 所示,有關在同步旋轉座標電流控制器設計,請回答下列問題:

   (1) 請分別畫出 d 軸與 q 軸電流控制之受控體轉移函數方塊圖為何?

   (2) 承上(1)小題,d 軸對 q 軸的耦合量為何?q 軸對 d 軸的耦合量為何?

   (3) 承上(1)小題,當 d 軸與 q 軸電流控制器分別為一個 PI 控制器及解耦補償器,請分別畫出該 d 軸與 q 軸電流閉迴路控制之轉移函數方塊圖為何?

6. 在圖 5.46 中，L_σ 的定義為何？

7. 在圖 5.46 中，欲使該 *d-q* 模型近似為一個分激式直流馬達，需如何處理？（註：控制哪一個變數為常數）。處理後則該 IM 馬達之轉矩常數為何？反電動勢常數為何？

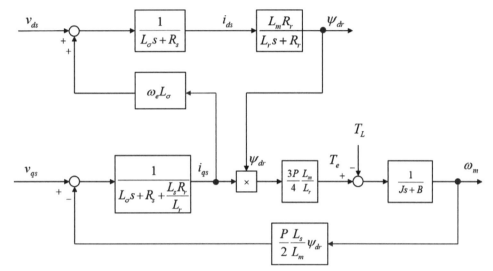

圖 5.46　IM 馬達 *d-q* 模型轉移函數方塊圖

請掃描 QR Code 下載習題解答

6

Chapter

空間向量
波寬調變

6.1 前言

近幾年來，在三相交流馬達驅動變頻器波寬調變技術的採用上，因為空間向量波寬調變(Space Vector Pulse Width Modulation, SVPWM)方法比正弦波寬調變(SPWM)與磁滯比較器(Hysteresis Comparison)調變等調變方式，可獲得較佳的諧波性能、較高的電壓可利用率與較適合以數位方式實現的特性，所以已被廣泛使用。依據在電壓向量空間上零電壓向量（V0 或 V7）的選擇，可分為七段式(7-Segment)、五段式(5-Segment)與三段式(3-Segment)切換技術如圖 6.1 所示；也可依據在一個切換週期中的取樣次數分為對稱式(Symmetric)與非對稱式(Asymmetric)切換技術。在對稱式切換技術中，三相變頻器的開關切換週期等於取樣週期；而在非對稱式切換技術中，三相變頻器的開關切換週期是取樣週期的兩倍[12]。

本單元分別描述非對稱與對稱性之七段式與五段式的空間向量波寬調變方法，以及其在永磁同步交流馬達(PMSM)與感應馬達(IM)之電流與轉速閉迴路回授控制上的應用，非對稱式方法可在三相變頻器切換的半週期，即時更新電壓空間向量分軸輸入信號。因此，和對稱式相比，可提高電流控制取樣頻率為原來對稱式切換技術的兩倍，以提高系統性能。

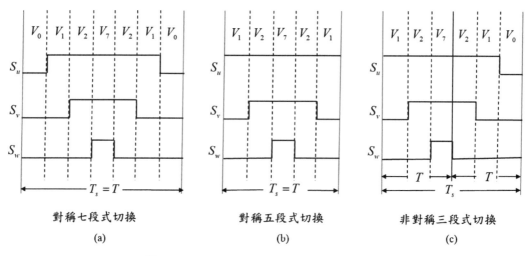

對稱七段式切換	對稱五段式切換	非對稱三段式切換
(a)	(b)	(c)

圖 6.1　三相交流馬達 SVPWM 切換技術

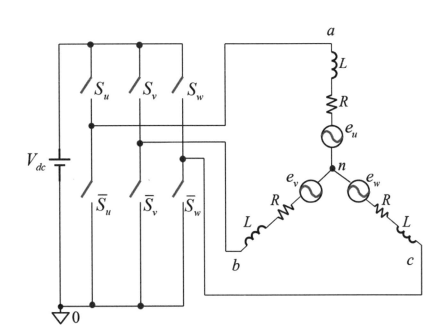

圖 6.2 Y-接三相交流馬達變頻器等效電路

6.2 空間向量波寬調變原理

空間向量波寬調變的原理簡明敘述如下，圖 6.2 為一個三相變頻器驅動與一個 Y-型連接馬達負載之電路圖，因其三相上下臂為互補性開關，可得(000)—(111)之八個切換狀態，亦可得馬達三相端點對地電壓與對馬達中心點之相電壓關係如下：

$$v_{a0} = v_{an} + v_{n0} \tag{6-1}$$

$$v_{b0} = v_{bn} + v_{n0} \tag{6-2}$$

$$v_{c0} = v_{cn} + v_{n0} \tag{6-3}$$

其中 v_{a0}、v_{b0} 與 v_{c0} 為馬達三相對地電壓(pole voltage)，v_{an}、v_{bn} 與 v_{cn} 為三相對馬達中性點(neutral point)相電壓(phase voltage)，v_{n0} 為馬達中性點對地電壓。在三相平衡情況下，三相電壓的和為零，可寫成

$$v_{an} + v_{bn} + v_{cn} = 0 \tag{6-4}$$

因此將(6-1)~(6-3)式相加可得馬達中性點對地電壓為

$$v_{n0} = \frac{1}{3}(v_{a0} + v_{b0} + v_{c0}) \tag{6-5}$$

再將(6-5)式代入(6-1)~(6-3)式，可得出

$$\begin{bmatrix} v_{an} \\ v_{bn} \\ v_{cn} \end{bmatrix} = \begin{bmatrix} \frac{2}{3} & -\frac{1}{3} & -\frac{1}{3} \\ -\frac{1}{3} & \frac{2}{3} & -\frac{1}{3} \\ -\frac{1}{3} & -\frac{1}{3} & \frac{2}{3} \end{bmatrix} \cdot \begin{bmatrix} v_{a0} \\ v_{b0} \\ v_{c0} \end{bmatrix} \tag{6-6}$$

接著利用克拉克轉換(Clarke Transformation)如下式

$$\begin{bmatrix} v_{\alpha} \\ v_{\beta} \end{bmatrix} = \begin{bmatrix} 1 & 0 & 0 \\ 0 & \frac{1}{\sqrt{3}} & \frac{-1}{\sqrt{3}} \end{bmatrix} \begin{bmatrix} v_{an} \\ v_{bn} \\ v_{cn} \end{bmatrix} \tag{6-7}$$

其中v_{α}和v_{β}分別為馬達輸入電壓在α-β靜止參考座標之電壓分量，將(6-6)代入(6-7)式得出

$$\begin{bmatrix} v_{\alpha} \\ v_{\beta} \end{bmatrix} = \begin{bmatrix} \frac{2}{3} & -\frac{1}{3} & -\frac{1}{3} \\ 0 & \frac{1}{\sqrt{3}} & -\frac{1}{\sqrt{3}} \end{bmatrix} \cdot \begin{bmatrix} v_{a0} \\ v_{b0} \\ v_{c0} \end{bmatrix} \cdot \tag{6-8}$$

由(6-8)式以及八個相對應的開關狀態可得出八個電壓空間向量$V_0 - V_7$如表 6.1，電壓空間向量圖如 6.3 所示，可分為 6 個節區(sectors)，V_{dc}為直流鏈電壓。

💠 表 6.1　八個電壓空間向量

(S_u, S_v, S_w)	$[v_{a0}, v_{b0}, v_{c0}]$	$[v_\alpha, v_\beta]$
(1, 0, 0)	$[V_{dc}, 0, 0]$	$V_1 = [\dfrac{2V_{dc}}{3}, 0]$
(0, 1, 0)	$[0, V_{dc}, 0]$	$V_3 = [\dfrac{-V_{dc}}{3}, \dfrac{V_{dc}}{\sqrt{3}}]$
(1, 1, 0)	$[V_{dc}, V_{dc}, 0]$	$V_2 = [\dfrac{V_{dc}}{3}, \dfrac{V_{dc}}{\sqrt{3}}]$
(0, 0, 1)	$[0, 0, V_{dc}]$	$V_5 = [\dfrac{-V_{dc}}{3}, \dfrac{-V_{dc}}{\sqrt{3}}]$
(1, 0, 1)	$[V_{dc}, 0, V_{dc}]$	$V_6 = [\dfrac{V_{dc}}{3}, \dfrac{-V_{dc}}{\sqrt{3}}]$
(0, 1, 1)	$[0, V_{dc}, V_{dc}]$	$V_4 = [\dfrac{-2V_{dc}}{3}, 0]$
(1, 1, 1)	$[V_{dc}, V_{dc}, V_{dc}]$	$V_7 = [0, 0]$
(0, 0, 0)	$[0, 0, 0]$	$V_0 = [0, 0]$

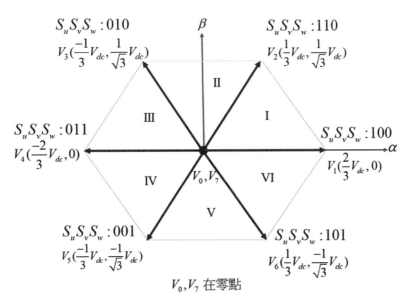

V_0, V_7 在零點

📖 6.3　電壓空間向量圖

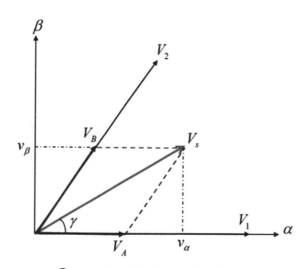

圖 6.4　第 I 節區電壓向量的合成

　　我們可藉由在此空間平面上給與一參考電壓向量,並令其繞著圓旋轉即可控制交流馬達的轉動,而此參考電壓向量在任一節區可由其鄰近的電壓向量以及零向量(V_0 或 V_7)來合成。例如,在第 I 節區範圍內如圖 6.4,參考電壓向量 V_s 可由 V_1 和 V_2 分量來合成,可得

$$V_s = V_A + V_B = V_1 \frac{T_1}{T} + V_2 \frac{T_2}{T} \tag{6-9}$$

表 6.2　各節區之切換開關駐留時間

節區	節區選擇	T_1	T_2
I	$v_\alpha \geq 0,\ 0 \leq v_\beta < \sqrt{3} v_\alpha$	$\dfrac{\sqrt{3}T}{V_{dc}}(\dfrac{\sqrt{3}}{2} v_\alpha - \dfrac{1}{2} v_\beta)$	$\dfrac{\sqrt{3}T}{V_{dc}} v_\beta$
II	$v_\beta \geq 0,\ v_\beta \geq \sqrt{3}\lvert v_\alpha \rvert$	$\dfrac{\sqrt{3}T}{V_{dc}}(\dfrac{-\sqrt{3}}{2} v_\alpha + \dfrac{1}{2} v_\beta)$	$\dfrac{\sqrt{3}T}{V_{dc}}(\dfrac{\sqrt{3}}{2} v_\alpha + \dfrac{1}{2} v_\beta)$
III	$v_\alpha \leq 0,\ 0 \leq v_\beta < -\sqrt{3} v_\alpha$	$\dfrac{\sqrt{3}T}{V_{dc}} v_\beta$	$\dfrac{\sqrt{3}T}{V_{dc}}(\dfrac{-\sqrt{3}}{2} v_\alpha - \dfrac{1}{2} v_\beta)$

⚙ 表 6.2　各節區之切換開關駐留時間（續）

節區	節區選擇	T_1	T_2
IV	$v_\alpha \leq 0,\ \sqrt{3}v_\alpha \leq v_\beta < 0$	$\dfrac{-\sqrt{3}T}{V_{dc}}v_\beta$	$\dfrac{\sqrt{3}T}{V_{dc}}(-\dfrac{\sqrt{3}}{2}v_\alpha + \dfrac{1}{2}v_\beta)$
V	$v_\beta \leq 0,\ v_\beta \leq -\sqrt{3}\|v_\alpha\|$	$\dfrac{\sqrt{3}T}{V_{dc}}(-\dfrac{\sqrt{3}}{2}v_\alpha - \dfrac{1}{2}v_\beta)$	$\dfrac{\sqrt{3}T}{V_{dc}}(\dfrac{\sqrt{3}}{2}v_\alpha - \dfrac{1}{2}v_\beta)$
VI	$v_\alpha \geq 0,\ -\sqrt{3}v_\alpha \leq v_\beta < 0$	$\dfrac{\sqrt{3}T}{V_{dc}}(\dfrac{\sqrt{3}}{2}v_\alpha + \dfrac{1}{2}v_\beta)$	$\dfrac{-\sqrt{3}T}{V_{dc}}v_\beta$

其中 T_1 與 T_2 分別為在 V_1 與 V_2 的維持或駐留時間(dwelling time)，而 T 表示為電流控制取樣週期，為變頻器切換週期的一半（非對稱式），為求出 T_1 與 T_2，(6-9) 式可改寫成如下：

$$\begin{bmatrix} v_\alpha \\ v_\beta \end{bmatrix} T = \frac{2}{3}V_{dc}\left(T_1 \begin{bmatrix} 1 \\ 0 \end{bmatrix} + T_2 \begin{bmatrix} \dfrac{1}{2} \\ \dfrac{\sqrt{3}}{2} \end{bmatrix} \right) \tag{6-10}$$

由此可得

$$T_1 = \frac{\sqrt{3}T}{V_{dc}}(\frac{\sqrt{3}}{2}v_\alpha - \frac{1}{2}v_\beta) \tag{6-11}$$

與

$$T_2 = \frac{\sqrt{3}T}{V_{dc}}v_\beta \tag{6-12}$$

在其他的節區之切換開關維持時間，亦可由同樣方式導出，表 6.2 為經推導後各節區之切換開關維持時間總表以及節區的選擇方式。令

$$\begin{bmatrix} v_\alpha \\ v_\beta \end{bmatrix} = V_s \begin{bmatrix} \cos\gamma \\ \sin\gamma \end{bmatrix} \tag{6-13}$$

則(6-11)與(6-12)式可改寫如下：

$$T_1 = Ta\frac{2}{\sqrt{3}}\sin(\frac{\pi}{3}-\gamma) \tag{6-14}$$

$$T_2 = Ta\frac{2}{\sqrt{3}}\sin(\gamma) \tag{6-15}$$

其中

$$a = \frac{V_s}{\frac{2}{3}V_{dc}} \tag{6-16}$$

6.3 非對稱七段式切換調變方法

　　為了降低每個切換週期內之開關切換次數，七段式切換採用交互反向之脈衝序列技術來產生波寬調變波形如圖 6.5 所示。在每個切換週期所涵蓋的兩個連續取樣週期 kT 與 $(k+1)T$ 中，kT 是以 V_0 為起始；以 V_7 結束，$(k+1)T$ 是以 V_7 為起始；以 V_0 結束，以節區 I 為例，有七段電壓向量駐留時序：$V_0 - V_1 - V_2 - V_7 - V_2 - V_1 - V_0$，且

$$T = T_0 + T_1 + T_2 \tag{6-17}$$

$T_0^{'}$、$T_1^{'}$、$T_2^{'}$ 分別表示在同一切換週期的第二個取樣週期相對應於的第一個取樣週期 T_0、T_1、T_2 的駐留時間，且 $T_0^{'} \neq T_0$、$T_1^{'} \neq T_1$、$T_2^{'} \neq T_2$，表示非對稱性。此技術的優點為在每個取樣週期只有 3 次切換且每次僅有一個臂在做切換，此外從表 6.2 可知 T_1 和 T_2 皆為輸入電壓分量 v_α、v_β 及取樣時間 T 與直流鏈電壓 V_{dc} 的簡單函數關係，不僅計算簡單，且易於以數位硬體電路來實現。

　　為了產生調變之交互反向之脈衝序列之 PWM 信號以控制變頻器晶體開關，我們可先得知此三相變頻器三個上臂開關的點火時間(firing time)，也就是從每個切換週期的開始至此 PWM 脈衝信號上緣的時間，由圖 6.5(a)可看出此節區(Sector I)的 PWM 信號 S_u 控制開關的點火時間為 $f_u = T_0/2$，PWM 信號 S_v 控制開關的點火時間為

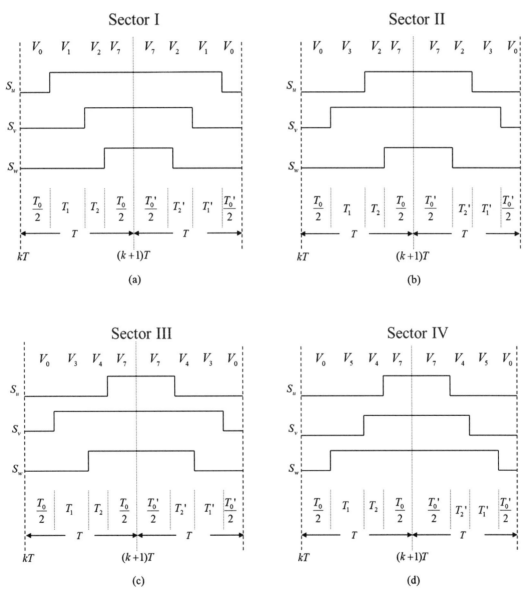

圖 6.5　七段式切換各節區之開關信號控制波形圖

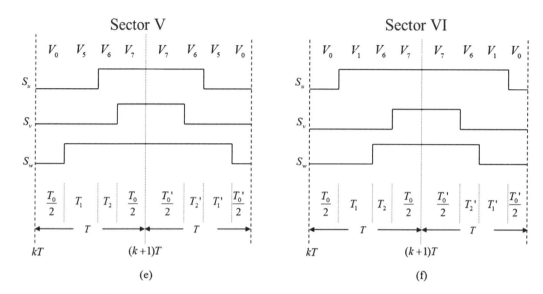

圖 6.5　七段式切換各節區之開關信號控制波形圖（續）

$f_v = T_1 + T_0 / 2$，PWM 信號 S_w 控制開關的點火時間為 $f_w = T_1 + T_2 + T_0 / 2$，將表 6.2 之 T_1 與 T_2 的方程式代入可得

$$f_u = \frac{T_0}{2} = \frac{T - (T_1 + T_2)}{2} = \frac{1}{2}[T - \frac{\sqrt{3}T}{V_{dc}}(\frac{\sqrt{3}}{2}v_\alpha - \frac{1}{2}v_\beta + v_\beta)]$$

$$= \frac{T}{2} - \frac{\sqrt{3}T}{2V_{dc}}(\frac{\sqrt{3}}{2}v_\alpha + \frac{1}{2}v_\beta) = \frac{T}{2}[1 - \frac{\sqrt{3}}{V_{dc}}(\frac{\sqrt{3}}{2}v_\alpha + \frac{1}{2}v_\beta)]$$

(6-18)

$$f_v = \frac{T_0}{2} + T_1 = \frac{T + T_1 - T_2}{2} = \frac{1}{2}[T + \frac{\sqrt{3}T}{V_{dc}}(\frac{\sqrt{3}}{2}v_\alpha - \frac{1}{2}v_\beta - v_\beta)]$$

$$= \frac{T}{2} + \frac{\sqrt{3}T}{2V_{dc}}(\frac{\sqrt{3}}{2}v_\alpha - \frac{3}{2}v_\beta) = \frac{T}{2}[1 + \frac{\sqrt{3}}{V_{dc}}(\frac{\sqrt{3}}{2}v_\alpha - \frac{3}{2}v_\beta)]$$

(6-19)

$$f_w = \frac{T_0}{2} + T_1 + T_2 = \frac{T + T_1 + T_2}{2} = \frac{1}{2}[T + \frac{\sqrt{3}T}{V_{dc}}(\frac{\sqrt{3}}{2}v_\alpha - \frac{1}{2}v_\beta + v_\beta)]$$

$$= \frac{T}{2} + \frac{\sqrt{3}T}{2V_{dc}}(\frac{\sqrt{3}}{2}v_\alpha + \frac{1}{2}v_\beta) = \frac{T}{2}[1 + \frac{\sqrt{3}}{V_{dc}}(\frac{\sqrt{3}}{2}v_\alpha + \frac{1}{2}v_\beta)]$$

(6-20)

☼ 表 6.3　七段式切換每個切換週期 PWM 控制控制開關的點火時間

Sector	f_u	f_v	f_w
I, IV	$\frac{T}{2}[1-\frac{\sqrt{3}}{V_{dc}}(\frac{\sqrt{3}}{2}v_\alpha+\frac{1}{2}v_\beta)]$	$\frac{T}{2}[1+\frac{\sqrt{3}}{V_{dc}}(\frac{\sqrt{3}}{2}v_\alpha-\frac{3}{2}v_\beta)]$	$\frac{T}{2}[1+\frac{\sqrt{3}}{V_{dc}}(\frac{\sqrt{3}}{2}v_\alpha+\frac{1}{2}v_\beta)]$
II, V	$\frac{T}{2}[1-\frac{\sqrt{3}}{V_{dc}}(\sqrt{3}v_\alpha)]$	$\frac{T}{2}(1-\frac{\sqrt{3}}{V_{dc}}v_\beta)$	$\frac{T}{2}(1+\frac{\sqrt{3}}{V_{dc}}v_\beta)$
III, VI	$\frac{T}{2}[1+\frac{\sqrt{3}}{V_{dc}}(-\frac{\sqrt{3}}{2}v_\alpha+\frac{1}{2}v_\beta)]$	$\frac{T}{2}[1+\frac{\sqrt{3}}{V_{dc}}(\frac{\sqrt{3}}{2}v_\alpha-\frac{1}{2}v_\beta)]$	$\frac{T}{2}[1+\frac{\sqrt{3}}{V_{dc}}(\frac{\sqrt{3}}{2}v_\alpha+\frac{3}{2}v_\beta)]$

　　其他五個節區點火時間的運算亦可由同理導出，經整理後可得出每個節區的點火時間之計算方式如表 6.3 所示，值得注意的是節區 I 和 IV、節區 II 和 V、以及節區 III 和 VI 分別有相同的開關導通時間計算公式。點火時間與一對稱三角波比較即可得 PWM 波形如圖 6.6 所示，此三角波可由一可上下計數的計數器來實現，由零值向上計數至 T；再向下計數至零。在其最小值零與最大值 T 分別載入三個點火時間的值，並產生兩倍頻取樣信號，當點火時間的值大於計數器值時，PWM 波形為低電位('0')；反之，為高電位('1')。

6.3.1 PMSM 馬達非對稱七段式切換 SVPWM 開迴路與閉迴路模擬驗證

　　一個以 PSIM 模擬軟體建構之 PMSM 馬達非對稱七段式切換 SVPWM 開迴路控制的模擬模型與其轉速與電流響應如圖 6.7 所示，給予的電壓命令頻率為 20 Hz，馬達極數為 8，計算出穩態轉速為 $\omega_m = 2\pi \times 20/4 = 31.4$ rad/s，從圖 6.7(b)可看出轉速穩態值的正確性。圖 6.8 為六個節區的開關切換波形，與圖 6.5 所示一致。圖 6.7(a)中 Cblock 方塊內部即是該非對稱七段式切換 SVPWM 的 C 語言程式，如圖 6.9 所示。圖 6.10 為三相點火時間波形。圖 6.11 為該 PMSM 馬達閉迴路電流控制模擬模型以及電流命令與響應波形，使用數位控制 PI 控制器，取樣頻率為 20 kHz，切換頻率為 10 kHz，可看出 α–β 軸電流追隨其 3 安培的電流命令。

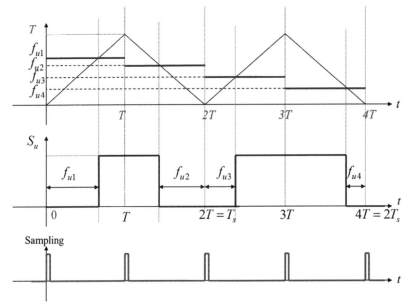

圖 6.6　非對稱 SVPWM 脈衝訊號產生方法

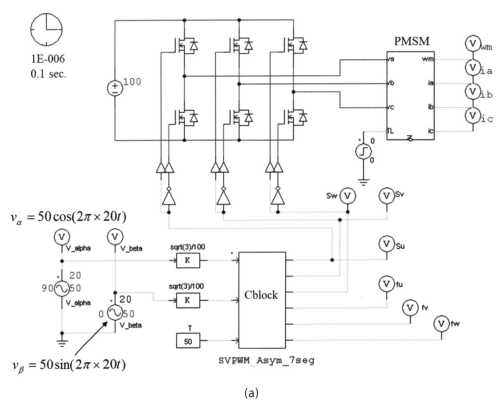

$$v_\alpha = 50\cos(2\pi \times 20t)$$

$$v_\beta = 50\sin(2\pi \times 20t)$$

(a)

圖 6.7　PMSM 馬達非對稱七段式切換 SVPWM：

(a)模擬模型(PMSM_SVPWM_Asym_7seg.psimsch)、(b)轉速與電流響應

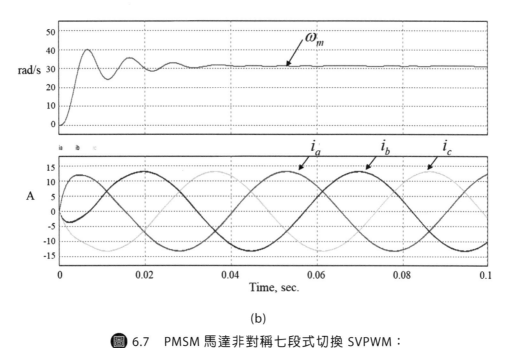

(b)

📷 6.7　PMSM 馬達非對稱七段式切換 SVPWM：
(a)模擬模型(PMSM_SVPWM_Asym_7seg.psimsch)、(b)轉速與電流響應（續）

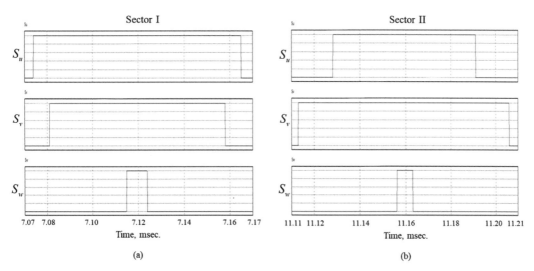

📷 6.8　PMSM 馬達非對稱七段式切換 SVPWM 開迴路控制開關切換波形

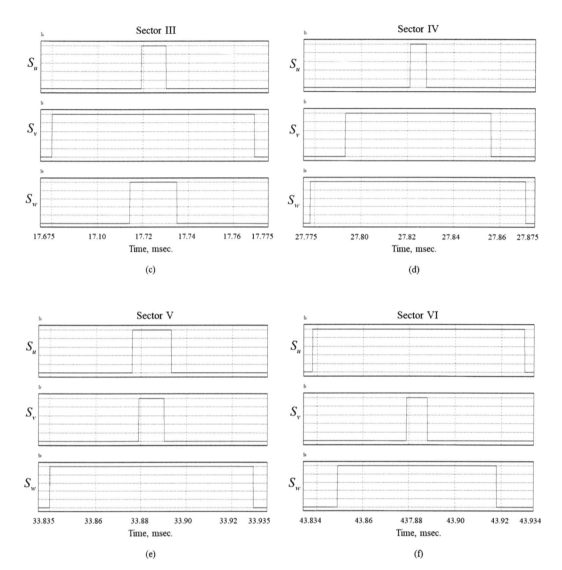

圖 6.8　PMSM 馬達非對稱七段式切換 SVPWM 開迴路控制開關切換波形（續）

```
// The Asymmetric 7-Segment SVPWM scheme.
static double T_clk = 0.000001;
static double vds, vqs;
static double fu, fv, fw;
static long sector, T, N=0;
static double clk_cnt=0;
static long tri_carrier_cnt=0, tri_carrier_tmr=0;
static double Su, Sv, Sw;


    vds = in[0];// vds = v_alpha * sqrt(3) / Vdc
    vqs = in[1];// vqs = v_beta * sqrt(3) / Vdc
T = in[2];

if (t >( N*T_clk*T)) // T_clk*T is the sampling time
{
//===== sector determination algorithm
if ((vds > 0.0) && ((vqs > 0.0) && (vqs < (sqrt(3) * vds))))
        sector = 1;
else if ((vqs > 0.0) && (vqs > (sqrt(3) * abs(vds))))
        sector = 2;
else if ((vds < 0.0) && ((vqs > 0.0) && (-vqs > (sqrt(3) * vds))))
        sector = 3;
else if ((vds < 0.0) && ((vqs < 0.0) && (vqs > (sqrt(3) * vds))))
        sector = 4;
else if ((vqs < 0.0) && (-vqs > (sqrt(3) * abs(vds))))
        sector = 5;
else
        sector = 6;
```

圖 6.9　非對稱七段式切換 SVPWM 調變之 C 語言程式

```
switch (sector)
{
case 1:
    {
        fu = T/2*(1-(sqrt(3)*vds/2+vqs/2));
        fv = T/2*(1+(sqrt(3)*vds/2-3*vqs/2));
        fw = T/2*(1+(sqrt(3)*vds/2+vqs/2));
        break;
    }
case 2:
    {
        fu = T/2*(1-(sqrt(3)*vds));
        fv = T/2*(1-vqs);
        fw = T/2*(1+vqs);
        break;
    }
case 3:
    {
        fu = T/2*(1+(-sqrt(3)*vds/2+vqs/2));
        fv = T/2*(1+(sqrt(3)*vds/2-vqs/2));
        fw = T/2*(1+(sqrt(3)*vds/2+3*vqs/2));
        break;
    }
case 4:
    {
        fu = T/2*(1-(sqrt(3)*vds/2+vqs/2));
        fv = T/2*(1+(sqrt(3)*vds/2-3*vqs/2));
        fw = T/2*(1+(sqrt(3)*vds/2+vqs/2));
        break;
    }
```

圖 6.9　非對稱七段式切換 SVPWM 調變之 C 語言程式（續）

```
case 5:
    {
        fu = T/2*(1-(sqrt(3)*vds));
        fv = T/2*(1-vqs);
        fw = T/2*(1+vqs);
        break;
    }
default:
    {
        fu = T/2*(1+(-sqrt(3)*vds/2+vqs/2));
        fv = T/2*(1+(sqrt(3)*vds/2-vqs/2));
        fw = T/2*(1+(sqrt(3)*vds/2+3*vqs/2));
        break;
    }
}
N=N+1;
}
//====== PWM carrier generation =====
if (t > T_clk * clk_cnt)
{
    if (tri_carrier_tmr < T)
        {
            tri_carrier_cnt++; // tri_carrier_cnt = tri_carrier_cnt + 1;
            tri_carrier_tmr++; // tri_carrier_tmr = tri_carrier_tmr + 1;
        }
    else if ((tri_carrier_tmr >= T) && (tri_carrier_tmr < (2*T)))
        {
            tri_carrier_cnt--; //tri_carrier_cnt = tri_carrier_cnt - 1;
            tri_carrier_tmr++; //tri_carrier_tmr = tri_carrier_tmr + 1;
        }
```

圖 6.9　非對稱七段式切換 SVPWM 調變之 C 語言程式（續）

```
    else
        {
            tri_carrier_cnt = 0;
            tri_carrier_tmr = 0;
        }
    clk_cnt = clk_cnt + 1;
}
//====== SVPWM Switch =====
if (fu < tri_carrier_cnt)
    Su = 1;
else
    Su = 0;
if (fv < tri_carrier_cnt)
    Sv = 1;
else
    Sv = 0;

if (fw < tri_carrier_cnt)
    Sw = 1;
else
    Sw = 0;
out[0]=Su;
out[1]=Sv;
out[2]=Sw;
out[3]=fu;
out[4]=fv;
out[5]=fw;

// The end of the SVPWM scheme.
```

圖 6.9　非對稱七段式切換 SVPWM 調變之 C 語言程式（續）

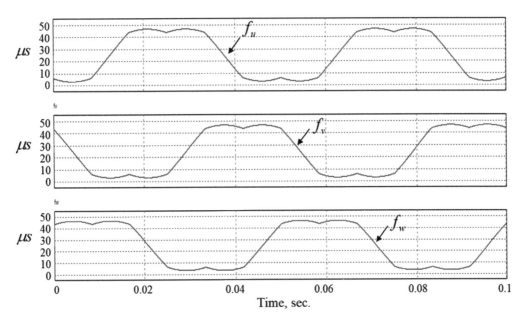

圖 6.10　非對稱七段式三相切換點火時間波形

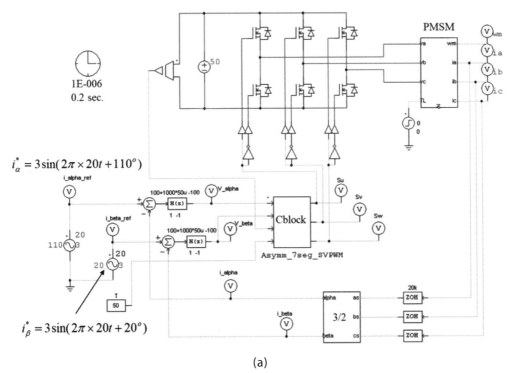

(a)

圖 6.11　PMSM 馬達電流控制與非對稱七段式 SVPWM：

(a)模擬模型、(b)電流命令與響應

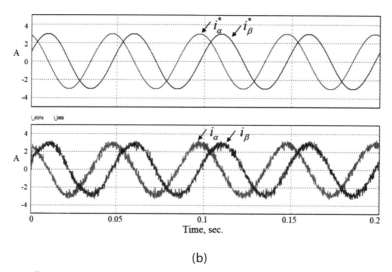

(b)

📖 6.11　PMSM 馬達電流控制與非對稱七段式 SVPWM：
(a)模擬模型、(b)電流命令與響應（續）

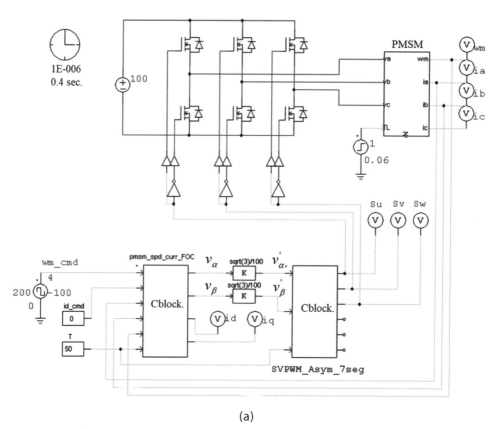

(a)

📖 6.12　PMSM 馬達轉速控制與非對稱七段式 SVPWM：
(a)模擬模型(PMSM_spd_FOC_Asym_7seg_SVPWM.psimsch)、(b)轉速與電流響應

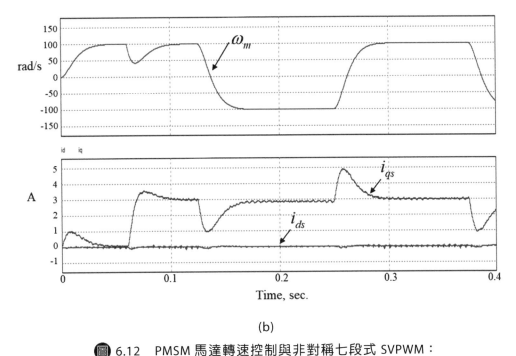

(b)

圖 6.12 PMSM 馬達轉速控制與非對稱七段式 SVPWM：

(a)模擬模型(PMSM_spd_FOC_Asym_7seg_SVPWM.psimsch)、(b)轉速與電流響應（續）

　　該 PMSM 馬達結合七段式 SVPWM 的轉速閉迴路控制模擬模型與轉速及電流響應如圖 6.12 所示，其中電流取樣頻率為 20 kHz，切換頻率為 10 kHz，轉速取樣頻率為 1 kHz 並在 0.06 秒瞬間加載 1 Nm 負載轉矩，可看出依然達到穩態的轉速及電流響應。圖中的轉速與電流 FOC 控制 Cblock 內部 C 語言程式與第四單元圖 4.53 相同，七段式切換 SVPWM 其 C 語言程式如圖 6.9。

6.3.2 IM 馬達非對稱七段式切換 SVPWM 開迴路與閉迴路模擬驗證

　　此非對稱七段式切換 SVPWM 方法亦可應用於感應馬達的控制，一個開迴路控制模擬模型與轉速及電流響應如圖 6.13 所示，給予的電壓命令頻率為 20 Hz，馬達極數為 2，計算出穩態轉速為 $\omega_m = 2\pi \times 20 = 125.6$ rad/s，從圖 6.13(b) 可看出轉速穩態值的正確性。

　　圖 6.14 為該感應馬達 FOC 轉速控制模擬模型以及轉速與電流響應波形，使用 2-DOF 轉速控制及 PI 電流數位控制器，取樣頻率為 20 kHz，切換頻率為 10 kHz，給與 20 rad/s 轉速方波命令，並在 0.6 秒瞬間加載 3 Nm，可看出轉速與電流響應符合預期。圖中的轉速與電流 FOC 控制 Cblock 內部 C 語言程式與第五單元圖 5.44 相同，非對稱七段式切換 SVPWM 其 C 語言程式和圖 6.9 相同。

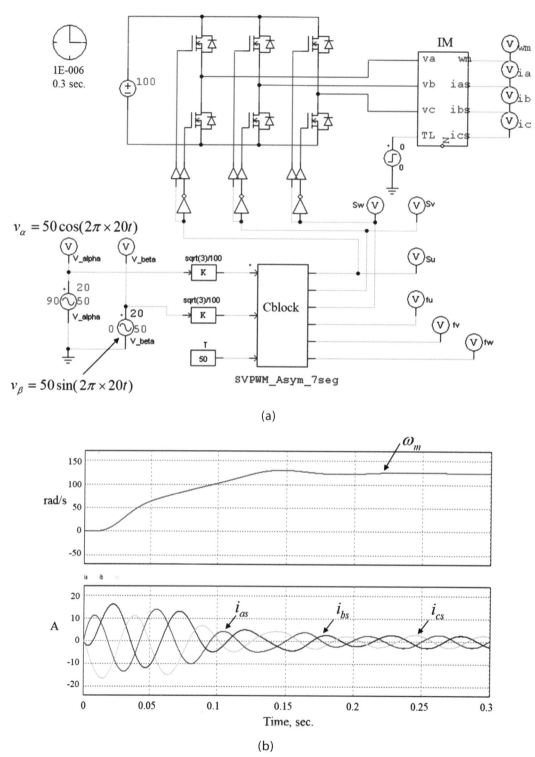

$v_\alpha = 50\cos(2\pi \times 20t)$

$v_\beta = 50\sin(2\pi \times 20t)$

SVPWM_Asym_7seg

(a)

(b)

🟢 6.13　IM 馬達非對稱七段式切換 SVPWM：

(a)模擬模型(IM_SVPWM_Asym_7seg.psimsch)、(b)轉速與電流響應

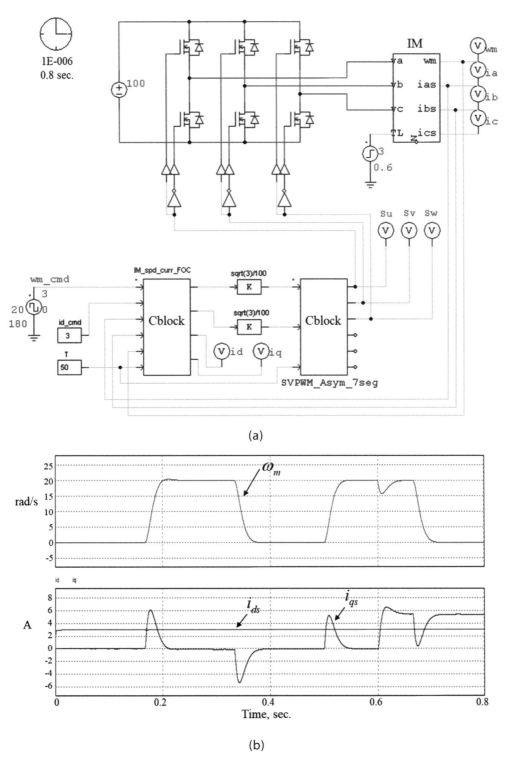

(a)

(b)

圖 6.14　IM 馬達轉速與電流 FOC 控制與非對稱七段式切換 SVPWM：
(a)模擬模型(IM_spd_IFOC_Asym_7seg_SVPWM.psimsch)、(b)轉速與電流響應

6.4　非對稱五段式切換調變方法

　　為了再降低每個切換週期內之開關切換次數，五段式切換採用交互反向之脈衝序列技術來產生波寬調變波形如圖 6.15 所示。在每個切換週期所涵蓋的兩個連續取樣週期 kT 與 $(k+1)T$ 中，kT 是以 V_0 為起始；亦以 V_0 結束，不含 V_7。以節區 I 為例，有五段電壓向量駐留時序：$V_0 - V_1 - V_2 - V_1 - V_0$。各節區之切換開關駐留時間(dwelling time) T_1 與 T_2 亦如表 6.2，與七段式切換相同，但點火時間與七段式（表 6.3）不同，以節區 I 為例，點火時間計算如(6-21)~(6-23)式，同理可得其他節區的點火時間如表 6.4 所示[12]。

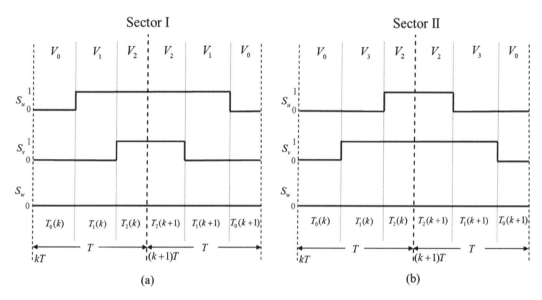

圖 6.15　非對稱五段式切換各節區之開關信號控制波形圖

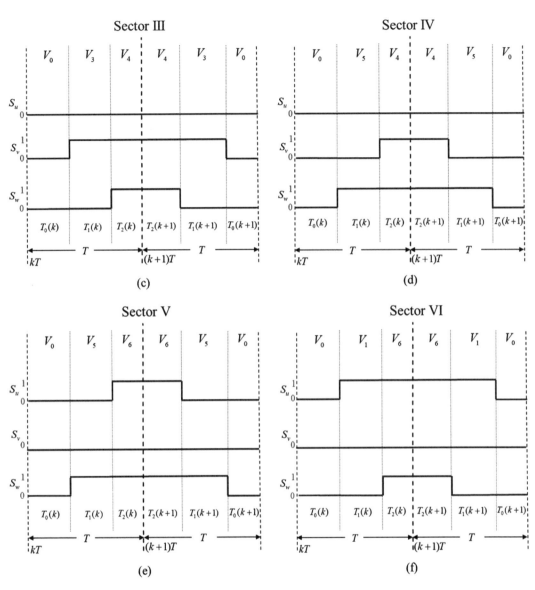

圖 6.15 非對稱五段式切換各節區之開關信號控制波形圖（續）

○ 表 6.4　五段式切換每個切換週期 PWM 控制控制開關的點火時間

Sector	f_u	f_v	f_w
I, II	$T - \dfrac{\sqrt{3}T}{V_{dc}}(\dfrac{\sqrt{3}}{2}v_\alpha + \dfrac{1}{2}v_\beta)$	$T - \dfrac{\sqrt{3}T}{V_{dc}}v_\beta$	T
III, IV	T	$T - \dfrac{\sqrt{3}T}{V_{dc}}(\dfrac{-\sqrt{3}}{2}v_\alpha + \dfrac{1}{2}v_\beta)$	$T - \dfrac{\sqrt{3}T}{V_{dc}}(\dfrac{-\sqrt{3}}{2}v_\alpha - \dfrac{1}{2}v_\beta)$
V, VI	$T - \dfrac{\sqrt{3}T}{V_{dc}}(\dfrac{\sqrt{3}}{2}v_\alpha - \dfrac{1}{2}v_\beta)$	T	$T + \dfrac{\sqrt{3}T}{V_{dc}}v_\beta$

$$
\begin{aligned}
f_u &= T_0 \\
&= T - \frac{\sqrt{3}T}{V_{dc}}(\frac{\sqrt{3}}{2}v_\alpha + \frac{1}{2}v_\beta)
\end{aligned}
\tag{6-21}
$$

$$
\begin{aligned}
f_v &= T_0 + T_1 = T - T_2 \\
&= T - \frac{\sqrt{3}T}{V_{dc}}v_\beta
\end{aligned}
\tag{6-22}
$$

$$
f_w = T
\tag{6-23}
$$

6.4.1 PMSM 馬達非對稱五段式切換 SVPWM 開迴路與閉迴路模擬驗證

　　一個以 PSIM 模擬軟體建構之 PMSM 馬達非對稱五段式切換 SVPWM 開迴路控制的模擬模型與其轉速與電流響應如圖 6.16 所示，給予的電壓命令頻率為 20 Hz，馬達極數為 8，計算出穩態轉速為 $\omega_m = 2\pi \times 20 / 4 = 31.4$ rad/s，從圖 6.16(b) 可看出轉速穩態值的正確性。圖 6.16(a)中 Cblock 方塊內部即是該非對稱五段式切換 SVPWM 的 C 語言程式，如圖 6.17 所示。圖 6.18 為三相點火時間波形。

　　該 PMSM 馬達結合非對稱五段式 SVPWM 的轉速閉迴路控制模擬模型與轉速及電流響應如圖 6.19 所示，其中電流取樣頻率為 20 kHz，切換頻率為 10 kHz，轉速取樣頻率為 1 kHz 並在 0.06 秒瞬間加載 1 Nm 負載轉矩，可看出依然達到穩態的轉速及電流響應。圖中轉速與電流 FOC 控制的 Cblock 內部其 C 語言程式與第四單元圖 4.53 相同。

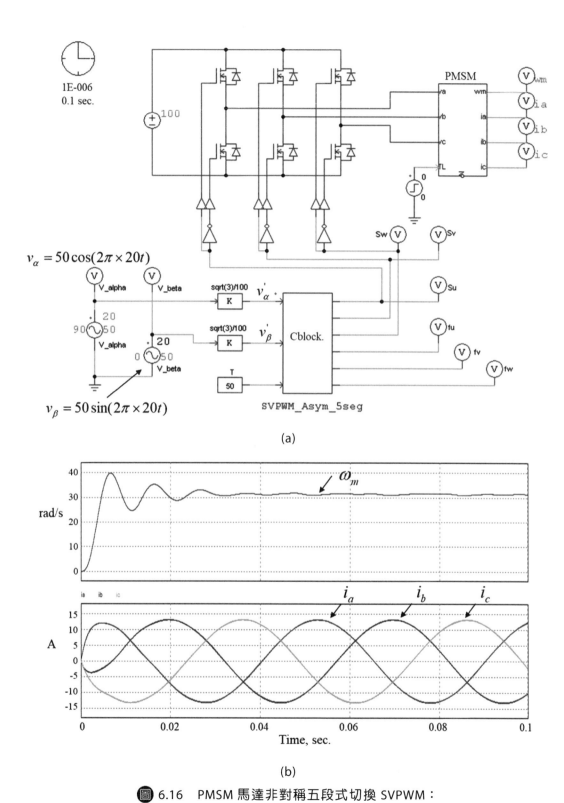

(a)

(b)

圖 6.16 PMSM 馬達非對稱五段式切換 SVPWM：

(a)模擬模型(PMSM_SVPWM_Asym_5seg.psimsch)、(b)轉速與電流響應

```
// Asymmetric 5-segment SVPWM scheme.
static double T_clk=0.000001;
static double vds, vqs;
static double fu, fv, fw;
static long sector, T, N=0;
static double clk_cnt=0;
static long tri_carrier_cnt=0, tri_carrier_tmr=0;
static double Su, Sv, Sw;


    vds = in[0];// vds = v_alpha * sqrt(3) / Vdc
    vqs = in[1];// vqs = v_beta * sqrt(3) / Vdc
T = in[2];


    if (t >( N*T_clk*T)) // T_clk*T is the sampling time
{
//===== sector determination algorithm
if ((vds > 0.0) && ((vqs > 0.0) && (vqs < (sqrt(3) * vds))))
        sector = 1;
else if ((vqs > 0.0) && (vqs > (sqrt(3) * abs(vds))))
        sector = 2;
else if ((vds < 0.0) && ((vqs > 0.0) && (-vqs > (sqrt(3) * vds))))
        sector = 3;
else if ((vds < 0.0) && ((vqs < 0.0) && (vqs > (sqrt(3) * vds))))
        sector = 4;
else if ((vqs < 0.0) && (-vqs > (sqrt(3) * abs(vds))))
        sector = 5;
else
        sector = 6;
```

⬛ 6.17　非對稱五段式切換 SVPWM 之 Cblock 方塊內部 C 語言程式

```
switch (sector)
{
case 1:
    {
        fu = T*(1-(sqrt(3)/2*vds+ vqs/2));
        fv = T*(1-vqs);
        fw = T;
        break;
    }
case 2:
    {
        fu = T*(1-(sqrt(3)/2*vds+ vqs/2));
        fv = T*(1-vqs);
        fw = T;
        break;
    }
case 3:
    {
        fu = T;
        fv = T*(1- (-sqrt(3)/2*vds+vqs/2));
        fw = T*(1- (-sqrt(3)/2*vds-vqs/2));
        break;
    }
case 4:
    {
        fu = T;
        fv = T*(1- (-sqrt(3)/2*vds+vqs/2));
        fw = T*(1- (-sqrt(3)/2*vds-vqs/2));
        break;
    }
```

圖 6.17　非對稱五段式切換 SVPWM 之 Cblock 方塊內部 C 語言程式（續）

```
case 5:
    {
        fu = T*(1- (sqrt(3)/2*vds-vqs/2));
        fv = T;
        fw = T*(1+ vqs);
        break;
    }
default:
    {
        fu = T*(1- (sqrt(3)/2*vds-vqs/2));
        fv = T;
        fw = T*(1+ vqs);
        break;
    }
}
N=N+1;
}
//====== PWM carrier generation =====
if (t > T_clk * clk_cnt)
{
    if (tri_carrier_tmr < T)
        {
            tri_carrier_cnt++; // tri_carrier_cnt = tri_carrier_cnt + 1;
            tri_carrier_tmr++; // tri_carrier_tmr = tri_carrier_tmr + 1;
        }
    else if ((tri_carrier_tmr >= T) && (tri_carrier_tmr < (2*T)))
        {
            tri_carrier_cnt--; //tri_carrier_cnt = tri_carrier_cnt - 1;
            tri_carrier_tmr++; //tri_carrier_tmr = tri_carrier_tmr + 1;
        }
```

圖 6.17　非對稱五段式切換 SVPWM 之 Cblock 方塊內部 C 語言程式（續）

```
    else
        {
            tri_carrier_cnt = 0;
            tri_carrier_tmr = 0;
        }
    clk_cnt = clk_cnt + 1;
}
//====== SVPWM Switch =====
if (fu < tri_carrier_cnt)
    Su = 1;
else
    Su = 0;
if (fv < tri_carrier_cnt)
    Sv = 1;
else
    Sv = 0;

if (fw < tri_carrier_cnt)
    Sw = 1;
else
    Sw = 0;
out[0]=Su;
out[1]=Sv;
out[2]=Sw;
out[3]=fu;
out[4]=fv;
out[5]=fw;
```

圖 6.17　非對稱五段式切換 SVPWM 之 Cblock 方塊內部 C 語言程式（續）

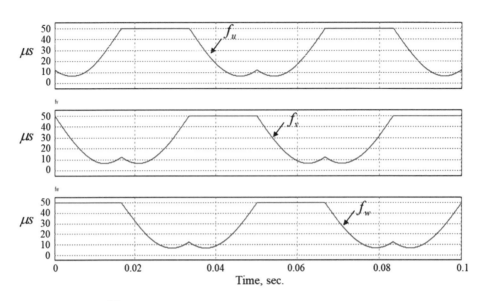

圖 6.18　非對稱五段式三相切換點火時間波形

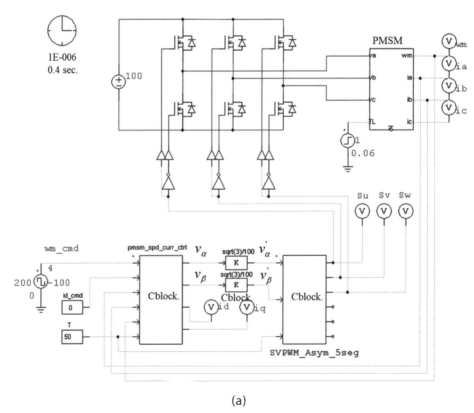

(a)

圖 6.19　PMSM 馬達轉速與電流 FOC 控制與非對稱五段式切換 SVPWM：

(a)模擬模型(PMSM_spd_FOC_Asym_5seg_SVPWM.psimsch)、(b)轉速與電流響應

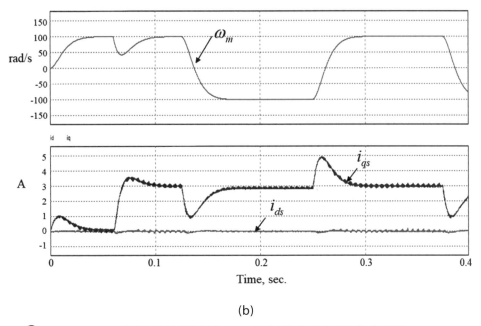

(b)

圖 6.19　PMSM 馬達轉速與電流 FOC 控制與非對稱五段式切換 SVPWM：
(a)模擬模型(PMSM_spd_FOC_Asym_5seg_SVPWM.psimsch)、(b)轉速與電流響應（續）

6.4.2　IM 馬達非對稱五段式切換 SVPWM 開迴路與閉迴路模擬驗證

　　此非對稱五段式切換 SVPWM 方法亦可應用於感應馬達的控制，一個開迴路控制模擬模型與轉速及電流響應如圖 6.20 所示，給予的電壓命令頻率為 20 Hz，馬達極數為 2，計算出穩態轉速為 $\omega_m = 2\pi \times 20 = 125.6$ rad/s，從圖 6.20(b) 可看出轉速穩態值的正確性。

　　圖 6.21 為該感應馬達 FOC 轉速控制模擬模型以及轉速與電流響應波形，使用 2-DOF 轉速控制及 PI 電流數位控制器，取樣頻率為 20 kHz，切換頻率為 10 kHz，給與 20 rad/s 轉速方波命令，並在 0.6 秒瞬間加載 3 Nm，可看出轉速與電流響應符合預期。圖中的轉速與電流 FOC 控制 Cblock 內部 C 語言程式和圖 5.44 相同，五段式切換 SVPWM 其 C 語言程式如圖 6.17（和用在 PMSM 馬達的程式一樣）。

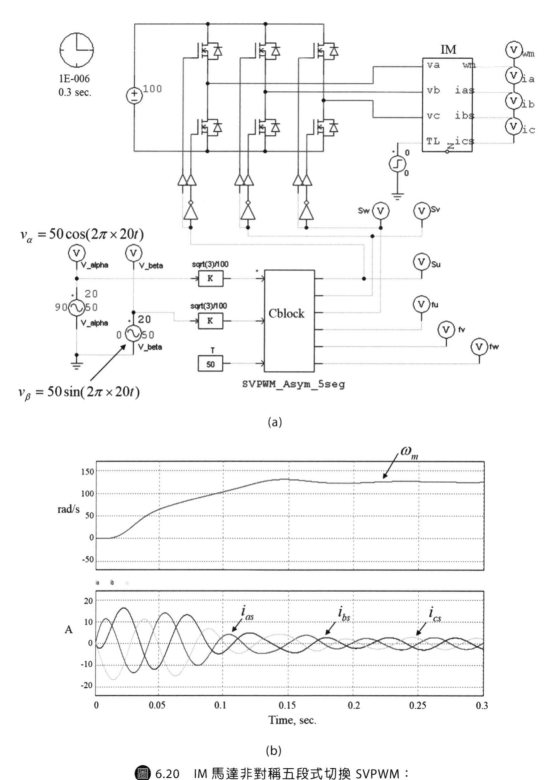

(a)

(b)

圖 6.20　IM 馬達非對稱五段式切換 SVPWM：

(a)模擬模型(IM_SVPWM_Asym_5seg.psimsch)、(b)轉速與電流響應

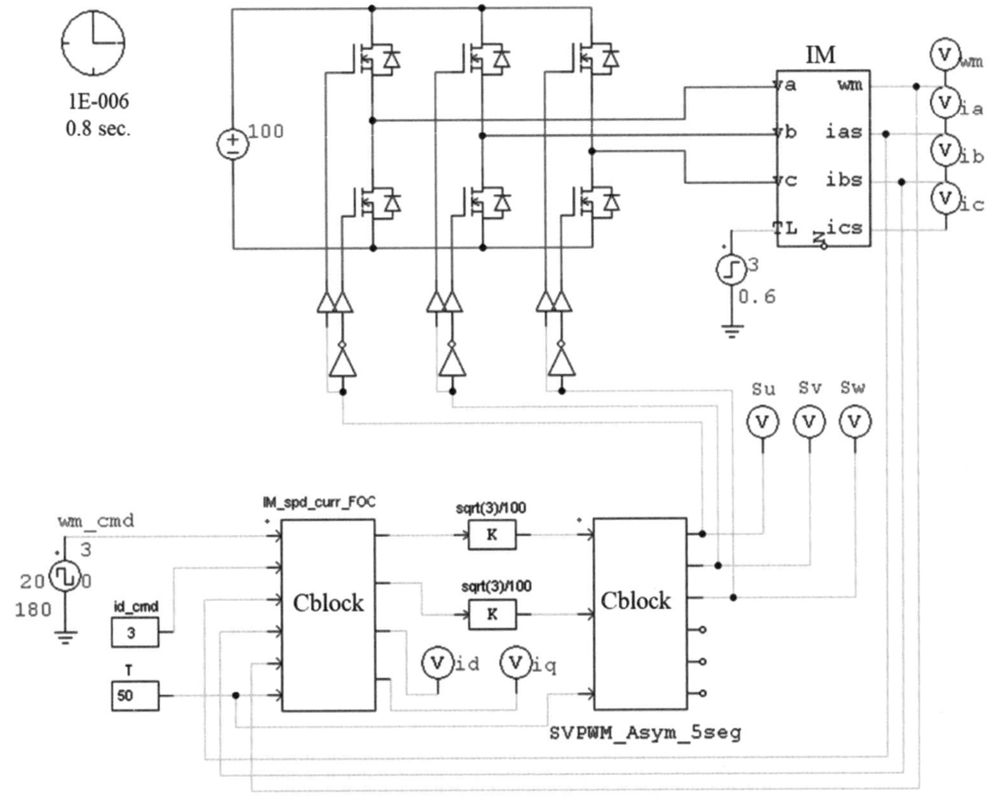

(a)

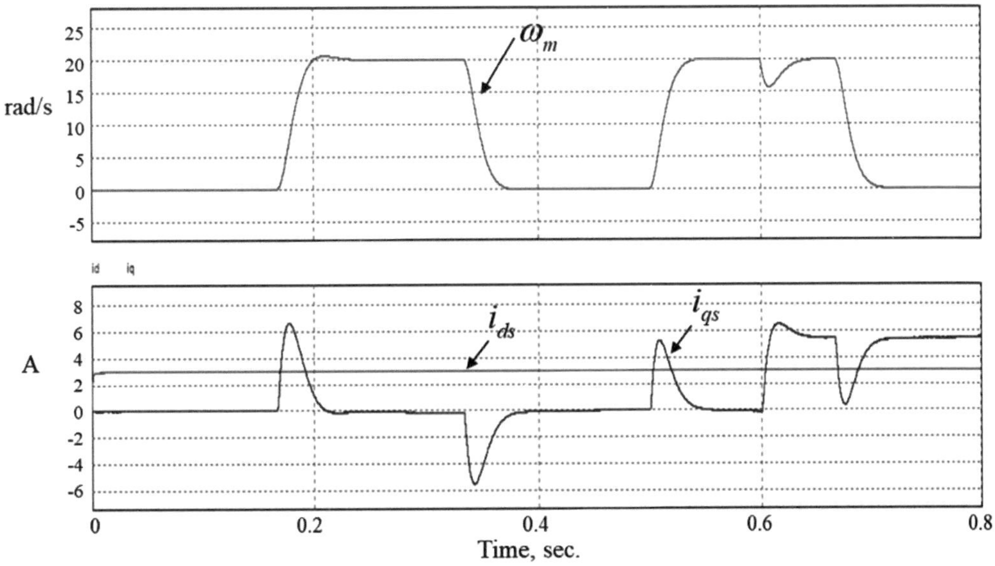

(b)

圖 6.21 IM 馬達轉速與電流 FOC 控制與非對稱五段式切換 SVPWM：
(a)模擬模型(IM_spd_IFOC_Asym_5seg_SVPWM.psimsch)、(b)轉速與電流響應

6.5　對稱性切換 SVPWM

　　有別於非對稱性切換 SVPWM 技術其在每個切換周期有兩次的取樣以更新點火時間訊號的輸入來產生 PWM 訊號，對稱性切換 SVPWM 在每個切換周期只有一次的取樣，如圖 6.22 所示，所產生的 PWM 波形對應於一個三角載波週期其左右兩邊對稱相等，故稱之為對稱性切換。以下分別說明對稱性七段式切換 SVPWM 與對稱性五段式切換 SVPWM 的 C 語言程式與其在 PMSM 馬達與 IM 馬達的應用。

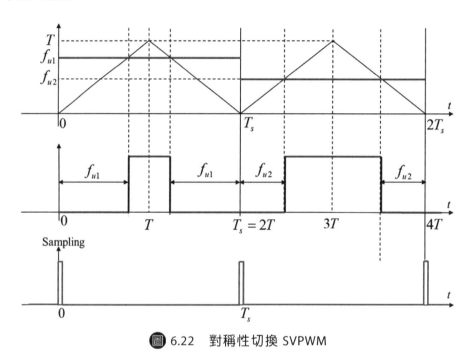

圖 6.22　對稱性切換 SVPWM

6.5.1　對稱性七段式切換 SVPWM

　　對稱性七段式切換 SVPWM 的 C 語言程式如圖 6.23，和非對稱性七段式切換 SVPWM（圖 6.9）相比較，差別僅在取樣周期的設定為非對稱性七段式切換 SVPWM 的兩倍。一個 PMSM 馬達的對稱性七段式切換 SVPWM 模擬模型與轉速及電流響應與圖 6.24 所示，大致和 PMSM 馬達非對稱七段式切換 SVPWM 的轉速及電流響應（圖 6.7）相同。一個 IM 馬達的對稱性七段式切換 SVPWM 模擬模型與轉速及電流響應與圖 6.25 所示，大致和 IM 馬達非對稱性七段式切換 SVPWM 的轉速及電流響應（圖 6.13）相同。

```c
// Symmetric 7-segment SVPWM with samplin time 2*T
static double T_clk = 0.000001;
static double vds, vqs;
static double fu, fv, fw;
static long sector, T, N=0;
static double clk_cnt=0;
static long tri_carrier_cnt=0, tri_carrier_tmr=0;
static double Su, Sv, Sw;


    vds = in[0];// vds = v_alpha * sqrt(3) / Vdc
    vqs = in[1];// vqs = v_beta * sqrt(3) / Vdc
T = in[2];
    if (t >( N*T_clk*T*2))//T_clk*T*2 is the sampling time
{
//===== sector determination algorithm
if ((vds > 0.0) && ((vqs > 0.0) && (vqs < (sqrt(3) * vds))))
        sector = 1;
else if ((vqs > 0.0) && (vqs > (sqrt(3) * abs(vds))))
        sector = 2;
else if ((vds < 0.0) && ((vqs > 0.0) && (-vqs > (sqrt(3) * vds))))
        sector = 3;
else if ((vds < 0.0) && ((vqs < 0.0) && (vqs > (sqrt(3) * vds))))
        sector = 4;
else if ((vqs < 0.0) && (-vqs > (sqrt(3) * abs(vds))))
        sector = 5;
else
        sector = 6;
switch (sector)
{
```

圖 6.23　對稱性七段式切換 SVPWM 的 C 語言程式

```
case 1:
    {
        fu = T/2*(1-(sqrt(3)*vds/2+vqs/2));
        fv = T/2*(1+(sqrt(3)*vds/2-3*vqs/2));
        fw = T/2*(1+(sqrt(3)*vds/2+vqs/2));
        break;
    }
case 2:
    {
        fu = T/2*(1-(sqrt(3)*vds));
        fv = T/2*(1-vqs);
        fw = T/2*(1+vqs);
        break;
    }
case 3:
    {
        fu = T/2*(1+(-sqrt(3)*vds/2+vqs/2));
        fv = T/2*(1+(sqrt(3)*vds/2-vqs/2));
        fw = T/2*(1+(sqrt(3)*vds/2+3*vqs/2));
        break;
    }
case 4:
    {
        fu = T/2*(1-(sqrt(3)*vds/2+vqs/2));
        fv = T/2*(1+(sqrt(3)*vds/2-3*vqs/2));
        fw = T/2*(1+(sqrt(3)*vds/2+vqs/2));
        break;
    }
case 5:
    {
```

圖 6.23　對稱性七段式切換 SVPWM 的 C 語言程式（續）

```
        fu = T/2*(1-(sqrt(3)*vds));
        fv = T/2*(1-vqs);
        fw = T/2*(1+vqs);
        break;
    }
default:
    {
        fu = T/2*(1+(-sqrt(3)*vds/2+vqs/2));
        fv = T/2*(1+(sqrt(3)*vds/2-vqs/2));
        fw = T/2*(1+(sqrt(3)*vds/2+3*vqs/2));
        break;
    }
}
N=N+1;
}
//====== PWM carrier generation =====
if (t > T_clk * clk_cnt)
{
    if (tri_carrier_tmr < T)
        {
            tri_carrier_cnt++; // tri_carrier_cnt = tri_carrier_cnt + 1;
            tri_carrier_tmr++; // tri_carrier_tmr = tri_carrier_tmr + 1;
        }
    else if ((tri_carrier_tmr >= T) && (tri_carrier_tmr < (2*T)))
        {
            tri_carrier_cnt--; //tri_carrier_cnt = tri_carrier_cnt - 1;
            tri_carrier_tmr++; //tri_carrier_tmr = tri_carrier_tmr + 1;
        }
    else
```

🔲 6.23　對稱性七段式切換 SVPWM 的 C 語言程式（續）

```
        {
            tri_carrier_cnt = 0;
            tri_carrier_tmr = 0;
        }
    clk_cnt = clk_cnt + 1;
}
//====== SVPWM Switch =====
if (fu < tri_carrier_cnt)
    Su = 1;
else
    Su = 0;
if (fv < tri_carrier_cnt)
    Sv = 1;
else
    Sv = 0;
if (fw < tri_carrier_cnt)
    Sw = 1;
else
    Sw = 0;
out[0]=Su;
out[1]=Sv;
out[2]=Sw;
out[3]=fu;
out[4]=fv;
out[5]=fw;
```

圖 6.23　對稱性七段式切換 SVPWM 的 C 語言程式（續）

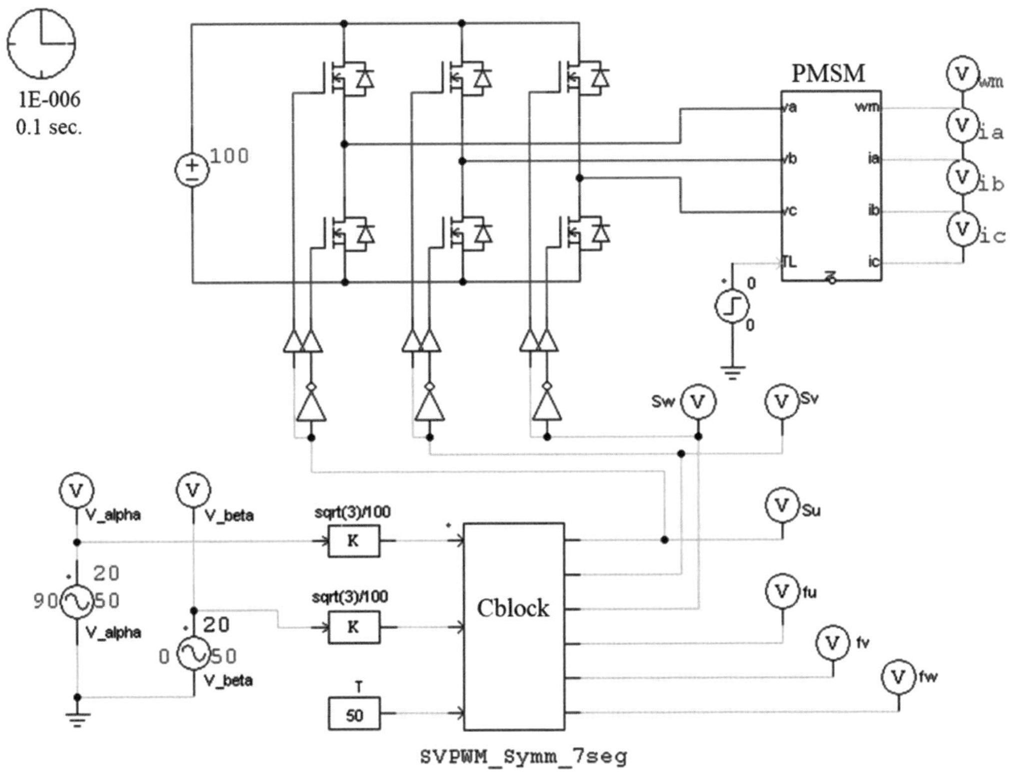

(a)

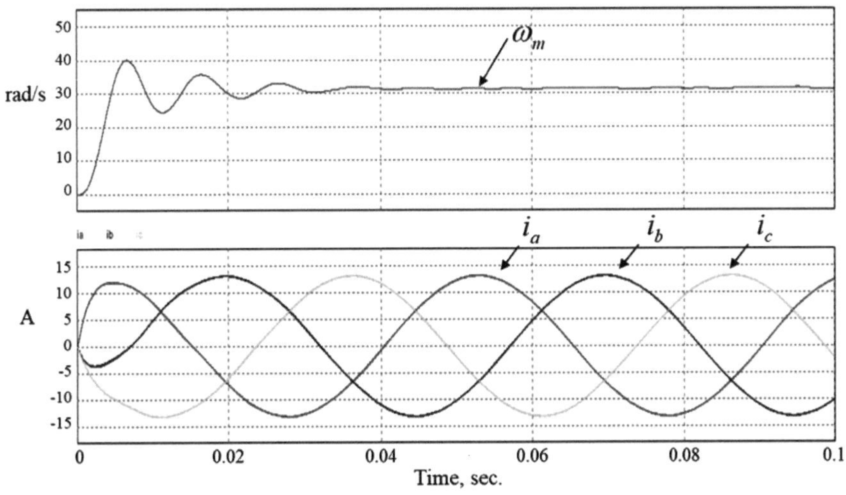

(b)

圖 6.24　PMSM 馬達對稱性七段式切換 SVPWM：

(a)模擬模型(PMSM_SVPWM_Symm_7seg.psimsch)、(b)轉速及電流響應

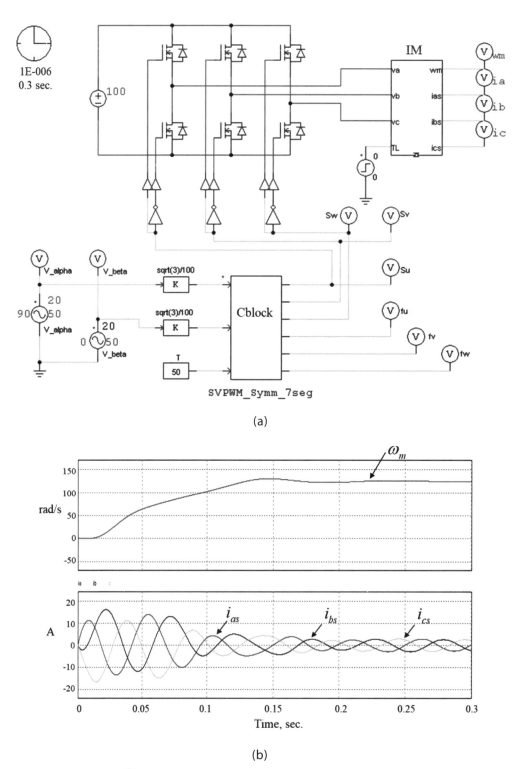

(a)

(b)

圖 6.25　IM 馬達對稱性七段式切換 SVPWM：

(a)模擬模型(IM_SVPWM_Symm_7seg.psimsch)、(b)轉速及電流響應

6.5.2 對稱性五段式切換 SVPWM

　　對稱性五段式切換 SVPWM 的 C 語言程式如圖 6.26，和非對稱性五段式切換 SVPWM（圖 6.17）相比較，差別僅在取樣周期的設定為非對稱性五段式切換 SVPWM 的兩倍。一個 PMSM 馬達的對稱性五段式切換 SVPWM 模擬模型與轉速及電流響應與圖 6.27 所示，大致和 PMSM 馬達非對稱性五段式切換 SVPWM 的轉速及電流響應（圖 6.16）相同。一個 IM 馬達的對稱性五段式切換 SVPWM 模擬模型與轉速及電流響應與圖 6.28 所示，大致和 IM 馬達非對稱性五段式切換 SVPWM 的轉速及電流響應（圖 6.20）相同。

```c
// Symmetric 5-segment SVPWM with samplin time 2*T
static double T_clk = 0.000001;
static double vds, vqs;
static double fu, fv, fw;
static long sector, T, N=0;
static double clk_cnt=0;
static long tri_carrier_cnt=0, tri_carrier_tmr=0;
static double Su, Sv, Sw;

    vds = in[0];// vds = v_alpha * sqrt(3) / Vdc
    vqs = in[1];// vqs = v_beta * sqrt(3) / Vdc
T = in[2];

    if (t >( N*T_clk*T*2)) // T_clk*T*2is the sampling time
{
//===== sector determination algorithm
if ((vds > 0.0) && ((vqs > 0.0) && (vqs < (sqrt(3) * vds))))
        sector = 1;
else if ((vqs > 0.0) && (vqs > (sqrt(3) * abs(vds))))
```

圖 6.26　對稱性五段式切換 SVPWM 的 C 語言程式

```
        sector = 2;
else if ((vds < 0.0) && ((vqs > 0.0) && (-vqs > (sqrt(3) * vds))))
        sector = 3;
else if ((vds < 0.0) && ((vqs < 0.0) && (vqs > (sqrt(3) * vds))))
        sector = 4;
else if ((vqs < 0.0) && (-vqs > (sqrt(3) * abs(vds))))
        sector = 5;
else
        sector = 6;


switch (sector)
{
case 1:
  {
        fu = T*(1-(sqrt(3)/2*vds+ vqs/2));
        fv = T*(1-vqs);
        fw = T;
        break;
  }
case 2:
  {
        fu = T*(1-(sqrt(3)/2*vds+ vqs/2));
        fv = T*(1-vqs);
        fw = T;
        break;
  }
case 3:
  {
        fu = T;
        fv = T*(1- (-sqrt(3)/2*vds+vqs/2));
```

圖 6.26　對稱性五段式切換 SVPWM 的 C 語言程式（續）

```
        fw = T*(1- (-sqrt(3)/2*vds-vqs/2));
      break;
    }
case 4:
  {
      fu = T;
      fv = T*(1- (-sqrt(3)/2*vds+vqs/2));
      fw = T*(1- (-sqrt(3)/2*vds-vqs/2));
      break;
  }
case 5:
  {
      fu = T*(1- (sqrt(3)/2*vds-vqs/2));
      fv = T;
      fw = T*(1+ vqs);
      break;
  }
default:
  {
      fu = T*(1- (sqrt(3)/2*vds-vqs/2));
      fv = T;
      fw = T*(1+ vqs);
      break;
  }
}
N=N+1;
}
//====== PWM carrier generation =====
if (t > T_clk * clk_cnt)
```

圖 6.26　對稱性五段式切換 SVPWM 的 C 語言程式（續）

```
{
    if (tri_carrier_tmr < T)
        {
                tri_carrier_cnt++; // tri_carrier_cnt = tri_carrier_cnt + 1;
                tri_carrier_tmr++; // tri_carrier_tmr = tri_carrier_tmr + 1;
        }
    else if ((tri_carrier_tmr >= T) && (tri_carrier_tmr < (2*T)))
        {
                tri_carrier_cnt--; //tri_carrier_cnt = tri_carrier_cnt - 1;
                tri_carrier_tmr++; //tri_carrier_tmr = tri_carrier_tmr + 1;
        }

    else
        {
                tri_carrier_cnt = 0;
                tri_carrier_tmr = 0;
        }
    clk_cnt = clk_cnt + 1;
}
//====== SVPWM Switch =====
if (fu < tri_carrier_cnt)
    Su = 1;
else
    Su = 0;
if (fv < tri_carrier_cnt)
    Sv = 1;
else
    Sv = 0;
```

圖 6.26　對稱性五段式切換 SVPWM 的 C 語言程式（續）

```
if (fw < tri_carrier_cnt)
    Sw = 1;
else
    Sw = 0;
out[0]=Su;
out[1]=Sv;
out[2]=Sw;
out[3]=fu;
out[4]=fv;
out[5]=fw;
```

圖 6.26　對稱性五段式切換 SVPWM 的 C 語言程式（續）

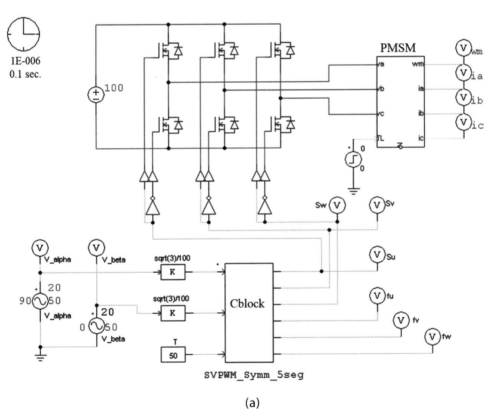

(a)

圖 6.27　PMSM 馬達對稱性五段式切換 SVPWM：

(a)模擬模型(PMSM_SVPWM_Symm_5seg.psimsch)、(b)轉速及電流響應

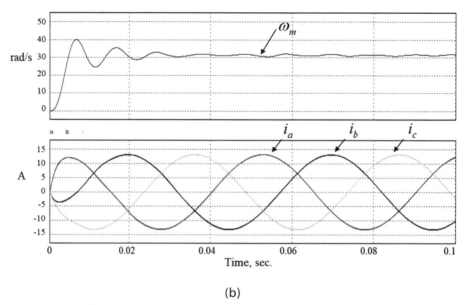

(b)

图 6.27　PMSM 馬達對稱性五段式切換 SVPWM：

(a)模擬模型(PMSM_SVPWM_Symm_5seg.psimsch)、(b)轉速及電流響應（續）

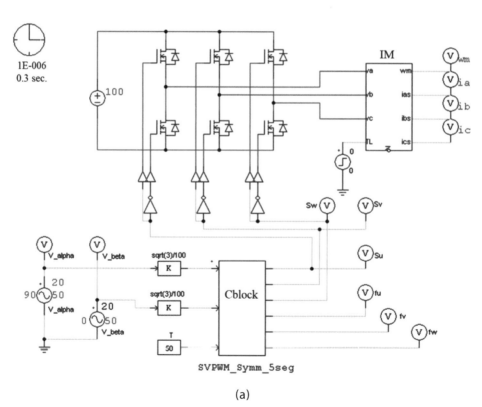

(a)

图 6.28　IM 馬達對稱性五段式切換 SVPWM：

(a)模擬模型(IM_SVPWM_Symm_5seg.psimsch)、(b)轉速及電流響應

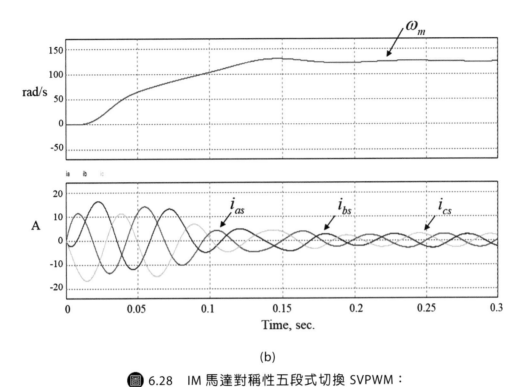

(b)

圖 6.28　IM 馬達對稱性五段式切換 SVPWM：

(a)模擬模型(IM_SVPWM_Symm_5seg.psimsch)、(b)轉速及電流響應（續）

習題六

1. 一個 Y-接三相交流馬達變頻器等效電路如圖 6-29，請寫出該馬達三相端點對地電壓 v_{a0}、v_{b0} 與 v_{c0} 與對馬達中性點之相電壓 v_{an}、v_{bn} 與 v_{cn} 之關係式為何？

2. 利用克拉克轉換(Clarke Transformation)，請寫出該馬達馬達輸入電壓在 α–β 靜止參考座標之電壓分量 v_α 和 v_β 與該馬達三相端點對地電壓 v_{a0}、v_{b0} 與 v_{c0} 的關係式為何？

3. 當圖 6.29 中之開關 (S_u, S_v, S_w) 之狀態為(1,0,0)時，可得電壓分量 v_α 和 v_β 之大小為何?位在空間向量平面的哪一點？當狀態為(1,0,1)時，可得電壓分量 v_α 和 v_β 之大小為何？位在空間向量平面的哪一點？狀態為(1,1,1)時，可得電壓分量 v_α 和 v_β 之大小為何？位在空間向量平面的哪一點？

4. 七段式切換空間向量調變方法在第一節區(Sector I)，在一個切換週期中其七個時段的電壓向量駐留時序為何？五段式切換空間向量調變方法在第一節區(Sector I)，其五個時段的電壓向量駐留時序為何？（註：以 V_0 為起始，以 V_0 結束）

5. 本章所述之空間向量調變方法有對稱式和非對稱式，有何差別？（註：請以切換頻率和取樣頻率之關係做說明）

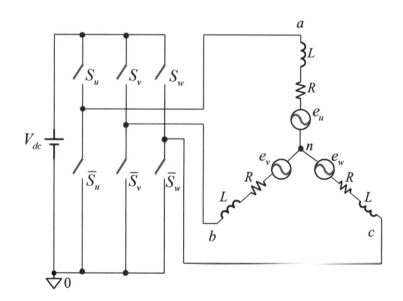

請掃描 QR Code 下載習題解答　　　　　　圖 6-29　Y-接三相交流馬達變頻器等效電路

工程數學基礎

A.1 拉普拉斯轉換(Laplace Transformation)

一個數學函數 $f(t)$ 其拉普拉斯轉換（簡稱拉氏轉換）之公式如下：

$$F(s) = \int_0^\infty f(t)e^{-st}dt \tag{A-1}$$

以下列出幾個常用的數學函數之拉氏轉換式

(1) $f(t) = 1$

其拉氏轉換式為將 $f(t) = 1$ 代入(A-1)的轉換公式，得

$$F(s) = \int_0^\infty 1e^{-st}dt = \left.\frac{-1}{s}e^{-st}\right|_0^\infty = \frac{-1}{s}(0-1) = \frac{1}{s} \tag{A-2}$$

(2) $f(t) = e^{-\alpha t}$

其拉氏轉換式為將 $f(t) = e^{-jwt}$ 代入(A-1)的轉換公式，得

$$F(s) = \int_0^\infty e^{-\alpha t}e^{-st}dt = \left.\frac{-1}{s+\alpha}e^{-(s+\alpha)t}\right|_0^\infty = \frac{-1}{s+\alpha}(0-1) = \frac{1}{s+\alpha} \tag{A-3}$$

(3) $f(t) = e^{-j\omega t} = \cos\omega t - j\sin\omega t$

其拉氏轉換式為將 $f(t) = e^{-j\omega t}$ 代入(A-1)的轉換公式，得

$$F(s) = \int_0^\infty e^{-j\omega t}e^{-st}dt = \left.\frac{-1}{s+j\omega}e^{-(s+j\omega)t}\right|_0^\infty = \frac{1}{s+j\omega} = \frac{s-j\omega}{s^2+\omega^2} \tag{A-4}$$

(4) $f(t) = \cos\omega t$

由(A-4)的實部，可得 $f(t) = \cos\omega t$ 的拉氏轉換式為

$$F(s) = \frac{s}{s^2+\omega^2} \tag{A-5}$$

(5) $f(t) = \sin \omega t$

同理，(A-4)的虛部即是 $f(t) = \sin \omega t$ 的拉氏轉換式，為

$$F(s) = \frac{\omega}{s^2 + \omega^2} \tag{A-6}$$

(6) $f(t) = e^{-(\alpha + j\omega)t} = e^{-\alpha t}(\cos \omega t - j \sin \omega t)$

考慮 $f(t) = e^{-(\alpha + j\omega)t} = e^{-\alpha t}(\cos \omega t - j \sin \omega t)$，求其拉氏轉換式如下：

$$
\begin{aligned}
F(s) &= \int_0^\infty e^{-(\alpha + j\omega)t} e^{-st} dt = \frac{-1}{s + \alpha + j\omega} e^{-(s + \alpha + j\omega)t} \Big|_0^\infty \\
&= \frac{-1}{s + \alpha + j\omega}(0 - 1) = \frac{1}{s + \alpha + j\omega} = \frac{s + \alpha - j\omega}{(s + \alpha)^2 + \omega^2}
\end{aligned}
\tag{A-7}
$$

(7) $f(t) = e^{-\alpha t} \cos \omega t$

如同(A-4)式，可得(A-7)的實部即是 $f(t) = e^{-\alpha t} \cos \omega t$ 的拉氏轉換式，為

$$F(s) = \frac{s + \alpha}{(s + \alpha)^2 + \omega^2} \tag{A-8}$$

(8) $f(t) = e^{-\alpha t} \sin \omega t$

(A-7)式的虛部即是 $f(t) = e^{-\alpha t} \sin \omega t$ 的拉氏轉換式，如下：

$$F(s) = \frac{\omega}{(s + \alpha)^2 + \omega^2} \tag{A-9}$$

以上基本的數學函數其拉氏轉換式可整理的得如表 A.1 所示：

⚙ 表 A.1　六個基本數學函數的拉普拉斯轉換式

$f(t)$	$F(s)$
1	$\dfrac{1}{s}$
$e^{-\alpha t}$	$\dfrac{1}{s+\alpha}$
$\cos \omega t$	$\dfrac{s}{s^2+\omega^2}$
$\sin \omega t$	$\dfrac{\omega}{s^2+\omega^2}$
$e^{-\alpha t}\cos \omega t$	$\dfrac{s+\alpha}{(s+\alpha)^2+\omega^2}$
$e^{-\alpha t}\sin \omega t$	$\dfrac{\omega}{(s+\alpha)^2+\omega^2}$

附錄B 控制系統基本概念

B.1 控制方塊圖

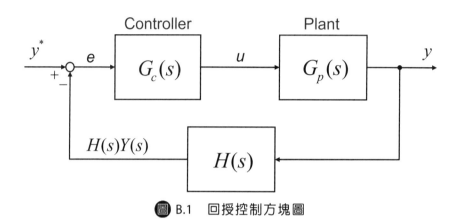

圖 B.1 回授控制方塊圖

一個基本的自動回授控制系統方塊圖如圖 B.1 所示,其中 $y^*(t)$ 是命令信號, $y(t)$ 為輸出信號, $e(t)$ 是誤差信號, $G_c(s)$ 是控制器轉移函數方塊, $G_p(s)$ 是受控體(Plant)轉移函數方塊, $H(s)$ 是輸出信號回授感測器或濾波器之轉移函數方塊,其閉迴路轉移函數可由以下方式推導得出:

$$E(s) = Y^*(s) - H(s)Y(s) \tag{B-1}$$

其中 $E(s)$ 是誤差信號 $e(t)$ 的拉氏轉換, $Y^*(s)$ 是命令信號 $y^*(t)$ 的拉氏轉換, $Y(s)$ 是輸出信號 $y(t)$ 的拉氏轉換,並可得控制器輸出信號 $U(s)$ 為

$$U(s) = G_c(s)E(s) = G_c(s)[Y^*(s) - H(s)Y(s)]E(s) = Y^*(s) - H(s)Y(s) \tag{B-2}$$

及受控體輸出信號 $Y(s)$ 如下:

$$Y(s) = G_p(s)U(s) = G_p(s)G_c(s)[Y^*(s) - H(s)Y(s)] \tag{B-3}$$

定義閉迴路轉移函數為

$$G_{cl}(s) = \frac{Y(s)}{Y^*(s)} \tag{B-4}$$

將(B-3)式整理，代入(B-4)式得

$$G_{cl}(s) = \frac{Y(s)}{Y^*(s)} = \frac{G_c(s)G_p(s)}{1 + G_c(s)G_p(s)H(s)} \tag{B-5}$$

其中令 $G_{ol}(s) = G_c(s)G_p(s)H(s)$，稱之為迴路增益(Loop Gain)，$G_c(s)G_p(s)$ 稱之為順向路徑增益(Forward-Path Gain)。

　　以上的輸出信號 $y(t)$ 常會受到其他信號的干擾，令此干擾信號為 $d(t)$，其系統轉移函數方塊圖如圖 B-2 所示，此系統可視為兩個輸入信號，一個為命令信號 $y^*(t)$，另一個為干擾信號 $d(t)$，在此兩個輸入信號的情況下，由重疊原理(Superposition Principle)，輸出信號 $y(t)$ 的拉氏轉換 $Y(s)$ 可寫成

$$Y(s) = G_1(s)Y^*(s) + G_2(s)D(s) \tag{B-6}$$

其中 $G_1(s)$ 如下式，和(B-5)式相同，

$$G_1(s) = \frac{Y(s)}{Y^*(s)}\bigg|_{d(t)=0} = \frac{G_c(s)G_p(s)}{1 + G_c(s)G_p(s)H(s)} \tag{B-7}$$

而干擾信號 $d(t)$ 影響輸出信號 $y(t)$ 的轉移函數為

$$G_2(s) = \frac{Y(s)}{D(s)}\bigg|_{y^*(t)=0} = \frac{G_p(s)}{1 + G_c(s)G_p(s)H(s)} \tag{B-8}$$

比較(B-7)與(B-8)式，可知兩者之迴路增益相同，但順向路徑增益有別，由 $y^*(t)$ 至 $y(t)$ 的順向路徑增益為 $G_c(s)G_p(s)$，由 $d(t)$ 至 $y(t)$ 的順向路徑增益為 $G_p(s)$。

　　茲再考慮一個稱為二自由度(Two Degree of Freedom, 2-DOF)回授控制系統方塊如圖 B.4，此時僅有一個輸入信號 $y^*(t)$，但有一個迴路增益 $G_{c1}(s)G_p(s)H(s)$ 及兩個順向路徑增益分別是 $G_{c1}(s)G_p(s)$ 與 $G_{c2}(s)G_p(s)$，可推導其閉迴路轉移函數為

$$G_{cl}(s) = \frac{Y(s)}{Y^*(s)} = \frac{G_{c1}(s)G_p(s)}{1 + G_{c1}(s)G_p(s)H(s)} + \frac{G_{c2}(s)G_p(s)}{1 + G_{c1}(s)G_p(s)H(s)} \qquad \text{(B-9)}$$

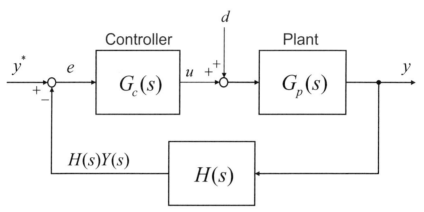

🔘 B.2　加上干擾信號之回授控制系統方塊圖

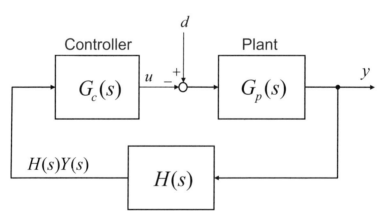

🔘 B.3　僅考慮干擾信號之回授控制系統方塊圖

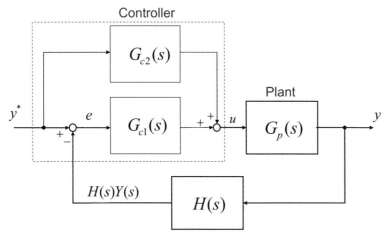

🔴 B.4　二自由度回授控制系統方塊圖

B.2　步階響應(Step Response)

　　一個線性系統的階數是以其轉移函數的分母多項式的最高次方來定義，若其分母多項式的最高次方是一，則稱為一階系統，若最高次方是二，則稱為二階系統。令轉移函數的分母多項式等於零，即為該系統的特性方程式 (Characteristic Equation)，解該特性方程式的根即為該系統的特性根 (Eigen Value)，當特性根落在 s-平面的左半邊（即特性根的實部小於零），則其步階響應將收斂到一個穩定的值，故稱該系統為漸近穩定(Asymptotical stable)或簡稱穩定(stable)。以下分為一階系統與二階系統來說明其步階響應。

　　一個一階系統的轉移函數方塊如圖 B.5，

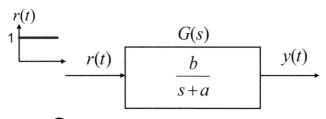

🔴 B.5　一階系統的轉移函數方塊圖

其中 $G(s)$ 為該一階系統的轉移函數，a 與 b 為正的常數，其特性方程式為 $s+a=0$，特性根為 $s=-a$。當 $a>0$，表示該系統是漸近穩定。給予輸入信號 $r(t)$ 為一個單一步進 (Unit Step) 信號，其輸出響應 $y(t)$ 可由下列方式求得：

令 $Y(s)$ 為 $y(t)$ 之拉式轉換，$R(s)$ 為 $r(t)$ 之拉氏轉換，由附錄 A 的表 A.1 得知 $R(s)=1/s$，則 $Y(s)$ 表示如下：

$$Y(s) = R(s)G(s) = \frac{1}{s}\frac{b}{s+a} \tag{B-10}$$

為求(B-10)式 $Y(s)$ 的反拉氏轉換，可將(B-10)式利用部分分式展開，再通分如下：

$$Y(s) = \frac{1}{s}\frac{b}{s+a} = \frac{k_1}{s} + \frac{k_2}{s+a} = \frac{(k_1+k_2)s+k_1 a}{s(s+a)} \tag{B-11}$$

其中 k_1 與 k_2 為未知數，只要求得該兩個未知數，就可以依附錄 A 的表 A.1 求出 $y(t)$。為此，因以上二式的分母相同，可利用比較係數法來比較以上二式其分子多項式的係數，得 $k_1=b/a$ 及 $k_2=-b/a$，代回(B-11)式，得

$$y(t) = \frac{b}{a}(1-e^{-at}) \tag{B-12}$$

令 a=100、b=1000，則 $y(t)=10(1-e^{-100t})$，當 $t=0$ 時，$y(t)=0$；當 $t=\infty$ 時，$y(t)=10$，以 PSIM 模擬軟體來驗證之步進響應比較模擬圖檔與響應波形比較如圖 B.6 所示，可看出該一階系統的步階響應波形與(B-12)式之輸出信號函數波形一樣。

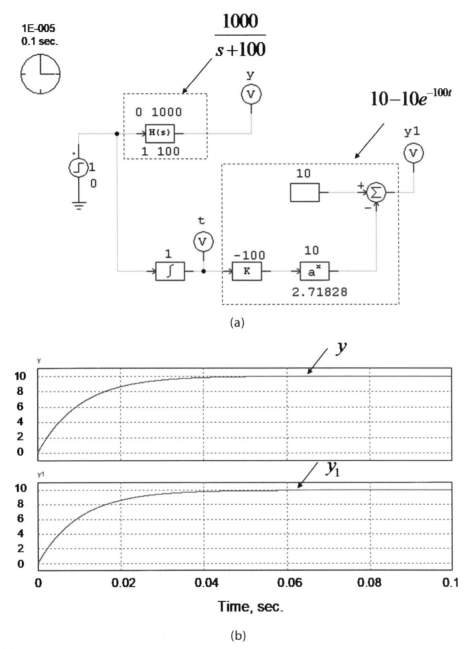

(a)

(b)

圖 B.6　(a)一階系統步階響應模擬(Order1_step_tst.psimsch)、(b)步階響應比較

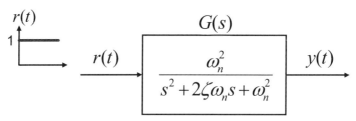

圖 B.7　二階系統的轉移函數方塊圖

一個二階系統的轉移函數方塊如圖 B.7，其中 $G(s)$ 為該二階系統的轉移函數，ζ 稱為阻尼率(Damping Ratio)，ω_n 稱為無阻尼自然頻率(Undamped Natural Frequency)。該二階系統的特性方程式為

$$s^2 + 2\zeta\omega_n s + \omega_n^2 = 0 \tag{B-13}$$

可解得其特性根為

$$s = -\zeta\omega_n \pm \omega_n\sqrt{\zeta^2 - 1} \tag{B-14}$$

因此可當 $\zeta > 1$，則特性方程式有相異實根，稱該系統的步進響應為過阻尼(Overdamped)，當 $\zeta = 1$，則特性方程式有重根($s = -\zeta\omega_n$)，稱該系統的步進響應為臨界阻尼 (Critical Damped)，當 $\zeta < 1$，則特性方程式有虛根 $s = -\zeta\omega_n \pm j\omega_n\sqrt{1 - \zeta^2}$，稱該系統的步進響應為欠阻尼(Underdamped)。

給予輸入信號 $r(t)$ 為一個單一步階(Unit Step)信號，其輸出響應 $y(t)$ 可由下列方式求得：

$$Y(s) = R(s)G(s) = \frac{1}{s}\frac{\omega_n^2}{s^2 + 2\zeta\omega_n s + \omega_n^2} \tag{B-15}$$

為求(B-15)式 $Y(s)$ 的反拉氏轉換，可將(B-15)式利用部分分式展開，再通分如下：

$$Y(s) = \frac{1}{s}\frac{\omega_n^2}{s^2 + 2\zeta\omega_n s + \omega_n^2} = \frac{k_1}{s} + \frac{k_2 s + k_3}{s^2 + 2\zeta\omega_n s + \omega_n^2} = \frac{(k_1+k_2)s^2 + (2k_1\zeta\omega_n + k_3)s + k_1\omega_n^2}{s(s^2 + 2\zeta\omega_n s + \omega_n^2)} \tag{B-16}$$

其中 k_1、k_2 與 k_3 為未知數，只要求得該三個未知數，就可以依附錄 A 的拉氏轉換對照表（表 A.1）求出 $y(t)$。為此，因以上二式的分母相同，可利用比較係數法來比較以上二式其分子多項式的係數，得 $k_1 = 1$，$k_2 = -1$，及 $k_3 = -2\zeta\omega_n$，代回(B-16)式，得

$$Y(s) = \frac{1}{s} - \frac{s + 2\zeta\omega_n}{s^2 + 2\zeta\omega_n s + \omega_n^2} = \frac{1}{s} - \frac{s + \zeta\omega_n + \zeta\omega_n}{(s + \zeta\omega_n)^2 + \omega_n^2(1 - \zeta^2)}$$

$$= \frac{1}{s} - [\frac{s + \zeta\omega_n}{(s + \zeta\omega_n)^2 + \omega_n^2(1 - \zeta^2)} + \frac{\dfrac{\zeta}{\sqrt{1 - \zeta^2}}\omega_n\sqrt{1 - \zeta^2}}{(s + \zeta\omega_n)^2 + \omega_n^2(1 - \zeta^2)}]$$

(B-17)

令 $\alpha = \zeta\omega_n$，稱之為阻尼因素(Damping Factor)，$\omega = \omega_n\sqrt{1 - \zeta^2}$，則(B-17)式可寫成

$$Y(s) = \frac{1}{s} - [\frac{s + \alpha}{(s + \alpha)^2 + \omega^2} + \frac{\dfrac{\zeta}{\sqrt{1 - \zeta^2}}\omega}{(s + \alpha)^2 + \omega^2}]$$

(B-18)

由附錄 A 的的拉氏轉換對照表（表 A.1），可得上式的反拉氏轉換 $y(t)$ 為

$$y(t) = 1 - [e^{-at}(\cos\omega t + \frac{\zeta}{\sqrt{1 - \zeta^2}}\sin\omega t)]$$

(B-19)

(B-19)式可由三角函數公式進一步化成 cosine 或 sine 函數的形式，令相角 ϕ 定義如圖 B.8(a)，即

$$\sin\phi = \zeta, \quad \cos\phi = \sqrt{1 - \zeta^2}，或$$

$$\phi = \tan^{-1}\frac{\zeta}{\sqrt{1 - \zeta^2}}$$

(B-20)

(B-19)式可改寫成

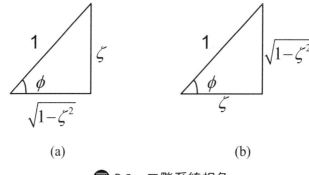

(a)   (b)

圖 B.8   二階系統相角

$$
\begin{aligned}
y(t) &= 1 - \frac{e^{-\zeta\omega_n t}}{\sqrt{1-\zeta^2}}(\sqrt{1-\zeta^2}\cos\omega t + \zeta\sin\omega t) \\
&= 1 - \frac{e^{-\zeta\omega_n t}}{\sqrt{1-\zeta^2}}(\cos\phi\cos\omega t + \sin\phi\sin\omega t) \\
&= 1 - \frac{e^{-\zeta\omega_n t}}{\sqrt{1-\zeta^2}}\cos(\omega t - \phi) \\
&= 1 - \frac{e^{-\zeta\omega_n t}}{\sqrt{1-\zeta^2}}\cos(\omega_n\sqrt{1-\zeta^2}\,t - \phi)
\end{aligned}
$$

(B-21)

同理，令相角 ϕ 定義如圖 B.8(b)，即

$$\sin\phi = \sqrt{1-\zeta^2}, \quad \cos\phi = \zeta \text{，或}$$

$$\phi = \tan^{-1}\frac{\sqrt{1-\zeta^2}}{\zeta}$$

(B-22)

(B-19)式可改寫成

$$y(t) = 1 - \frac{e^{-\zeta\omega_n t}}{\sqrt{1-\zeta^2}}(\sqrt{1-\zeta^2}\cos\omega t + \zeta\sin\omega t)$$

$$= 1 - \frac{e^{-\zeta\omega_n t}}{\sqrt{1-\zeta^2}}(\sin\phi\cos\omega t + \cos\phi\sin\omega t)$$

$$= 1 - \frac{e^{-\zeta\omega_n t}}{\sqrt{1-\zeta^2}}\sin(\omega t + \phi) \tag{B-23}$$

$$= 1 - \frac{e^{-\zeta\omega_n t}}{\sqrt{1-\zeta^2}}\sin(\omega_n\sqrt{1-\zeta^2}\,t + \phi)$$

當 $t = 0$ 時，$y(t) = 0$；當 $t = \infty$ 時，$y(t) = 1$，以 PSIM 模擬軟體來驗證之模擬圖與結果如圖 B.9。

　　舉例來說，當一個二階系統 $G(s)$ 如下：

$$G(s) = \frac{5}{s^2 + 4s + 5} \tag{B-24}$$

則其單一步階響應的求解如下：

$$Y(s) = \frac{1}{s}\frac{5}{s^2 + 4s + 5} = \frac{k_1}{s} + \frac{k_2 s + k_3}{s^2 + 4s + 5} = \frac{(k_1 + k_2)s^2 + (4k_1 + k_3)s + 5k_1}{s(s^2 + 4s + 5)} \tag{B-25}$$

利用比較係數法來比較分子多項式的係數，得 $k_1 = 1$，$k_2 = -1$，及 $k_3 = -4$，代回(B-25)式，得

$$Y(s) = \frac{1}{s} - \frac{s+4}{s^2+4s+5} = \frac{1}{s} - \frac{s+2+2}{(s+2)^2+1} = \frac{1}{s} - [\frac{s+2}{(s+2)^2+1^2} + \frac{2\times1}{(s+2)^2+1^2}]$$
$$\tag{B-26}$$

再利用附錄 A 的拉氏轉換對照表（表 A.1）可得

$$y(t) = 1 - [e^{-2t}(\cos t + 2\sin t)] \tag{B-27}$$

以 PSIM 模擬軟體來驗證之步階響應比較模擬圖檔與響應波形比較如圖 B.9 所示，可看出該二階系統的步階響應波形與(B-27)式之輸出信號函數波形一樣。

在上例(B-24)式中，其 $\zeta\omega_n = 2$，$\omega_n = \sqrt{5}$，可得其阻尼率 $\zeta = 2/\sqrt{5} < 1$，表示其輸出響應為欠阻尼(underdamped)。假設 $\omega_n = \sqrt{5}$，可利用畫出 $\zeta = 0.1$ 至 $\zeta = 1.0$ 之間，每隔 0.1 的 10 個 ζ 值的輸出響應波形如圖 B.10 所示，可看出 ζ 值愈小時，則其輸出響應波形超出穩態值 1 的超越量(Overshoot)愈大，一般控制系統的設計，其阻尼率訂在 $0.4 \leq \zeta \leq 1.0$，也就是其步階響應不要有太大的超越量，也不要過阻尼。

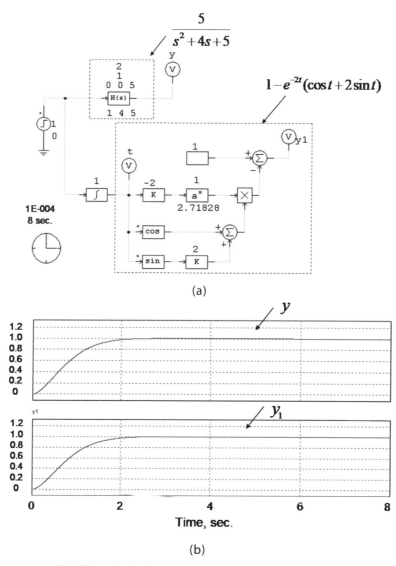

圖 B.9　(a)二階系統步進模擬(Order2_step_tst.psimsch)、(b)步階響應比較

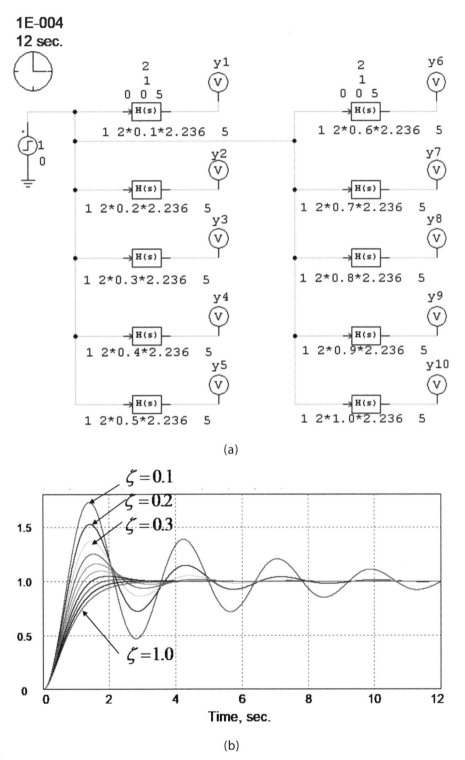

(a)

(b)

圖 B.10　(a)二階系統不同阻尼率之步階響應模擬(Order2_step_cmp.psimsch)、

(b)響應波形

B.3　極點、零點與終值定理

　　一個轉移函數其分母為零的根稱之為極點(Poles)，其分子為零的根稱之為零點(Zeros)，例如一個二階系統的轉移函數如下::

$$G(s) = \frac{s+b}{s(s+a)} \tag{B-28}$$

則此系統的轉移函數的極點為 $s=0$ 與 $s=-a$，零點為 $s=-b$。但一個系統的轉移函數其極點與零點的個數是相等的，所以(B-28)式還有一個零點是 $s=\infty$，因為當 $s=\infty$ 時，該系統轉移函數的值是零，等同於分子為零。

　　終值定理是說明一個信號函數 $y(t)$ 在 $t=\infty$ 時其最後達到的穩態值，令其拉氏轉換為 $Y(s)$，當 $sY(s)$ 為可解析的(Analytic)的函數（即 $sY(s)$ 的極點皆在 s-平面的左半面），則

$$\lim_{t \to \infty} y(t) = \lim_{s \to 0} sY(s) \tag{B-29}$$

舉例來說，如前述之一階系統其轉移函數 $G(s) = b/(s+a)$，若 $a>0$，則

$$sY(s) = sR(s)G(s) = s(\frac{1}{s}\frac{b}{s+a}) = \frac{b}{s+a} \tag{B-30}$$

由上式知 $sY(s)$ 的極點為 $s=-a$，在左半平面，即 $sY(s)$ 是可解析的，故可應用終值定理得該單一步進波(unit step)響應 $y(t)$ 的最終穩態值為

$$\lim_{t \to \infty} y(t) = \lim_{s \to 0} sY(s) = \lim_{s \to 0} sR(s)G(s) = \lim_{s \to 0} s(\frac{1}{s}\frac{b}{s+a}) = \lim_{s \to 0} \frac{b}{s+a} = \frac{b}{a} \tag{B-31}$$

又如前述之二階系統其轉移函數 $G(s) = \omega_n^2 / (s^2 + 2\zeta\omega_n s + \omega_n^2)$，其

$$sY(s) = sR(s)G(s) = s(\frac{1}{s}\frac{\omega_n^2}{s^2 + 2\zeta\omega_n s + \omega_n^2}) = \frac{\omega_n^2}{s^2 + 2\zeta\omega_n s + \omega_n^2} \tag{B-32}$$

其極點為 $s = -\zeta\omega_n \pm \omega_n\sqrt{1-\zeta^2}$ ，因 $\zeta\omega_n > 0$ ，故也是落在左半平面，即 $sY(s)$ 是可解析的，故可應用終值定理得該單一步進波(unit step)響應 $y(t)$ 的最終穩態值為

$$\lim_{t\to\infty} y(t) = \lim_{s=0} sY(s) = \lim_{s=0} s(\frac{1}{s}\frac{\omega_n^2}{s^2 + 2\zeta\omega_n s + \omega_n^2}) = \lim_{s=0} \frac{\omega_n^2}{s^2 + 2\zeta\omega_n s + \omega_n^2} = 1$$

(B-33)

此和前述二階系統單一步進波響應 $y(t)$ 的最終穩態值為 1 相同，驗證了此定理。

B.4　波德圖與頻寬

波德圖(Bode Plots)即頻率響應圖，分為增益對頻率的曲線圖以及相位對頻率的曲線圖，前者的縱軸是增益以分貝(dB)來表示（取以 10 為底的對數再乘以 20），橫軸是頻率或角頻率以對數刻度（ $\log_{10}\omega$ ）來表示，後者的縱軸是相位角度，橫軸與前者相同。波德是荷蘭裔科學家，於 1930 年發明畫該頻率響應圖的方法，可以直線近似的方法來近似實際的頻率響應圖。

舉例來說，前述一階系統 $G(s) = b/(s+a)$ ， a 與 b 為常數，其增益對頻率的曲線圖可由下述得出。令 $s = j\omega$ ，得

$$G(j\omega) = \frac{b}{j\omega + a}$$

(B-34)

$$\left|G(j\omega)\right|_{dB} = 20\log\left|\frac{b}{j\omega + a}\right| = 20\log\frac{b}{\sqrt{a^2 + \omega^2}}$$

(B-35)

故，當 ω 由零增加，即可畫出該增益對角頻率的曲線圖，在 $\omega = a$ 時，下降至原來($\omega = 0$)的在 $1/\sqrt{2}$ （即下降-3dB）。 $G(j\omega)$ 的相位為：

$$\phi = -\tan^{-1}\frac{\omega}{a}$$

(B-36)

同理,當 ω 由零增加,即可畫出相位對角頻率的曲線圖,是由 0° 慢慢下降至 -90°,在 $\omega = a$ 時為 -45°。圖 B.11 是以 PSIM 模擬軟體的交流掃描(AC Sweep)元件畫該一階系統波德圖模擬圖檔。

    PSIM 模擬的波形一般橫軸是時間,但波德圖的橫軸是頻率或角頻率的對數,為此,可在 PSIM 的波形視窗(Simview)的 Axis 選項(Set X-Axis Variable)選取角頻率,如圖 B.11(a),並在 X-Axis 選項選取對數(Log)刻度,並設定 X-Axis 顯示的範圍,如圖 B.11(b)。

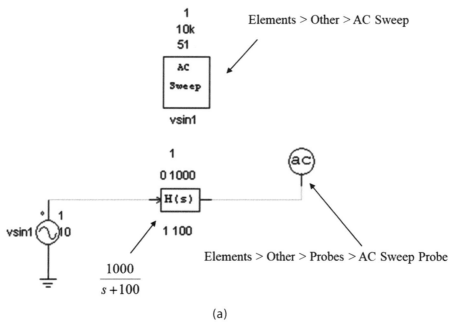

(a)

🔲 B.11　(a)一階系統波德圖模擬檔(odr1_AC_sweep.psimsch)、(b)波德圖

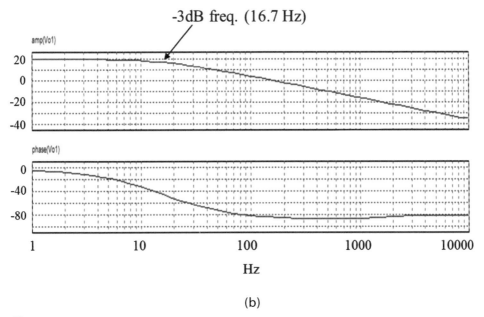

(b)

圖 B.11　(a)一階系統波德圖模擬檔(odr1_AC_sweep.psimsch)、(b)波德圖（續）

　　同樣的，二階系統其增益與相位對頻率的曲線圖可由下述得出：令 $s = j\omega$，得

$$G(j\omega) = \frac{\omega_n^2}{(j\omega)^2 + j2\zeta\omega_n\omega + \omega_n^2} = \frac{\omega_n^2}{\omega_n^2 - \omega^2 + j2\zeta\omega_n\omega} \tag{B-37}$$

$$|G(j\omega)|_{dB} = 20\log\left|\frac{\omega_n^2}{\omega_n^2 - \omega^2 + j2\zeta\omega_n\omega}\right| = 20\log\frac{\omega_n^2}{\sqrt{(\omega_n^2 - \omega^2)^2 + (2\zeta\omega_n\omega)^2}}$$

$$= 20\log\frac{\omega_n^2}{\sqrt{\omega^4 - 2\omega_n^2\omega^2 + \omega_n^4 + 4\zeta^2\omega_n^2\omega^2}} = 20\log\frac{\omega_n^2}{\sqrt{\omega^4 + (4\zeta^2 - 2)\omega_n^2\omega^2 + \omega_n^4}} \tag{B-38}$$

故，當 ω 由零增加，即可畫出該增益對角頻率的曲線圖。

　　$G(j\omega)$ 的相位為：

$$\phi = -\tan^{-1}\frac{2\zeta\omega_n\omega}{\omega_n^2 - \omega^2} \tag{B-39}$$

同理，當 ω 由零增加，即可畫出相位對角頻率的曲線圖，是由 0° 慢慢下降至 -180°。圖 B.12 是以 PSIM 模擬軟體畫該二階系統波德圖模擬圖檔。

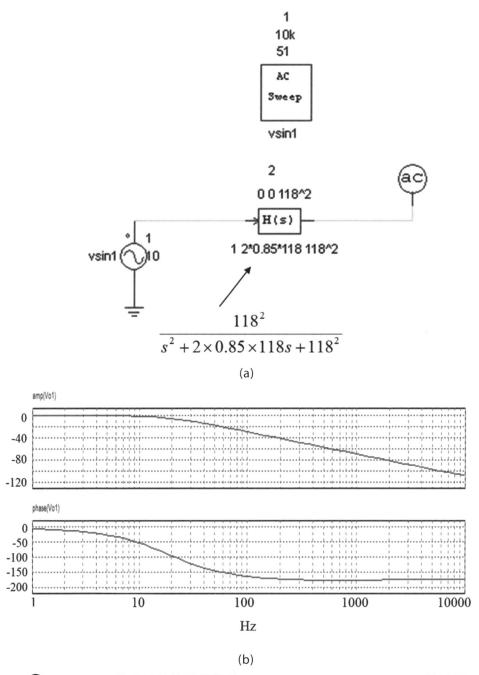

(a)

(b)

🔵 圖 B.12　(a)二階系統波德圖模擬檔(odr2_AC_sweep.psimsch)、(b)波德圖

　　波德圖也可以用以直線近似的手繪方法畫出來，一般一個高階的線性控制系統其轉移函數其分母與分子多項式可以因式分解成一階和二階的因式，故以下介紹幾個包含簡單且常用的轉移函數其波德圖的近似畫法：

(1) $T(s) = K$

　　令 $s = j\omega$，得 $T(j\omega) = K$，$\left|T(j\omega)\right|_{dB} = 20\log|K|$，故其大小為一個 $20\log|K|$ 的常數。其相位為當 $K \geq 0$，$\phi = 0$。當 $K < 0$，$\phi = 180^o$。

(2) 積分器

$$T(s) = \frac{K}{s}, \quad K > 0 \tag{B-40}$$

令 $s = j\omega$，得 $T(j\omega) = K / (j\omega)$，則

$$\left|T(j\omega)\right|_{dB} = 20\log\left|\frac{K}{\omega}\right| = 20\log K - 20\log\omega \tag{B-41}$$

可知它是一個以 $\log\omega$ 為橫軸，以 $\left|T(j\omega)\right|_{dB}$ 為縱軸，斜率為負 20 dB 的直線方程式，如圖 B.13，當橫軸轉換為以 10 為底的對數刻度時，則其斜率寫成-20 dB/decade 或-6 dB/octave，如圖 B.14，即頻率每增加 10 倍，其大小下降 20 dB，或是說頻率每增加 2 倍，其大小下降 6 dB。

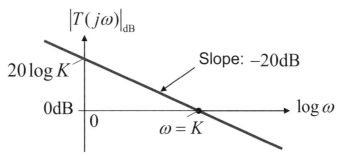

⬤圖 B.13　對應橫軸為 $\log\omega$ 的積分大小曲線圖

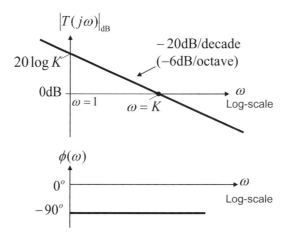

圖 B.14 對應橫軸為以 10 為底的對數刻度的積分波德圖

一個系統頻寬(system bandwidth)的定義為其系統轉移函數的絕對值大小為 $1/\sqrt{2}$（或-3 dB），一個一階系統的轉移函數如下：

$$T(s) = \frac{K}{s+K} \tag{B-42}$$

該轉移函數的絕對值為先令 $s = j\omega$，則其絕對值大小為

$$|T(j\omega)| = \left| \frac{K}{j\omega + K} \right| = \frac{K}{\sqrt{\omega^2 + K^2}} \tag{B-43}$$

令頻寬為 ω_B，則

$$\frac{K}{\sqrt{\omega_B^2 + K^2}} = \frac{1}{\sqrt{2}} \tag{B-44}$$

可求得 $\omega_B = K$，此亦為該一階系統的極點(pole)。

對一個二階系統的轉移函數如下：

$$T(s) = \frac{\omega_n^2}{s^2 + 2\zeta\omega_n s + \omega_n^2} \tag{B-45}$$

該轉移函數的絕對值大小為

$$|T(j\omega)| = \left| \frac{\omega_n^2}{(j\omega)^2 + j2\zeta\omega_n\omega + \omega_n^2} \right| = \frac{1}{\sqrt{2}} \tag{B-43}$$

則

$$\frac{\omega_n^2}{\sqrt{(\omega_n^2 - \omega_B^2)^2 + (2\zeta\omega_n\omega_B)^2}} = \frac{1}{\sqrt{2}} \tag{B-44}$$

可得

$$\omega_B^4 + 2(2\zeta^2 - 1)\omega_n^2\omega_B^2 - \omega_n^4 = 0 \tag{B-45}$$

可解得頻寬為

$$\omega_B = \omega_n\sqrt{1 - 2\zeta^2 + \sqrt{4\zeta^4 - 4\zeta^2 + 2}} \tag{B-46}$$

當 $\zeta = 1/\sqrt{2}$，則 $\omega_B = \omega_n$。

附錄C 光碟片各單元 PSIM 模擬檔案

本書所附光碟片內含有關各單元之 PSIM（9.0 版）模擬檔案，如下表所示。

⚙ 表 C.1　各單元 PSIM 模擬檔案表

資料夾名稱	單　　元	備　　註
U1-DCM-Psim	第一單元	直流馬達
U2-StepM-Psim	第二單元	步進馬達
U3-BLDC-Psim	第三單元	無刷直流馬達
U4-PMSM-Psim	第四單元	永磁同步馬達
U5-IM-Psim	第五單元	感應馬達
U6-SVPWM-Psim	第六單元	空間向量波寬調變

參考文獻

本書之主要參考資料如下：

[1] B. C. Kuo, Automatic Control Systems, Ninth Edition, Prentice Hall, 2010.

[2] M. Araki and H. Taguchi, "Two-degree-of-freedom PID controllers," International Journal of Control, Automation, and Systems, Vol. 1, No. 4, pp. 401-411, Dec. 2003.

[3] B. K. Bose, Power Electronics and AC Drives, Prentice Hall, 1986.

[4] Krishnan, Electric Motor Drives, Modeling, Analysis, and Control. Prentice Hall, 2001.

[5] N. Mohan, T. M. Undeland, and W. P. Robbins, Power Electronics － Converters, Applications, and Design. John Wiley & Sons, 2003.

[6] 劉昌煥，交流電機控制－向量控制與直接轉矩控制原理，東華書局，2003 年。

[7] 林法正、魏榮宗，電機控制，滄海書局，2002 年。

[8] Powersim Inc., PSIM User's Guide, Version 9.0.3, 2010.

[9] 蔡明發、曾仲熙，無刷直流馬達 180 度驅動模式之 PSIM 建模與 FPGA 驗證，2018 中華民國第 39 屆電力工程研討會，台北，107 年 12 月 16 日。

[10] M.-F. Tsai, C.-S. Tseng, Y.-Y Chen, and W.-Y. Peng, "A New Version of Phase-Variable Modeling of an Induction Motor Using PSIM" IEEE PEDS 2015, Sydney, Australia, 9-12 June, 2015.

[11] M.-F. Tsai, C.-S. Tseng, C.-H. Chen, Y.-J. Cheng, and C.-H. Yang, " Phase-Variable Modeling of a Synchronous Reluctance Motor Using PSIM," IEEE SPEC 2016, Auckland, New Zealand, 5-8 December, 2016.

[12] M.-F. Tsai, C.-S. Tseng, and P.-J. Cheng, "Implementation of an FPGA-Based Current Control and SVPWM ASIC with Asymmetric Five-Segment Switching Scheme for AC Motor Drives". energies, 14, 1462, 2021.

[13] G. F. Frankin, J. D. Powell, and M. L. Workman, Digital Control of Dynamic Systems, Second Edition, Addison Wesley, 1990.

MEMO

MEMO

MEMO

國家圖書館出版品預行編目資料

電動機控制與模擬 / 蔡明發編著. -- 初版. -- 新北
市：新文京開發出版股份有限公司, 2021.07
面； 公分

ISBN 978-986-430-743-2（平裝）

1.電動機

448.22 110010412

電動機控制與模擬 （書號：C200）

編 著 者	蔡明發
出 版 者	新文京開發出版股份有限公司
地　　址	新北市中和區中山路二段 362 號 9 樓
電　　話	(02) 2244-8188（代表號）
Ｆ Ａ Ｘ	(02) 2244-8189
郵　　撥	1958730-2
初　　版	西元 2021 年 09 月 01 日

New Wun Ching Developmental Publishing Co., Ltd.
New Age · New Choice · The Best Selected Educational Publications — NEW WCDP

新文京開發出版股份有限公司

新世紀‧新視野‧新文京 ─ 精選教科書‧考試用書‧專業參考書